Deepen Your Mind

Deepen Your Mind

前言 (Preface)

為何撰寫本書

近期 AI 發展相較以往，更加如火如荼，去年 (2022) Text to image、ChapGPT 引爆生成式 AI (Generative AI) 熱潮，衝擊藝術創作市場及 Google 搜索引擎霸主地位，相信有更多人因而希望探究 AI 科學，了解其背後的技術，或從事相關工作；然而，AI 領域博大精深，不是一蹴可幾，需要奠定紮實的基礎，一步一腳印才能進入 AI 殿堂。

筆者從事機器學習教育訓練多年，其間也在『IT 邦幫忙』撰寫上百篇的文章，從學員及讀者的回饋獲得許多寶貴意見，有感於在教學現場的時間壓力下，很多細節無法盡情的討論，難免有許多內容成為遺珠之憾，因此，撰寫本書，針對機器學習作較全面性的介紹，讓讀者有充裕的時間思考，或者挑選有興趣的課題深入研究。

本書以 Scikit-learn 套件為主體，介紹各類的演算法，不只是說明用法，也涵蓋背後的原理、數學公式推導，並示範如何自行開發演算法，與 Scikit-learn 演算法相互驗證，同時介紹大量應用實例，期望讀者能全面性的掌握理論、技術與實作。另外書中每個範例都有詳細的程式說明，也遵循完整的機器學習開發流程，讓讀者能充分理解每個環節的重要任務，包括資料的探索、清理、特徵工程、模型訓練、評估、參數調校到最終的佈署，希望這本書能成為機器學習入門者最佳的夥伴，在讀者紮根的過程中，貢獻一點微薄的力量。

本書主要的特點

1. 本書不是以 Scikit-learn 的模組分類介紹，而是以完整的機器學習開發流程角度出發。

2. 每一個演算法都包括原理、自行開發、Scikit-learn 函數用法，最後再附應用實例。

3. 由於筆者身為統計人，希望能「以統計／數學為出發點」，介紹機器學習必備的數理基礎，但又不希望讓離開校園已久的在職者看到一堆數學符號就心生恐懼，因此，會有大量圖解，並以程式開發加深演算法原理的掌握，增進學習樂趣。

4. 完整的範例程式及各種演算法的延伸應用，以實用為要，希望能觸發創意，在企業內應用自如。

目標對象

1. 機器學習的入門者：須熟悉 Python 程式語言及資料科學基礎套件 NumPy、Pandas 及 MatPlotLib。

2. 資料工程師及分析師：以模型開發及導入為職志，希望能應用各種演算法，或更進一步改良與實作演算法。

3. 資訊工作者：希望能擴展機器學習知識領域。

4. 從事其他領域的工作，希望能一窺機器學習奧秘者。

閱讀重點

1. 第一章：Scikit-learn 模組及機器學習分類、學習地圖、開發流程。

2. 第二章：資料前置處理，包括資料清理、資料探索、特徵工程。

3. 第三章：資料探索與分析，包括描述統計量、統計圖分析。

4. 第四章：特徵工程，包括特徵縮放 (Feature Scaling)、特徵選取 (Feature Selection)、特徵萃取 (Feature Extraction) 及特徵生成 (Feature Generation)，內含各式降維演算法說明、維度災難 (Curse of dimensionality) 概念說明。

5. 第五章：迴歸 (Regression)，包括線性迴歸、多項式迴歸、時間序列等演算法，還有正則化 (Regularization)、過度擬合 (Overfitting)、偏差 (Bias) 與變異 (Variance) 的平衡。

6. 第六～七章：分類演算法，包括羅吉斯迴歸 (Logistic Regression)、最近鄰 (KNN)、單純貝氏分類法 (Naïve bayes classifier)、支援向量機 (SVM)、決策樹 (Decision Tree) 及隨機森林 (Random forest) 等，包括各項演算法的原理、開發邏輯、應用與優缺點說明。

7. 第八章：模型效能評估與調校，包括交叉驗證法、參數調校、管線

(Pipeline)、混淆矩陣 (Confusion Matrix)、效能衡量指標 (Performance metrics)。

8. 第九章：集群 (Clustering) 演算法，K-Means、階層式集群、以密度為基礎的集群 (DBSCAN)、高斯混合模型 (GMM) 等。

9. 第十章：整體學習 (Ensemble Learning) 演算法，包括多數決 (Majority Voting)、裝袋法 (Bagging)、強化法 (Boosting)、堆疊法 (Stacking)。

10. 第十一章：介紹其他課題，包括半監督式學習 (Semi-supervised learning)、Active learning、可解釋的 AI(Explainable AI, XAI)、機器學習架構。

本書包括許多應用範例，包括：

1 分類

1.1　鳶尾花 (Iris) 品種分類

1.2　葡萄酒分類

1.3　乳癌診斷

1.4　人臉資料集 (LFW) 辨識

1.5　新聞資料集 (News groups) 分類

1.6　鐵達尼號生存預測

1.7　手寫阿拉伯數字辨識

1.8　員工流失預測

1.9　信用卡詐欺

2 迴歸及時間預測

2.1　股價預測

2.2　房價預測

2.3　計程車小費預測

2.4　航空公司客運量預測

2.5　以人臉上半部預測人臉下半部

2.6　糖尿病指數預測

本書範例程式碼、參考超連結、勘誤表全部收錄在 https://github.com/mc6666/Scikit_learn_Book，並隨時更新相關資訊。

致謝

因個人能力有限，還是有許多議題成為遺珠之憾，仍待後續的努力，感謝深智出版社的大力支援，使本書得以順利出版，最後要謝謝家人的默默支持。

內容如有疏漏、謬誤或有其他建議，歡迎來信指教 (mkclearn@gmail.com) 或在『IT 邦幫忙』(https://ithelp.ithome.com.tw/users/20001976/articles) 留言討論。

目錄

3　資料探索與分析 (EDA)

4　特徵工程 (Feature Engineering)

5　迴歸 (Regression)

6 分類 (Classification) 演算法 (一)

7 分類 (Classification) 演算法 (二)

8　模型效能評估與調校

9   集群 (Clustering)

10 整體學習 (Ensemble Learning)

11 其他課題

第 1 章

Scikit-learn 入門

1-1 　Scikit-learn 簡介

Scikit-learn 顧名思義就是一個『資料科學的學習套件』，它是在 2010 年由法國國家信息與自動化研究所的 Fabian Pedregosa 等學者開發完成 [1]，涵蓋機器學習人部分的演算法，但不包括深度學習演算法，只有簡單的 Perceptron 演算法。

Scikit-learn 概分六大模組，可參考首頁說明 [2]，如下圖：

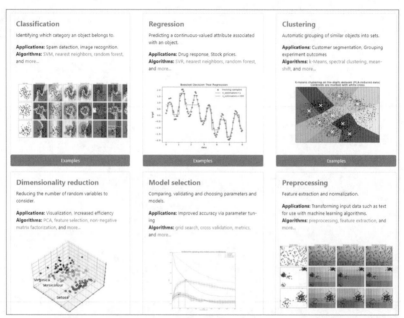

圖 1.1　Scikit-learn 六大模組，圖片來源：Scikit-learn 首頁

說明如下：

1. 分類演算法 (Classification)：演算法用於預測之目標變數 (Target variable) 為有限類別，例如花的品種、酒類…等，目標變數通常以 Y 表示。

2. 迴歸演算法 (Regression)：演算法用於預測之目標變數為連續型變數，例如營收、房價…等。

3. 集群演算法 (Clustering)：針對沒有標註 (Labelling) 的資料集，亦即訓練資料中沒有 Y，僅利用資料屬性，即特徵變數 (X)，進行分群，如下圖。通常要分成幾群，事先也不確定。

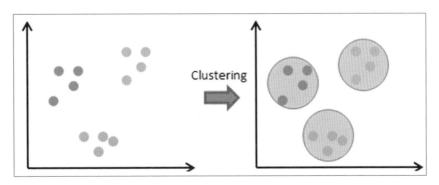

4. 降維演算法 (Dimensionality reduction)：當特徵變數 (X) 過多，為簡化模型複雜度，利用演算法選取部份特徵或進行特徵萃取 (Feature Extraction)。

5. 模型選擇 (Model selection)：包括各式的效能衡量指標 (Metrics) 及提升效能的效能調校 (Performance tuning) 函數庫。

6. 資料前置處理 (Preprocessing)：包括資料的轉換 (Transformation)、清理 (Data cleaning) 及特徵縮放 (Normalization)…等，目標是提供演算法乾淨的資料。

機器學習演算法一般分類如下：

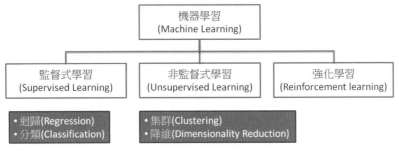

圖 1.2　機器學習演算法一般分類

1. 監督式學習：訓練資料含 Y，又分為分類 (Classification)、迴歸 (Regression)。

2. 非監督式學習：訓練資料不含 Y，又分為集群 (Clustering)、降維 (Dimensionality reduction) 演算法，少數集群演算法也使用監督式學習。

3. 強化學習：屬深度學習的範疇，Scikit-learn 不支援，本書也不討論，可參閱拙著『深度學習 -- 最佳入門邁向 AI 專題實戰』[3]。

以上只是一般分類，並非嚴格的劃分，Scikit-learn 也支援『半監督式學習』(Semi-supervised learning)，另外，還有學者提出 Self Learning、Active Learning、Online Learning、Meta Learning、Federated Learning…等，讀者千萬不要讓既有的演算法分類限制你的想像力。

1-2 學習地圖

Scikit-learn 提供的文件非常豐富，不建議依照六大模組逐一閱讀，我們認為應該依照機器學習開發流程，逐步熟悉各階段的處理程序及程式撰寫，並搭配應用案例，才能深刻理解各項演算法的用法及優缺點。此外，在介紹每個演算法時，我們會闡述背後的思維及數學原理，並說明如何撰寫程式自行開發演算法及現成的 Scikit-learn 類別或函數的使用，期望讀者閱讀後，能具備改良演算法的能力，最後再搭配完整案例說明及其應用範疇。

例如羅吉斯迴歸 (Logistic regression) 演算法，我們先瞭解羅吉斯函數數學公式的由來，再撰寫程式自行求解，之後介紹 Scikit-learn 提供的類別／方法／參數，相互驗證，最後搭配案例，以羅吉斯迴歸演算法偵測假新聞，過程中會涵蓋資料前置處理、效能衡量及效能調校。

每個案例介紹都會遵循 10 大處理步驟：

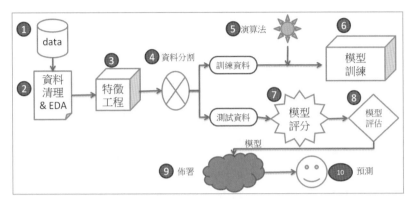

圖 1.3 機器學習 10 大處理步驟

1. 資料蒐集：蒐集資料並整理成資料集 (Dataset)。

2. 資料清理 (Data Cleaning)、資料探索與分析 (Exploratory Data Analysis, 簡稱 EDA)：資料清理會處理遺失值 (Missing value)、重複資料、極端值 (Outlier)、編製代碼、合併／轉換資料…等，而 EDA 以描述統計量及各式統計圖表觀察資料的分佈，挖掘資料的特性、變數之間的關聯性。資料清理／ EDA 工作會反覆進行，直到資料乾淨可被演算法使用為止。

3. 特徵工程 (Feature Engineering)：原始蒐集的資料未必是影響預測目標的關鍵因素，有時候需要進行資料轉換，以找到關鍵的影響變數，例如，股價技術分析，我們會利用每日股價資料，轉換成移動平均、RSI、MCAD…等技術指標，再依據這些指標預測股價，而非使用原始的每日股價資料。

4. 資料分割 (Data Split)：將蒐集到的資料切割為訓練資料 (Training Data) 及測試資料 (Test Data)，前者提供模型訓練之用，後者則用在衡量模型效能，切割主要是確保測試資料不會參與訓練，以維持其公正性，即 Out-of-Sample test。

5. 選擇演算法 (Algorithm selection)：依據要解決的問題類型選擇適當的演算法。

6. 模型訓練 (Model Training)：以選擇的演算法及訓練資料，進行訓練，產出模型。

7. 模型評分 (Score Model)：以測試資料，進行模型預測，並計算效能指標，評估模型的準確性。

8. 模型評估 (Evaluate Model)：使用多種參數組合或多個演算法，訓練多個模型，比較準確度，找到最佳模型。

9. 佈署 (Deploy)：複製最佳模型至正式環境 (Production Environment)，並製作使用者介面或 API，服務用戶。

10. 預測 (Predict)：用戶端輸入新資料或上傳檔案，模型據以進行預測，傳回預測結果給用戶端。

後續的章節均會遵照以上步驟，逐步說明各類演算的使用程序。

1-3　開發環境安裝

建議直接安裝 Anaconda，除了 Python 直譯器，它還內含上百個常用套件，包括 Scikit-learn、資料科學基礎套件 NumPy、MatPlotLib、Pandas 及 Jupyter Notebook 等，一次搞定，安裝程序如下：

1. 安裝 Anaconda：先至 Anaconda 官網 [4] 下載安裝程式，安裝很簡單，大部分都選擇預設值即可，只有如圖 1.5 建議兩者都勾選，才可將安裝路徑加入至環境變數 Path 內，之後在任何目錄下均可執行 python 程式，注意，如圖 1.4，在新版的安裝程式只有選擇『Just Me』，圖 1.5 的第一個選項才能被勾選。

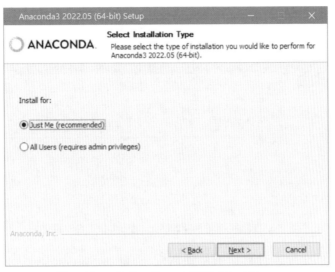

圖 1.4 Installation Type：選擇『Just Me』

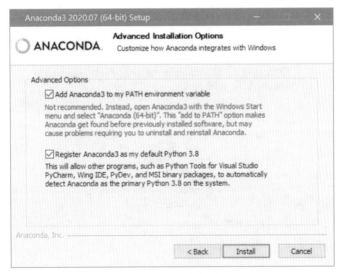

圖 1.5　兩項都勾選

2.　測試：在檔案總管直接輸入 cmd，會在目前資料夾開啟 DOS (以下一律
　　稱為終端機)。如果讀者使用 Mac 可觀看『How to open a folder in the
　　Terminal, Mac OS X』影片 [5]，開啟終端機，依照說明操作，可同時開

啟多個終端機，以下說明均以 Windows 作業系統說明，Mac 讀者可依此類推。

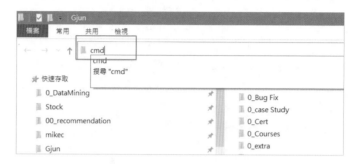

圖 1.6　在檔案總管直接輸入 cmd，開啟 DOS 視窗。

● 測試：在檔案總管切換至範例程式 (https://github.com/mc6666/Scikit_learn_Book) 資料夾 (src)，輸入 cmd，在終端機輸入：

python 01_01_plot_bubble.py

● 執行結果如下圖，關閉視窗即可結束程式執行。

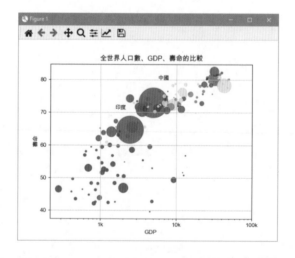

3. 讀者如不想安裝 Anaconda，要直接安裝 Python 直譯器，也請將安裝路徑加入至環境變數 Path 內，才方便使用，另外再安裝 jupyter 套件，以便讀取範例檔。

1-4 Jupyter Notebook

本書所附的範例程式,一律為 Notebook 檔案,因為 Notebook 可以使用 Markdown 語法撰寫美觀的說明,包括數學公式,另外程式也可以分格執行,便於講解,相關的用法可以參考『Jupyter Notebook: An Introduction』[6]。

簡單測試步驟:

1. 在檔案總管切換至範例程式資料夾 (src),輸入『jupyter notebook』,即可開啟 Jupyter Notebook,它是一個網站,同時會自動開啟瀏覽器,如下:

2. 點選 01_02_plot_bubble.ipynb,會在新頁籤中開啟檔案,之後即可逐格執行或選擇選單『Cell』>『Run All』執行每一格。

本書所附的範例也可以在 Google Colaboratory 執行,它是免費的 Google 雲端環境,也提供類似 Notebook 介面,以虛擬機的方式執行,常用的套件已預先安裝好,可以直接執行。

開通程序如下:

1. 使用 Google Chrome 瀏覽器，進入雲端硬碟 (Google drive) 介面 (https://drive.google.com/drive/my-drive)。

2. 建立一個目錄，例如『0』，並切換至該目錄。

3. 在螢幕中間按滑鼠右鍵，點選『更多』>『連結更多應用程式』。

4. 在搜尋欄輸入『Colaboratory』，找到後點擊該 App，按『Connect』按鈕即可開通。

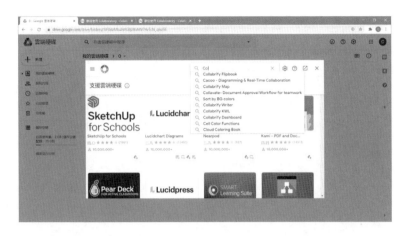

5. 開通後，即可開始使用。可新增一個『Colaboratory』的檔案。

6. Google Colaboratory 會自動開啟虛擬環境，建立一個空白的 Jupyter Notebook 檔案，附檔名為 ipynb。其他的雲端環境也都以 Notebook 為主要使用介面。

7. 也可以 Double click 現成的 Notebook 檔案，開啟虛擬環境，進行檔案編輯與執行。本機的 Notebook 檔案也可上傳至雲端硬碟，點擊使用，完全不用轉換，非常方便。

8. 若要支援 GPU 可設定運行環境使用 GPU 或 TPU，TPU 為 Google 發明的 NPU。

9. 『Colaboratory』相關操作，可參考官網說明 [7]。

10. 測試：上傳範例程式 01_03_plot_bubble_colab.ipynb 至雲端硬碟，Double click 該檔案，即會自動開啟虛擬環境，逐格執行或選擇『執行階段』>『全部執行』選單即可看到每一格執行的結果。

11. 01_03_plot_bubble_colab.ipynb 程式與 01_01_plot_bubble.py 大致相同，但中文處理略有差異，因 Google Colaboratory 虛擬環境 (以下簡稱 Colab) 無預設中文字型，需先下載開源的中文字型檔案。

```
[4]  # 下載台北思源黑體並命名taipei_sans_tc_beta.ttf
     !wget -O TaipeiSansTCBeta-Regular.ttf https://drive.google.com/uc?id=1eGAsTN1HBpJAkeVM57_C7ccp7hbgSz3_&export=download

     # 將字型加入 matplotlib
     from matplotlib.font_manager import fontManager
     fontManager.addfont('TaipeiSansTCBeta-Regular.ttf')
```

12. Notebook 也可以轉換為 .py 檔案：選擇『File』>『Download as』>『Python(.py)』選單。

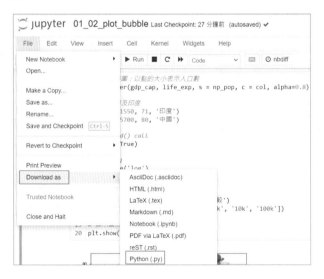

本書 Notebook 範例檔也可以使用下列指令一次轉換為 .py 檔：

jupyter nbconvert *.ipynb --to script

1-5 撰寫第一支程式

我們先熱身一下，依照下圖 10 個步驟，進行程式開發。

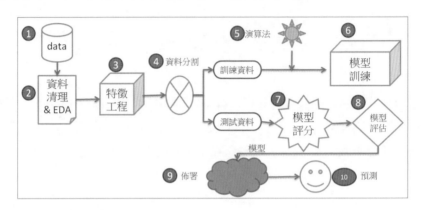

範例練習的方式有二：

1. 執行現成的檔案：在檔案總管切換至範例程式資料夾 (src)，輸入『jupyter notebook』後，在瀏覽器中點選範例檔名，例如 01_04_iris_classification.ipynb，逐格按工具列上的【Run】執行。

2. 新增一個檔案：如下圖，先點選右上角的【New】，再點選【Python 3】，即會新增一個檔案，之後可依範例說明，自行輸入程式，每一步驟使用一格，輸入後，按工具列上的【Run】即會執行游標所在格，可修改任一格，再執行該格即可，不需重新執行全部程式，測試非常方便。

» **範例 1.** 使用分類演算法，進行鳶尾花 (Iris) 品種的辨識。由於各品種的鳶尾花都非常相似，因此科學家蒐集資料，包括鳶尾花的花萼 (sepal) 長度／寬度、花瓣 (petal) 長度／寬度，希望依照這些特徵來辨識下列三種鳶尾花。

| Iris Versicolor | Iris Setosa | Iris Virginica |

程式檔：01_04_iris_classification.ipynb

1. 載入相關套件。

```
1  from sklearn import datasets, preprocessing
2  from sklearn.model_selection import train_test_split
3  from sklearn.metrics import accuracy_score
```

2. 載入建立模型所需的鳶尾花資料集：Scikit-learn 內建多個資料集，可供練習，請參閱 Scikit-learn 資料集網頁 [8]。

```
1  ds = datasets.load_iris()
```

3. 查看資料集內容說明：Scikit-learn 內建資料集均可使用下列指令查看資料集說明。

```
1  # 資料集說明
2  print(ds.DESCR)
```

▶ 執行結果：共有 150 筆資料，4 個屬性 (Attributes) 分別為花萼 (sepal) 長度、花萼寬度、花瓣 (petal) 長度、花瓣寬度，3 個品種分別為 Setosa、Versicolour、Virginica。屬性也稱為 (Feature)，即 X，品種即目標變數 (Y)，我們希望使用鳶尾花特徵 (X) 來預測目標變數 (Y)。

```
.. _iris_dataset:

Iris plants dataset
-------------------

**Data Set Characteristics:**

    :Number of Instances: 150 (50 in each of three classes)
    :Number of Attributes: 4 numeric, predictive attributes and the class
    :Attribute Information:
        - sepal length in cm
        - sepal width in cm
        - petal length in cm
        - petal width in cm
        - class:
                - Iris-Setosa
                - Iris-Versicolour
                - Iris-Virginica
```

4. 將屬性資料轉換為 Pandas 表格：Scikit-learn 內建資料集均可使用相同的指令轉換。

```
1  import pandas as pd
2  df = pd.DataFrame(ds.data, columns=ds.feature_names)
3  df
```

▶ 執行結果：

	sepal length (cm)	sepal width (cm)	petal length (cm)	petal width (cm)
0	5.1	3.5	1.4	0.2
1	4.9	3.0	1.4	0.2
2	4.7	3.2	1.3	0.2
3	4.6	3.1	1.5	0.2
4	5.0	3.6	1.4	0.2
...	...	...	...	...
145	6.7	3.0	5.2	2.3
146	6.3	2.5	5.0	1.9
147	6.5	3.0	5.2	2.0
148	6.2	3.4	5.4	2.3
149	5.9	3.0	5.1	1.8

5. 取得目標變數 (Y)：這是訓練資料中人工標註的真實答案，即每一筆資料的鳶尾花品種，程式通常以小寫的 y 表示。

```
1  y = ds.target
2  y
```

● 執行結果如下，0/1/2 分別代表 3 個品種 Setosa、Versicolour、Virginica。

```
[0, 0, 0, 0, 0, 0, 0, 0, 0, 0, 0, 0, 0, 0, 0, 0, 0, 0, 0, 0, 0,
 0, 0, 0, 0, 0, 0, 0, 0, 0, 0, 0, 0, 0, 0, 0, 0, 0, 0, 0, 0, 0,
 0, 0, 0, 0, 0, 0, 1, 1, 1, 1, 1, 1, 1, 1, 1, 1, 1, 1, 1, 1, 1,
 1, 1, 1, 1, 1, 1, 1, 1, 1, 1, 1, 1, 1, 1, 1, 1, 1, 1, 1, 1, 1,
 1, 1, 1, 1, 1, 1, 1, 1, 1, 1, 1, 1, 2, 2, 2, 2, 2, 2, 2, 2, 2,
 2, 2, 2, 2, 2, 2, 2, 2, 2, 2, 2, 2, 2, 2, 2, 2, 2, 2, 2, 2, 2,
 2, 2, 2, 2, 2, 2, 2, 2, 2, 2, 2, 2, 2, 2, 2, 2, 2, 2])
```

6. 取得目標變數的類別名稱。

```
1  ds.target_names
```

● 執行結果： Setosa、Versicolour、Virginica。

7. 資料清理、資料探索與分析：此步驟會針對每一個變數（欄位）進行分析，並對各變數檢查關聯性、各類別資料筆數進行統計，一般會使用描述統計量及圖表工具加以分析，後面會專章討論。以下僅簡單利用 Scikit-learn、Panda、Seaborn 套件展示一般功能。
    ▶ 觀察資料集彙總資訊：包括筆數、欄位數、每一欄位的資料型態、是否有含遺失值 (Missing value) 等。

```
1  # 觀察資料集彙總資訊
2  df.info()
```

● 執行結果： 資料集共有 150 筆資料，4 個特徵欄位，每個欄位的資料型態均為 64 位元浮點數 (float64)、150 筆非遺失值資料，即無遺失值。

```
<class 'pandas.core.frame.DataFrame'>
RangeIndex: 150 entries, 0 to 149
Data columns (total 4 columns):
 #   Column             Non-Null Count  Dtype
---  ------             --------------  -----
 0   sepal length (cm)  150 non-null    float64
 1   sepal width (cm)   150 non-null    float64
 2   petal length (cm)  150 non-null    float64
 3   petal width (cm)   150 non-null    float64
dtypes: float64(4)
memory usage: 4.8 KB
```

▶ 觀察每一欄位的描述統計量。

```
1  # 描述統計量
2  df.describe()
```

● 執行結果：包括每一欄位的筆數 (count)、平均數 (mean)、標準差 (std)、最小值 (min)、百分位數 (25%、50%、75%)、最大值 (max)。

	sepal length (cm)	sepal width (cm)	petal length (cm)	petal width (cm)
count	150.000000	150.000000	150.000000	150.000000
mean	5.843333	3.057333	3.758000	1.199333
std	0.828066	0.435866	1.765298	0.762238
min	4.300000	2.000000	1.000000	0.100000
25%	5.100000	2.800000	1.600000	0.300000
50%	5.800000	3.000000	4.350000	1.300000
75%	6.400000	3.300000	5.100000	1.800000
max	7.900000	4.400000	6.900000	2.500000

▶ 也可以使用箱型圖 (Box plot) 或稱『盒鬚圖』觀察。

```
1  # 箱型圖
2  import seaborn as sns
3  sns.boxplot(data=df)
```

● 執行結果：可比較每一欄位的中位數 (median)、百分位數 (25%、75%)、最小值 (min)、最大值 (max) 及離群值 (outlier)。

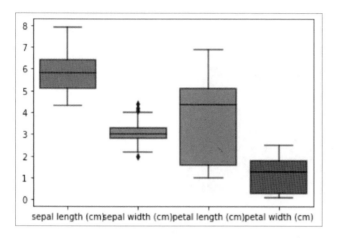

▶ 觀察每一欄位是否有含遺失值 (Missing value)。

```
1  # 是否有含遺失值(Missing value)
2  df.isnull().sum()
```

● 執行結果： 每一欄位遺失值個數均為 0。

```
sepal length (cm)    0
sepal width (cm)     0
petal length (cm)    0
petal width (cm)     0
```

▶ 觀察目標變數 (Y)：觀察各類別資料筆數是否失衡 (Imbalance)，若失衡，必須作特殊處理，以免模型失準或誤導預測結果，後面章節會詳細說明。

```
1  # y 各類別資料筆數統計
2  import seaborn as sns
3  sns.countplot(x=y)
```

● 執行結果：各類別資料筆數均為 50 筆，資料平衡，無須特殊處理。

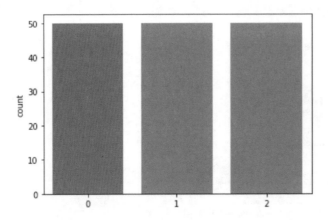

▶ 也可以使用 Pandas 函數統計各類別資料筆數。

```
1  # 以Pandas函數統計各類別資料筆數
2  pd.Series(y).value_counts()
```

● 執行結果：各類別資料筆數均為 50 筆。

```
0    50
1    50
2    50
```

8. 特徵工程：不需進行，Scikit-learn 內建的資料集均已整理的很乾淨，不需轉換，後面使用其他來源的資料集時，需進行特徵工程時，再詳細說明處理方式。

9. 資料分割：將資料集切割為訓練資料 (Training Data) 及測試資料 (Test Data)，前者提供模型訓練之用，後者則用在衡量模型效能，例如準確度，切割的主要原因是確保測試資料不會參與訓練，以維持其公正性，即 Out-of-Sample test。切割比例通常介於 10%~30%，以 test_size 參數指定。注意，train_test_split 函數預設會先打亂資料 (shuffle) 再切割，故每次切割的結果均不相同。

```
1  # 指定X，並轉為 Numpy 陣列
2  X = df.values
3
4  # 資料分割
5  X_train, X_test, y_train, y_test = train_test_split(X, y, test_size=.2)
6
7  # 查看陣列維度
8  X_train.shape, X_test.shape, y_train.shape, y_test.shape
```

- 第 5 行：X 會切割為 X_train、X_test，y 切割為 y_train、y_test，訓練資料及測試資料分別為 120(150 x 0.8)、30 筆 (150 x 0.2)。

10. 特徵縮放：主要是將所有特徵規模一致化，不要因為數值單位不同，造成每個欄位對模型預測的評估不一致，例如身高若以公尺為單位，會比以公分為單位，影響會放大 100 倍，並且會造成其他欄位的影響力被忽視，進而造成模型準確度受影響，因此，大部份的演算法在訓練前都會希望先對所有特徵 (X) 進行特徵縮放。這項工作會放在資料分割後進行，也是希望測試資料不要參與特徵縮放的訓練，以維持其模型評分的公正性。特徵縮放有多種方式，這裡先採用標準化 (Standard　Scaler)，後面再說明詳細其他縮放方法及選用原則。

```
1  scaler = preprocessing.StandardScaler()
2  X_train_std = scaler.fit_transform(X_train)
3  X_test_std = scaler.transform(X_test)
```

- 第 1 行：依據標準化 (StandardScaler) 類別，建立物件。
- 第 2 行：呼叫 fit_transform，表先訓練，再作特徵縮放。
- 第 3 行：僅呼叫 transform，表測試資料不參與訓練，只作特徵縮放。

11. 選擇演算法：本例使用羅吉斯迴歸演算法 (LogisticRegression)，後面章節會說明每一種演算法原理、用法及優缺點。

```
1  from sklearn.linear_model import LogisticRegression
2  clf = LogisticRegression()
```

12. 模型訓練：Scikit-learn 模型訓練及轉換工作之訓練一律使用 fit 指令，訓練完成後的模型會儲存在 clf 變數中。

```
1  clf.fit(X_train_std, y_train)
```

13. 模型計分 (Scoring)：先針對測試資料預測，再將預測結果與真實答案比較，統計正確的比例，稱之為『準確率』(Accuracy)。

```
1  y_pred = clf.predict(X_test_std)
2  y_pred
```

- 30 筆測試資料預測結果如下，0~2 為品種代碼：

  [1, 2, 1, 2, 1, 1, 0, 0, 1, 0, 1, 2, 0, 1, 2, 2, 0, 1, 1, 2, 2, 0, 1, 1, 2, 0, 0, 2, 0, 1]。

14. 計算準確率。

```
1  # 計算準確率
2  print(f'{accuracy_score(y_test, y_pred)*100:.2f}%')
```

- 執行結果：經四捨五入至小數點後兩位為 90%，注意，每次全部程式碼重新執行，結果都會不一樣，因為資料分割時會隨機切割訓練及測試資料。

15. 使用混淆矩陣觀察預測錯誤的是哪一類別居多，之後可以針對錯誤較多的類別收集更多的資料、重新分類或調整演算法參數。

```
1  # 混淆矩陣
2  from sklearn.metrics import confusion_matrix
3  print(confusion_matrix(y_test, y_pred))
```

- 執行結果：左上至右下對角線的數字為預測正確的數量，其他為錯誤的數量，例如下圖的 1，表示實際類別為 1(versicolor) 被誤判為 2(virginica) 的筆數。下一步驟會表達得更清楚。

```
[13  0  0]
[ 0  7  1]
[ 0  0  9]
```

16. 使用混淆矩陣圖觀察，更美觀。

```
1  # 混淆矩陣圖
2  from sklearn.metrics import ConfusionMatrixDisplay
3  import matplotlib.pyplot as plt
4
5  disp = ConfusionMatrixDisplay(confusion_matrix=confusion_matrix(y_test, y_pred)
6                              , display_labels=ds.target_names)
7  disp.plot()
8  plt.show()
```

- 執行結果：列為真實的標註（答案），即 True label，行是預測結果 (Predicted label)，格子顏色深淺代表數字的大小，協助我們一眼就找到問題，例如撇開對角線，3 顏色較淺，表示該格為錯誤較多的類別。

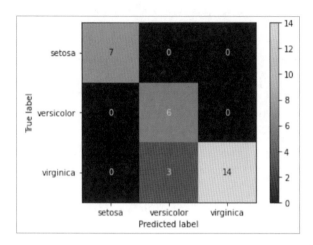

17. 模型評估：可以使用其他演算法或不同參數組合，多訓練幾個模型，再比較各模型優劣，找到最佳模型，作法後面章節會詳細說明。

18. 模型佈署：經過評估，找到最佳模型後，我們就可以將模型複製到正式環境 (Production environment)，設計使用者介面，可能是網頁或手機 App，正式對外服務。注意，除了模型以外，特徵縮放的轉換公式也要一併儲存，否則，使用者輸入的資料就不能按一致的規則轉換了，故本例儲存了兩個檔案。

```
1  # 模型存檔
2  import joblib
3
4  joblib.dump(clf, 'model.joblib')
5  joblib.dump(scaler, 'scaler.joblib');
```

- joblib 可儲存任何變數，非常方便，dump 是將變數儲存至檔案，load 是自檔案載入至變數。

19. 模型預測：我們使用簡易的 Streamlit 套件撰寫網頁程式，不需要懂 HTML、CSS、Javascript，直接使用 Python 設計網頁，讀者如熟悉其他網頁框架，也可以使用。

» **範例 2.** 在介紹模型預測之前，我們再使用另一資料集，建立乳癌診斷預測模型，主要是依據病人檢查報告的屬性預測是否罹患乳癌，一樣可以使用 print(ds.DESCR) 了解資料集的內容。乳癌診斷預測與鳶尾花品種的辨識幾乎是風馬牛不相及的任務，但是，觀察程式內容會發現只有一行程式不同，就是載入資料集的指令不一樣，其他程序都不需改變，就可以建構出預測模型，真是太神奇了，因此，我們必須說『機器學習的開發流程是具有通用性的』，也就是說，人工智慧 (AI) 是可以應用到各行各業。請執行程式檔 01_05_breast_cancer_classification.ipynb，觀看輸出結果。

範例 2 與範例 1 比較，只需修改下列一行，乳癌診斷預測模型準確度也高達 98.25%。

```
1  ds = datasets.load_breast_cancer()
```

» **範例 3.** 建立鳶尾花品種辨識的預測網頁。

程式檔：01_06_iris_prediction.py

1. 安裝 Streamlit 套件：在終端機內執行下列指令。

   pip install streamlit

2. 執行 01_06_iris_prediction.py：特別注意，不可使用 python 01_06_iris_prediction.py，Streamlit 程式需使用下列指令。

   streamlit run 01_06_iris_prediction.py

3. 執行畫面如下，使用滑鼠移動拉桿 (Slider)，即可改變特徵值，再按下『預測』即可得到預測的品種。

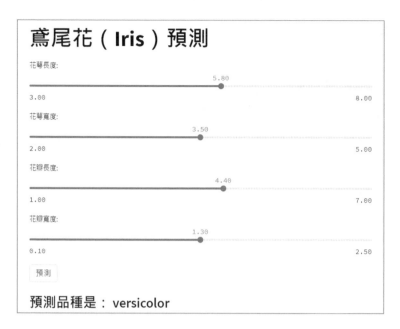

4. 完整程式碼如下。

```
1   import streamlit as st
2   import joblib
3
4   # 載入模型與標準化轉換模型
5   clf = joblib.load('model.joblib')
6   scaler = joblib.load('scaler.joblib')
7
8   st.title('鳶尾花（Iris）預測')
9   sepal_length = st.slider('花萼長度:', min_value=3.0, max_value=8.0, value=5.8)
10  sepal_width = st.slider('花萼寬度:', min_value=2.0, max_value=5.0, value=3.5)
11  petal_length = st.slider('花瓣長度:', min_value=1.0, max_value=7.0, value=4.4)
12  petal_width = st.slider('花瓣寬度:', min_value=0.1, max_value=2.5, value=1.3)
13
14  labels = ['setosa', 'versicolor', 'virginica']
15  if st.button('預測'):
16      X_new = [[sepal_length,sepal_width,petal_length,petal_width]]
17      X_new = scaler.transform(X_new)
18      st.write('### 預測品種是：', labels[clf.predict(X_new)[0]])
```

- 第1~2行：載入相關套件。

- 第5~6行：載入 01_04_iris_classification.ipynb 建立的模型與標準化
  轉換公式。

- 第 8 行：建立畫面的標題。

- 第 9~12 行：建立畫面的輸入欄位，都設計為拉桿 (Slider) 形式。

- 第 15 行：建立預測的按鈕。

- 第 16~18 行：按鈕被按下後會執行這段程式，預測並顯示結果。

- Streamlit 的用法可參閱 Cheat Sheet[9]，拉桿 (Slider) 的詳細用法可參閱參考手冊 [10]，說明網頁左邊選單也有其他輸入元件 (input widgets) 的詳細用法。

- 完成網頁程式後，即可架設網站或上傳雲端，正式對外服務，練習階段可以使用 Streamlit 免費雲端 (Streamlit share)，將程式、模型檔案、requirements.txt 上傳雲端，即可完成佈署。其中 requirements.txt 是記錄要安裝的 Python 套件。

- Streamlit share 用法可參閱 Streamlit Cloud 說明 [11]。也可以瀏覽筆者架設的展示網站 [12]。

1-6　本章小結

Scikit-learn 提供的演算法都是非常成熟的，使用也很簡單，雖然不如深度學習炫，新聞見報率也不高，但就一般企業而言，是比較容易應用的，而且導入難度也較低，只需少量的訓練資料、很短的訓練時間，就可以快速建構模型，預測結果也比較容易理解。剛入門的讀者可以藉著 Scikit-learn 熟悉開發流程，奠定機器學習基礎，之後再往深度學習邁進。

透過簡單的範例介紹，讀者應該可以初步理解機器學習的開發流程，瞭解 Scikit-learn 的大致用法，以後的篇章會針對每一個環節作更細膩的說明，並依序介紹 Scikit-learn 六大模組的各項函數庫，包括演算法原理、用法以及企業應用案例。期盼讀者藉由本書的說明，不僅可以精通 Scikit-learn 用法，也能在企業內應用自如，讓我們一起加油吧！

1-7 延伸練習

1. 請參閱『Jupyter Notebook 啟用自動補全、自動完成函數名稱，不用再按 tab 了』[13]，安裝擴充程式 (Nbextensions)，並啟用 Hinterland 擴充程式，開啟自動提示程式碼及自動完成 (Auto complete) 功能。

2. 將本書程式在 Colab 測試，看看是否需要修改。

3. 載入另一資料集 load_wine()，參照 01_04_iris_classification.ipynb、01_06_iris_prediction.py，實作模型訓練與預測。

參考資料 (References)

[1] Scikit-learn 維基百科 (https://zh.wikipedia.org/zh-tw/Scikit-learn)

[2] Scikit-learn 官網 (https://scikit-learn.org/stable/)

[3] 陳昭明, 深度學習 -- 最佳入門邁向 AI 專題實戰 (https://www.tenlong.com.tw/products/9789860776263?list_name=b-r7-zh_tw)

[4] Anaconda 官網 (https://www.anaconda.com/products/individual)

[5] How to open a folder in the Terminal, Mac OS X 影片 (https://www.youtube.com/watch?app=desktop&v=xsCCgITrrWI)

[6] Mike Driscoll, Jupyter Notebook: An Introduction(https://realpython.com/jupyter-notebook-introduction/)

[7] Colaboratory 官網說明 (https://colab.research.google.com/notebooks/intro.ipynb)

[8] Scikit-learn 資料集網頁 (https://scikit-learn.org/stable/datasets/toy_dataset.html)

[9] Streamlit Cheat Sheet(https://docs.streamlit.io/library/cheatsheet)

[10] st.slider 參考手冊 (https://docs.streamlit.io/library/api-reference/widgets/st.slider)

[11] Streamlit Cloud 說明 (https://docs.streamlit.io/streamlit-cloud/get-started)

[12] 筆者的展示網站 (https://mc6666-ml-projects-mkc-app-1lsdwj.streamlit.app/)

[13] Jupyter Notebook 啟用自動補全、自動完成函數名稱，不用再按 tab 了 (https://www.fairyhorn.cc/3490/jupyter-notebook-hinterland)

第 2 章

資料前置處理
(Data Preprocessing)

資料前置處理是蒐集各方的原始資料 (Raw data)，經過合併、整理、轉換、清理作業，最終產出乾淨的資料，提供演算法訓練模型，另外再經過資料探索、特徵工程，找出能準確預測目標變數 (Y) 的關鍵特徵 (X)，即下圖的前三步驟。

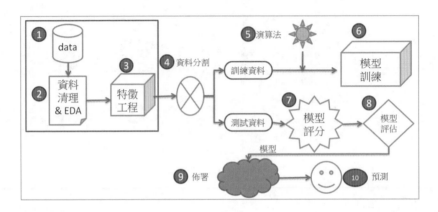

在研讀相關文章時，會看到與資料前置處理有關的許多術語，例如 Data ingestion、Data wrangling、Data munging、ETL…等，都與資料整理、清理有關，簡單說明如下：

1. Data ingestion：自各方的資料源蒐集資料，轉換並載入目標環境，以方便進一步分析，資料可能來自物聯網感測器、應用系統、資料湖 (Data lake) 或網路爬蟲，目標環境可以是資料倉儲 (Data warehouse)、資料湖 (Data lake) 或資料超市 (Data mart)。

2. Data wrangling：也稱為 Data munging，原始資料轉換成新格式或定義新舊資料對應 (Mapping) 關係，以利於資料轉換及合併，最終目標是希望提供資料分析師立即可用的格式。

3. ETL (Extract、Transform、Load)：通常是指資料轉換，市面上有許多的 ETL 工具。

本章會將重心放在資料清理，介紹 Scikit-learn 及 Pandas、Matplotlib、Seaborn 套件所提供的功能，下一章再說明資料探索與分析 (EDA)。

2-1 資料源 (Data Sources)

10 大步驟的第一個步驟是蒐集資料，資料來源可能是來自內部的應用系統 (ERP、CRM…)、資料庫、文字檔案 (Excel、PDF、Word)、大數據平台、政府公開資訊 (Open Data) 或是利用爬蟲抓取網路資料，初步蒐集到的資料通常是很凌亂的，必須經過合併、格式轉換 (例如日期、代碼統一格式)、清理 (遺失值、重複資料) 等處理，才能變成乾淨的資料。

資料蒐集是一個很耗時的工作，會佔據專案很大比例的時間，為方便學習，Scikit-learn 及許多套件都會提供許多已經整理好的資料集 (Dataset)，提供初學者直接拿來練習，不需耗費時間整理，另外還有許多途徑可以取得資料，筆者整理如下：

1 Scikit-learn 套件：可參閱 Scikit-learn datasets 網頁 [1] 說明，分為下列類別，稍後我們再詳細介紹：

1.1 Toy datasets(少量資料)

1.2 Real world datasets(大量資料)

1.3 Generated datasets(隨機生成資料)

1.4 Loading other datasets(連接其他資料源)

2 其他套件：許多套件為了說明套件函數用法，會內建許多資料集，例如 Seaborn[2]、StatsModels[3]。

3 爾灣加州大學 (UCI) Machine Learning Repository[4]：許多機器學習的文章都會以 UCI 的資料集為例，目前有 622 個資料集，資料格式大部份為 csv，可使用 Pandas 的 read_csv 函數載入資料，UCI 資料集有很好的分類，如下圖：

Default Task

Classification (466)
Regression (151)
Clustering (121)
Other (56)

Attribute Type

Categorical (38)
Numerical (422)
Mixed (55)

Data Type

Multivariate (480)
Univariate (30)
Sequential (59)
Time-Series (126)
Text (69)
Domain-Theory (23)
Other (21)

Area

Life Sciences (147)
Physical Sciences (57)
CS / Engineering (234)
Social Sciences (41)
Business (45)
Game (12)
Other (81)

 # Attributes

Less than 10 (166)
10 to 100 (279)
Greater than 100 (110)

 # Instances

Less than 100 (38)
100 to 1000 (210)

圖 2.1 UCI 資料集分類

單一資料集說明也很清楚，以汽車價格預測資料集 [5] 為例，首頁可以看到
摘要說明，點選『Data Folder』，可進一步下載資料集：

Automobile Data Set

Download: Data Folder, Data Set Description

Abstract: From 1985 Ward's Automotive Yearbook

Data Set Characteristics:	Multivariate	Number of Instances:	205	Area:	N/A
Attribute Characteristics:	Categorical, Integer, Real	Number of Attributes:	26	Date Donated	1987-05-19
Associated Tasks:	Regression	Missing Values?	Yes	Number of Web Hits:	823238

圖 2.2 汽車價格預測資料集的資料說明

Attribute Information:

Attribute: Attribute Range

1. symboling: -3, -2, -1, 0, 1, 2, 3.
2. normalized-losses: continuous from 65 to 256.
3. make:
alfa-romero, audi, bmw, chevrolet, dodge, honda,
isuzu, jaguar, mazda, mercedes-benz, mercury,
mitsubishi, nissan, peugot, plymouth, porsche,
renault, saab, subaru, toyota, volkswagen, volvo

4. fuel-type: diesel, gas.
5. aspiration: std, turbo.
6. num-of-doors: four, two.
7. body-style: hardtop, wagon, sedan, hatchback, convertible.
8. drive-wheels: 4wd, fwd, rwd.
9. engine-location: front, rear.
10. wheel-base: continuous from 86.6 120.9.
11. length: continuous from 141.1 to 208.1.
12. width: continuous from 60.3 to 72.3.
13. height: continuous from 47.8 to 59.8.
14. curb-weight: continuous from 1488 to 4066.
15. engine-type: dohc, dohcv, l, ohc, ohcf, ohcv, rotor.
16. num-of-cylinders: eight, five, four, six, three, twelve, two.
17. engine-size: continuous from 61 to 326.
18. fuel-system: 1bbl, 2bbl, 4bbl, idi, mfi, mpfi, spdi, spfi.
19. bore: continuous from 2.54 to 3.94.
20. stroke: continuous from 2.07 to 4.17.
21. compression-ratio: continuous from 7 to 23.
22. horsepower: continuous from 48 to 288.
23. peak-rpm: continuous from 4150 to 6600.
24. city-mpg: continuous from 13 to 49.
25. highway-mpg: continuous from 16 to 54.
26. price: continuous from 5118 to 45400.

圖 2.3 汽車價格預測資料集的欄位說明

4　Kaggle 競賽網站：Kaggle 除了提供 AI 競賽外，也是一個很棒的學習園地，它提供許多資料集，有些資料集是企業提供的真實資料，資料量多、也較接近真實，請參閱 Kaggle Datasets[6]，另外競賽部份，有些出題方提供的資料集會高達好幾 GB。

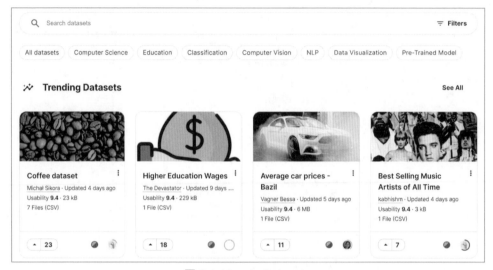

圖 2.4　Kaggle Datasets

5　Google Datasets Search[7]：仿效 Google search，可依關鍵字搜尋公開的資料集。

圖 2.5　Google Datasets Search

6 政府資料公開平台 [8]：政府提供許多公共資料，有些資料集需要註冊才能取得。

圖 2.6 政府資料公開平台

2-2 Scikit-learn 內建資料集

2-2-1 Toy datasets

load_iris(*[, return_X_y, as_frame])	Load and return the iris dataset (classification).
load_diabetes(*[, return_X_y, as_frame, scaled])	Load and return the diabetes dataset (regression).
load_digits(*[, n_class, return_X_y, as_frame])	Load and return the digits dataset (classification).
load_linnerud(*[, return_X_y, as_frame])	Load and return the physical exercise Linnerud dataset.
load_wine(*[, return_X_y, as_frame])	Load and return the wine dataset (classification).
load_breast_cancer(*[, return_X_y, as_frame])	Load and return the breast cancer wisconsin dataset (classification).

圖 2.7 Toy datasets 列表

資料載入指令都是 load_XXX，每一資料集都有註明用途，是分類 (classification) 或迴歸 (regression)，每個資料集處理的方式都標準化，以下我們就示範其用法。

≫ **範例 1.** 葡萄酒 (Wine) 分類。

程式：02_01_Scikit-learn_toy_datasets.ipynb

1. 載入相關套件。

```
1  from sklearn import datasets
```

2. 載入酒類資料集。

```
1  ds = datasets.load_wine()
```

3. 顯示資料集說明。

```
1  print(ds.DESCR)
```

4. 讀取資料集的特徵 (X)：ds.data 是特徵值，為二維陣列，ds.feature_
names 是特徵欄位名稱，兩者結合可構成表格 (Data frame)。

```
1  import pandas as pd
2  df = pd.DataFrame(ds.data, columns=ds.feature_names)
3  df
```

5. 讀取資料集的目標 (Y)：為一維陣列。

```
1  ds.target
```

● 輸出結果：

```
array([0, 0, 0, 0, 0, 0, 0, 0, 0, 0, 0, 0, 0, 0, 0, 0, 0, 0, 0, 0, 0,
       0, 0, 0, 0, 0, 0, 0, 0, 0, 0, 0, 0, 0, 0, 0, 0, 0, 0, 0, 0, 0,
       0, 0, 0, 0, 0, 0, 0, 0, 0, 0, 0, 0, 0, 0, 1, 1, 1, 1, 1, 1, 1,
       1, 1, 1, 1, 1, 1, 1, 1, 1, 1, 1, 1, 1, 1, 1, 1, 1, 1, 1, 1, 1,
       1, 1, 1, 1, 1, 1, 1, 1, 1, 1, 1, 1, 1, 1, 1, 1, 1, 1, 1, 1, 1,
       1, 1, 1, 1, 1, 1, 1, 1, 1, 1, 1, 1, 1, 1, 1, 1, 1, 1, 2, 2,
       2, 2, 2, 2, 2, 2, 2, 2, 2, 2, 2, 2, 2, 2, 2, 2, 2, 2, 2, 2,
       2, 2, 2, 2, 2, 2, 2, 2, 2, 2, 2, 2, 2, 2, 2, 2, 2, 2, 2, 2,
       2, 2])
```

6. 讀取目標 (Y) 的名稱，即標註 (Label)。

```
2  ds.target_names
```

7. df.info()：觀察資料集彙總資訊。

8. df.describe()：觀察描述統計量。

9. 還有另一種載入資料集的方法，直接傳回 NumPy 陣列格式的 X、Y。

```
1  X, y = datasets.load_wine(return_X_y=True)
```

請讀者自行試試看，讀取其他的資料集。

2-2-2　Real world datasets

Real world datasets 提供較大型的資料集。

`fetch_olivetti_faces`(*[, data_home, …])	Load the Olivetti faces data-set from AT&T (classification).
`fetch_20newsgroups`(*[, data_home, subset, …])	Load the filenames and data from the 20 newsgroups dataset (classification).
`fetch_20newsgroups_vectorized`(*[, subset, …])	Load and vectorize the 20 newsgroups dataset (classification).
`fetch_lfw_people`(*[, data_home, funneled, …])	Load the Labeled Faces in the Wild (LFW) people dataset (classification).
`fetch_lfw_pairs`(*[, subset, data_home, …])	Load the Labeled Faces in the Wild (LFW) pairs dataset (classification).
`fetch_covtype`(*[, data_home, …])	Load the covertype dataset (classification).
`fetch_rcv1`(*[, data_home, subset, …])	Load the RCV1 multilabel dataset (classification).
`fetch_kddcup99`(*[, subset, data_home, …])	Load the kddcup99 dataset (classification).
`fetch_california_housing`(*[, data_home, …])	Load the California housing dataset (regression).

每個資料集用法稍有不同，可參閱 Scikit-learn Real world datasets[9]，點選上表的超連結，出現的網頁一般會有幾個段落：

1.　函數宣告：包含完整的命名空間 (Name space) -- sklearn.datasets。

`sklearn.datasets.fetch_olivetti_faces`(*, data_home=None, shuffle=False, random_state=0, download_if_missing=True, return_X_y=False)　　　　　　　　　　　　　　　　　　　　　　　　　　　　　　　　　　　[source]

2.　詳細的使用指引 (User Guide)。

Read more in the User Guide.

3.　輸入參數 (Parameters)、傳回值 (Returns) 或傳回的屬性 (Attributes)。

4.　最後會附一些範例程式，可直接下載檔案測試。

以下我們舉兩個範例說明。

≫ **範例 2.** 人臉資料集 (LFW) 辨識。

程式：02_02_Scikit-learn_LFW.ipynb，程式來自 Scikit-learn Faces recognition example[10]，筆者稍作簡化，主要說明資料集的用法。

1.　載入相關套件。

```
1  from sklearn.datasets import fetch_lfw_people
```

2. 載入人臉資料集：Real world datasets 資料量較多，故 Scikit-learn 提供篩選條件，只載入部份資料，各資料集有不同的篩選條件，min_faces_per_person 指讀取擁有 70 筆資料或以上的人臉類別，resize=0.4 表將原資料尺寸縮小為 40%，除此之外，還有更多的參數，可詳閱人臉資料集說明 [11]。

```
1  ds = fetch_lfw_people(min_faces_per_person=70, resize=0.4)
```

3. 顯示資料集說明：與 Toy Datasets 指令相同。

```
2  print(ds.DESCR)
```

4. 資料清理、資料探索與分析。

```
1  # 資料維度
2  n_samples, h, w = ds.images.shape
3
4  #
5  X = ds.data
6  n_features = X.shape[1]
7
8  # the label to predict is the id of the person
9  y = ds.target
10 target_names = ds.target_names
11 n_classes = target_names.shape[0]
12
13 print("Total dataset size:")
14 print("n_samples: %d" % n_samples)
15 print("n_features: %d" % n_features)
16 print("n_classes: %d" % n_classes)
```

5. 顯示目標 (Y) 標註：與 Toy Datasets 指令相同。

```
1  ds.target_names
```

● 輸出結果：共 7 個人，['Ariel Sharon', 'Colin Powell', 'Donald Rumsfeld', 'George W Bush', 'Gerhard Schroeder', 'Hugo Chavez', 'Tony Blair']。

6. 檢查是否有含遺失值 (Missing value)：人臉資料集不提供 ds.feature_names，因為人臉的特徵 (X) 為像素，不必為每一像素取欄位名稱，故不能轉為表格，改以 NumPy 指令檢查是否有含遺失值。

```
1  # 是否有含遺失值(Missing value)
2  import numpy as np
3  np.isnan(X).sum()
```

7. 繪圖：檢查每個人臉的資料筆數。

```
1   # y 各類別資料筆數統計
2   import pandas as pd
3
4   df_y = pd.DataFrame({'code':y})
5   df_y['name'] = df_y['code'].map(dict(enumerate(ds.target_names)))
6
7   import seaborn as sns
8   import matplotlib.pyplot as plt
9
10  sns.countplot(x='name', data=df_y)
11  plt.xticks(rotation=30);
```

● 輸出結果：

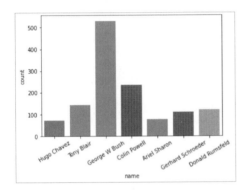

8. 資料分割：與前例相同。

```
1  # 資料分割
2  from sklearn.model_selection import train_test_split
3  X_train, X_test, y_train, y_test = train_test_split(X, y, test_size=.2)
4
5  # 查看陣列維度
6  X_train.shape, X_test.shape, y_train.shape, y_test.shape
```

9. 特徵縮放：與前例相同。

```
1  from sklearn.preprocessing import StandardScaler
2
3  scaler = StandardScaler()
4  X_train_std = scaler.fit_transform(X_train)
5  X_test_std = scaler.transform(X_test)
```

10. 選擇演算法：與前例相同，資料較複雜，需更多的訓練週期，預設為 100，改設為 500。

```
1  from sklearn.linear_model import LogisticRegression
2  clf = LogisticRegression(max_iter=500)
```

11. 模型訓練：與前例相同。

```
1  clf.fit(X_train_std, y_train)
```

12. 模型計分：與前例相同。

```
1  y_pred = clf.predict(X_test_std)
2  y_pred
```

13. 計算準確率：與前例相同。

```
2  from sklearn.metrics import accuracy_score
3
4  print(f'{accuracy_score(y_test, y_pred)*100:.2f}%')
```

- 輸出結果：87.60%，模型準確率也變高的。

由以上的實作，再次證明機器學習的開發流程是具有通用性的。

≫ **範例 3.** 新聞資料集 (News groups) 辨識。

程式：02_03_Scikit-learn_news_groups.ipynb。

1. 載入相關套件。

```
1  from sklearn.datasets import fetch_20newsgroups
```

2. 載入資料集：篩選條件包括訓練／測試資料 (subset)，新聞類別 (categories) 等，可詳閱新聞資料集說明 [12]。

```
1  # 篩選新聞類別
2  categories = [
3      "alt.atheism",
4      "talk.religion.misc",
5      "comp.graphics",
6      "sci.space",
7  ]
8
```

```
 9  data_train = fetch_20newsgroups(
10      subset="train",
11      categories=categories,
12      shuffle=True,
13  )
```

3.　後續步驟可參閱『Classification of text documents using sparse features』
　　[13]。

2-2-3　生成資料 (Generated Datasets)

有時候為了測試演算法，找不到適合的資料集，這時可以生成隨機亂數資料，
進行簡單的測試，Scikit-learn 提供分類、迴歸、非線性⋯等的生成資料函數，
可參閱 Scikit-learn Generated datasets[14]。

>> **範例 4.** 隨機生成的各式資料。

程式：02_04_Scikit-learn_Generated_datasets.ipynb。

1.　載入相關套件。

```
1  from sklearn.datasets import (make_classification, make_blobs,
2                                make_regression, make_circles, make_moons)
```

2.　載入分類資料集：make_classification 會產生多個類別的資料，主要參數
　　n_samples 可設定樣本筆數，n_classes 設定目標變數 (Y) 類別個數，n_
　　features 設定特徵 (X) 個數，傳回 X、Y。

```
1  X, y = make_classification(n_samples=100, n_classes=3, n_features=20,
2                             n_informative=15, n_redundant=5, random_state=5)
3  print(X.shape)
```

- 輸出結果：(100, 20) 為 X 的維度。

- make_classification 還有許多重要參數如下：

  ▶ n_informative：對 Y 有重大影響的特徵個數。

  ▶ n_redundant：多餘的特徵個數，由『informative 特徵』線性組合而
  成。

  ▶ n_repeated：重複的特徵個數，自『informative 特徵』、『redundant
  特徵』隨機複製。

> ▶ n_clusters_per_class：每一類別分成幾個小群。
>
> ▶ weights：每一類別的樣本數比例，使用一個陣列設定各類別的比例。
>
> ▶ flip_y：Y 值隨機指定的比例，愈大的設定值，辨識的準確率愈低。
>
> ▶ shuffle：是否針對樣本及特徵隨機洗牌，設成 False，每次產生的資料會一樣。
>
> ▶ random_state 是固定隨機亂數的種子 (seed)，使輸出結果每次均相同。

● 其他參數或方法可詳閱 make_classification 說明 [15]。

3. 繪圖：繪製樣本點，每一類以不同顏色及標記 (Marker) 顯示，只取兩個特徵。

```python
import matplotlib.pyplot as plt

# 樣本點的形狀
markers = ["x", "o", "^"]

# 針對類別各畫一個散佈圖
for k in range(3):
    X_0 = []
    X_1 = []
    for i in range(len(y)):
        if y[i] == k:
            X_0.append(X[i, 0])
            X_1.append(X[i, 1])
            plt.scatter(X_0, X_1, marker=markers[k], s=50)
plt.show()
```

● 輸出結果：

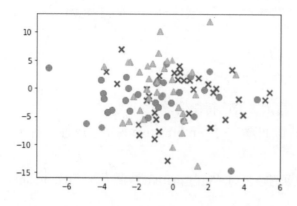

4. 載入集群資料集：make_blob 會產生多個集群的資料，也可用於分類，主要參數 n_samples 可設定樣本筆數，centers 設定集群數，n_features 設定特徵 (X) 個數，傳回 X、Y。make_blob 與 make_classification 差別在於 make_blob 多了中心點控制。

```
1  X, y, centers = make_blobs(n_samples=100, centers=3, cluster_std=1,
2                             n_features=2, return_centers=True)
3  print(X.shape)
```

- 輸出結果：(100, 2) 為 X 的維度。

- make_blob 還有許多重要參數如下：

  ▶ centers：設定集群數，也可以使用 List 設定每一群的中心點。

  ▶ n_features：特徵個數。

  ▶ cluster_std：設定樣本標準差，可決定資料散佈的範圍大小。

  ▶ center_box：設定中心點的上下限。

  ▶ return_centers：可額外傳回各類別的中心點。

  ▶ shuffle：是否針對樣本及特徵隨機洗牌，設成 False，每次產生的資料會一樣。

- 其他參數或方法可詳閱 make_blob 說明 [16]。

5. 繪圖：繪製樣本點，每一類以不同顏色及標記 (Marker) 顯示。

```
1  import matplotlib.pyplot as plt
2
3  # 樣本點的形狀
4  markers = ["x", "o", "^"]
5
6  # 針對類別各畫一個散佈圖
7  for k in range(3):
8      X_0 = []
9      X_1 = []
10     for i in range(len(y)):
11         if y[i] == k:
12             X_0.append(X[i, 0])
13             X_1.append(X[i, 1])
14             plt.scatter(X_0, X_1, marker=markers[k], s=50)
15
16 # 繪製集群中心點
17 X_0 = []
18 X_1 = []
19 for i in range(len(centers)):
```

```
20      X_0.append(centers[i, 0])
21      X_1.append(centers[i, 1])
22  plt.scatter(X_0, X_1, marker='s', s=200, alpha=0.5);
```

● 輸出結果：

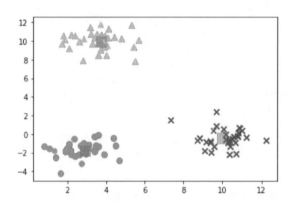

6. 載入迴歸資料集：參數 n_samples 可設定樣本筆數，n_features 設定特徵 (X) 個數，noise 設定樣本標準差，傳回 X、Y，coef=True 可額外傳回迴歸係數，random_state=123 是固定隨機亂數的種子 (seed)，使輸出結果每次均相同，可任意設定數值，例如 123。

```
1  X, y, coef = make_regression(n_samples=100, n_features=1, noise=20, coef=True
2                              , random_state=123)
3  print(X.shape)
```

● 輸出結果：(100, 1)。

● make_regression 還有許多參數如下：

▶ bias 可設定迴歸線的偏差項，或稱截距 (Intercept)，預設為 0。

▶ n_targets 可設定多個目標變數 (Y)，即多標註 (Multi-labelling)。

● 其他參數或方法可詳閱 make_regression 說明 [17]。

7. 繪圖：繪製樣本點及迴歸線。

```
1  plt.scatter(X[:,0], y)
2  plt.plot([min(X), max(X)], [min(X)*coef, max(X)*coef], 'r')
```

● 輸出結果：

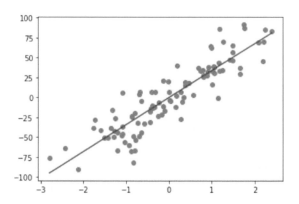

8.　載入非線性的資料集：make_moons 會產生 2 個類別的資料，分佈如上下弦月。

```
1  X, y = make_moons(n_samples=100, noise=0.05)
2  print(X.shape)
```

● 輸出結果：(100, 2)。

● 其他參數或方法可詳閱 make_moons 說明 [18]。

9.　繪圖。

```
1   # 針對類別各畫一個散佈圖
2   colors = ['red', 'blue']
3   for k in range(2):
4       X_0 = []
5       X_1 = []
6       for i in range(len(y)):
7           if y[i] == k:
8               X_0.append(X[i, 0])
9               X_1.append(X[i, 1])
10              plt.scatter(X_0, X_1, s=50, c=colors[k])
11  plt.show()
```

● 輸出結果：。

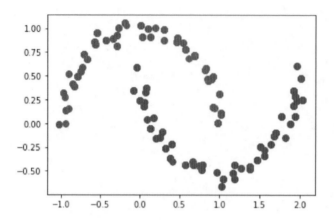

10. 載入圓形分佈的資料集：make_circles 會產生 2 個類別的資料，以不同的半徑分佈。

```
1  X, y = make_moons(n_samples=100, noise=0.05)
2  print(X.shape)
```

● 輸出結果：(100, 2)。

● 其他參數或方法可詳閱 make_circles 說明 [19]。

11. 繪圖。

```
1   # 針對類別各畫一個散佈圖
2   colors = ['red', 'blue']
3   for k in range(2):
4       X_0 = []
5       X_1 = []
6       for i in range(len(y)):
7           if y[i] == k:
8               X_0.append(X[i, 0])
9               X_1.append(X[i, 1])
10              plt.scatter(X_0, X_1, s=50, c=colors[k])
11  plt.show()
```

● 輸出結果：

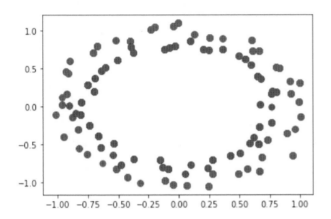

2-3　資料清理

資料清理是處理流程的第二步驟，從企業各部門或網路蒐集到的資料，一般都很凌亂，必須花很多精力處理，以下列舉一些常見的工作項目：

1. 去除 HTML 標籤 (Tag)：利用爬蟲抓取網頁資料，通常要去除 HTML 標籤，抽取其中的文字或圖片，BeautifulSoup 套件是一個很棒的套件，可有效剖析網頁資料。

2. 合併 (Merge)：合併多個表格，例如要觀察公司營收是否會影響股價，就需合併股價與營收資料，再進一步分析。

3. 頻率轉換：同上，合併股價與營收資料時，會發現盤後股價是日頻率，而營收是月頻率，要合併需將兩份資料轉換為一致的頻率。

4. 遺失值 (Missing value) 處理。

5. 離群值 (Outlier) 處理。

6. 欄位資料型態轉換：如日期、數值、字串型態。

7. 格式統一：如日期格式，統一為 yyyy/mm/dd、mm/dd/yyyy 或 dd/mm/yyyy，另外像商品、客戶、員工、性別編碼，各資料源可能有不一致的編碼，合併時必須統一。

8. 類別變數須轉換為數值：因為大部分機器學習演算法都只接受數值變數。

9. 欄位分組 (bin)：有時候我們希望將資料分組，例如依年齡分成幾個族群，譬如分為少年、青少年、青年、中壯年、老年，將連續型變數離散化，因為差一歲可能差別不大，差一個世代才會有影響。

10. 移除重複資料：例如客戶主表，每個客戶只會有一筆資料。

11. 重新命名 (Rename) 欄位名稱。

12. 實務上我們還會碰到更多的問題，必須耐心處理，記住，『乾淨的資料是專案的成功關鍵要素』。

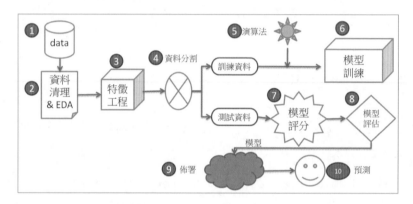

以上許多工作都可以使用 Pandas、Scikit-learn 的函數處理，以下我們舉幾個範例實作。

2-4 遺失值 (Missing value) 處理

遺失值發生的原因有幾種，輸入時漏打、受訪者拒答、資料蒐集設備 (例如感測器) 故障，依不同原因可以採取不同的策略，例如刪除整筆資料、以平均數／中位數填補、以前／後筆資料填補或更複雜的 MICE 演算法處理。以下針對鐵達尼號資料集為例，說明程式撰寫方式。

程式：02_05_data_preprocessing.ipynb

1. 載入相關套件。

```
1  import seaborn as sns
2  import pandas as pd
```

2. 載入鐵達尼號資料集:此資料集是使用鐵達尼號當時的乘客資料訓練模型,以預測某一乘客的生存機率,Seaborn 套件內建此資料集,可參閱 seaborn.load_dataset 說明 [20],也可以呼叫 get_dataset_names 取得 Seaborn 內建資料集列表。

```
1  df = sns.load_dataset('titanic')
2  df.head()
```

3. 首先檢查各欄位遺失值的筆數。

```
1  df.isnull().sum()
```

4. 以中位數填補:對年齡 (age) 欄位處理。

```
1  df.age.fillna(df.age.median(), inplace=True)
```

● 也可以使用 Scikit-learn 的 SimpleImputer[21] 處理,如下,請參閱 02_06_Scikit-learn_data_preprocessing.ipynb。

```
1   import numpy as np
2   from sklearn.impute import SimpleImputer
3
4   # 以平均數填補
5   imp = SimpleImputer(missing_values=np.nan, strategy='mean')
6   # 訓練
7   imp.fit([[1, 2], [np.nan, 3], [7, 6]])
8
9   # 轉換
10  X = [[np.nan, 2], [6, np.nan], [7, 6]]
11  print(imp.transform(X))
```

● 針對 Pandas 欄位的用法。

```
1  import seaborn as sns
2  import pandas as pd
3
4  df = sns.load_dataset('titanic')
5
6  imp = SimpleImputer(missing_values=pd.NA, strategy='median')
7  # 訓練並轉換,SimpleImputer 輸入必須是二維
8  imp.fit_transform(df.age.values.reshape(-1, 1))
```

● MICE (Multiple Imputation by Chained Equations)： 為 多 變 數 (Multivariate) 的處理方式，MICE 假設遺失值是其他特徵構成的函數，也就是以其他特徵值推算某一特徵的遺失值，最簡單的方式就是採線性迴歸。

$X_1 = b_2X_2 + b_3X_3 + b_4X_4 + \cdots + b_nX_n$，Scikit-learn 的 IterativeImputer 提供類似的作法：

```
1  import numpy as np
2  from sklearn.experimental import enable_iterative_imputer
3  from sklearn.impute import IterativeImputer
4
5  # 訓練
6  imp = IterativeImputer(max_iter=10, random_state=0)
7  imp.fit([[1, 2], [3, 6], [4, 8], [np.nan, 3], [7, np.nan]])
8
9  # 轉換
10 X_test = [[np.nan, 2], [6, np.nan], [np.nan, 6]]
11 print(np.round(imp.transform(X_test)))
```

● 針對 Pandas 欄位的用法。

```
1  # 必須為數值欄位
2  df = sns.load_dataset('titanic')
3  df.sex = df.sex.map({'male':1, 'female':0})
4  df2 = df[['pclass','sex','age','sibsp','parch','fare']]
5
6  imp = IterativeImputer(max_iter=10, random_state=0)
7
8  # 訓練並轉換
9  df2 = imp.fit_transform(df2.values)
10 df_new = pd.DataFrame(df2, columns=['pclass','sex','age','sibsp','parch','fare'])
11 df_new
```

● 檢查遺失值是否已填補。

```
1  df_new.isnull().sum()
```

5. 遺失值以前一筆取代：假設鐵達尼資料是依上船先後順序整理的，那麼某一筆資料的遺失值就可以使用前一筆或後一筆取代。以下使用上船港口 (embark_town) 欄位作一示範。先取得遺失值的列數，以方便取前一筆作驗證。

```
1  # 取得遺失值的列數
2  df[pd.isna(df.embark_town)]
```

● 輸出結果：

	survived	pclass	sex	age	sibsp	parch	fare	embarked	class	who	adult_male	deck	embark_town	alive	alone
61	1	1	female	38.0	0	0	80.0	NaN	First	woman	False	B	NaN	yes	True
829	1	1	female	62.0	0	0	80.0	NaN	First	woman	False	B	NaN	yes	True

6. 使用前一筆取代遺失值。

```
1  # 以前一筆取代
2  df.embark_town.fillna(method='ffill', inplace=True)
3  df.loc[[61, 829]]
```

● 輸出結果：

	survived	pclass	sex	age	sibsp	parch	fare	embarked	class	who	adult_male	deck	embark_town	alive	alone
61	1	1	female	38.0	0	0	80.0	NaN	First	woman	False	B	Cherbourg	yes	True
829	1	1	female	62.0	0	0	80.0	NaN	First	woman	False	B	Queenstown	yes	True

7. 取前一筆作驗證。

```
1  # 驗證
2  df.loc[[61-1, 829-1]]
```

● 輸出結果：與上一表格比較，embark_town 欄位值完全相同。

	survived	pclass	sex	age	sibsp	parch	fare	embarked	class	who	adult_male	deck	embark_town	alive	alone
60	0	3	male	22.0	0	0	7.2292	C	Third	man	True	NaN	Cherbourg	no	True
828	1	3	male	28.0	0	0	7.7500	Q	Third	man	True	NaN	Queenstown	yes	True

8. 使用後一筆取代遺失值：df.embarked.fillna 的 method 參數改為 bfill 即可。

2-5 離群值 (Outlier) 處理

離群值是指某些資料與大多數資料偏離很多，發生的可能原因有登打錯誤、資料蒐集設備 (例如感測器) 故障，除此之外，也可能是重大的異常信號 (Influential points)，可能是設備故障的前兆，因此，必須調查發生原因，不可一昧的刪除離群值。許多演算法會受到離群值的影響很重大，例如迴歸，所以模型訓練前，必須妥善作好前置處理。

1. 離群值偵測：箱型圖可很簡單的識別離群值。

```
1  import matplotlib.pyplot as plt
2
3  plt.boxplot(df.age);
```

● 輸出結果：在最小值及最大值以外的即為離群值，如下圖的圓圈。

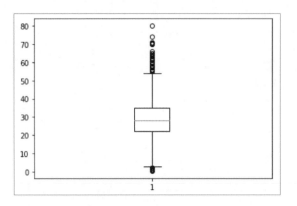

2. 取得箱型圖的各項統計量。

```
1  def get_box_plot_data(labels, bp):
2      rows_list = []
3
4      for i in range(len(labels)):
5          dict1 = {}
6          dict1['label'] = labels[i]
7          dict1['最小值'] = bp['whiskers'][i*2].get_ydata()[1]
8          dict1['箱子下緣'] = bp['boxes'][i].get_ydata()[1]
9          dict1['中位數'] = bp['medians'][i].get_ydata()[1]
10         dict1['箱子上緣'] = bp['boxes'][i].get_ydata()[2]
11         dict1['最大值'] = bp['whiskers'][(i*2)+1].get_ydata()[1]
12         rows_list.append(dict1)
13
14     return pd.DataFrame(rows_list)
15
16  bp = plt.boxplot(df.age)
17  get_box_plot_data(['age'], bp)
```

● 輸出結果：

	label	最小值	箱子下緣	中位數	箱子上緣	最大值
0	age	3.0	22.0	28.0	35.0	54.0

箱型圖的的各項統計量公式可參考 MBA 箱型圖說明 [22]，中間的箱子寬度
簡稱 IQR，是四分位數 Q1~Q3 的距離，最小值是 Q1 - 1.5 x IQR，最大值是
Q3 + 1.5 x IQR，若無任何資料小於 Q1 - 1.5 x IQR，則最小值是所有資料的
最小值，同理，若無任何資料大於 Q3 + 1.5 x IQR，則最大值是所有資料的
最大值。

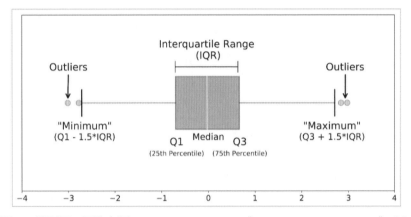

圖 2.7 箱型圖，圖片來源：Michael Galarnyk ,《Understanding Boxplots》[23]

3. 去除離群值。

```
1 df = df[(3.0 <= df.age) & (df.age <= 54.0)]
2 plt.hist(df.age);
```

● 輸出結果：如下圖，所有資料均介於 [3, 54] 之間，再強調一次，一
些高齡及嬰兒資料因而被屏除在外，須靠知識判斷或反覆實驗，才能
了解前置處理是否得當。

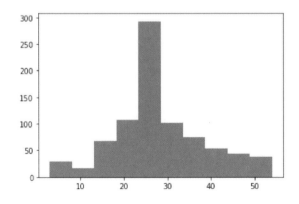

以上是簡單的單一變數處理方式，如果考慮多維度可使用 DBScan、AutoEncoder 等演算法判斷離群值。

2-6　類別變數編碼

類別變數需轉換為數值欄位，才能進行模型訓練，轉換前需先區別類別變數的種類，一般分為兩種：

1.　有序 (Ordinal) 變數：例如衣服尺寸分為 S、M、L、XL 或滿意度調查選項有非常滿意、滿意、普通、不滿意、非滿意，各種選項有隱含大小順序。

2.　名目 (Nominal) 變數：例如顏色 (紅、藍、綠) 或性別 (男、女)，各種選項並沒有大小之分，例如紅 > 藍 > 綠，並不成立。

有序變數編碼時較簡單，直接按大小順序，轉換為數值即可，例如 S、M、L、XL 分別轉換為 1、2、3、4，滿意度調查也是如此，但名目變數不可如此編碼，如紅、藍、綠分別轉換為 1、2、3 時，會造成演算法誤判紅色 < 藍色 < 綠色，且有順序關聯，進而造成模型訓練時誤判，因此名目變數通常會採取 One-hot encoding，將每一個類別轉成個別的欄位，例如顏色欄位轉成三個欄位：是否為紅色、是否為藍色、是否為綠色，這樣每個欄位只含 True/False，就可避免大小之分。Pandas 及 Scikit-learn 均支援 One-hot encoding 處理。

>> **範例 5.** 類別變數編碼測試。

程式：02_07_encoding.ipynb

1.　產生測試資料。

```
1  import pandas as pd
2
3  df = pd.DataFrame([['green', 'M', 10.1, 'class1'],
4                     ['red', 'L', 13.5, 'class2'],
5                     ['blue', 'XL', 15.3, 'class1']])
6
7  df.columns = ['color', 'size', 'price', 'classlabel']
8  df
```

● 輸出結果：

	color	size	price	classlabel
0	green	M	10.1	class1
1	red	L	13.5	class2
2	blue	XL	15.3	class1

2. 有序 (Ordinal) 變數編碼：針對 size 欄位編碼，先看 Scikit-learn 作法。

```
1  from sklearn.preprocessing import LabelEncoder
2
3  encoder = LabelEncoder()
4  encoder.fit_transform(df['size'])
```

● 輸出結果：M、L、XL 分別轉為 1, 0, 2，LabelEncoder 預設是按 ASCII 編碼順序轉換，有時候並不適合。

▶ 呼叫 inverse_transform 可轉回類別，輸出結果：M、L、XL。

```
1  encoder.inverse_transform([1, 0, 2])
```

3. 使用 Pandas 的 Map 函數：可隨心所欲指定編碼規則，筆者建議使用此方法。

```
1  size_mapping = {'XL': 3,
2                  'L': 2,
3                  'M': 1}
4
5  df['size'] = df['size'].map(size_mapping)
6  df
```

● 輸出結果：M、L、XL 分別轉為 1, 2, 3。

4. 也可以使用 Scikit-learn 的 OrdinalEncoder[24]，所有欄位一律視為有序變數處理。

```
1  from sklearn.preprocessing import OrdinalEncoder
2
3  data = [['Male', 1], ['Female', 3], ['Female', 2]]
4  encoder = OrdinalEncoder()
5  encoder.fit_transform(data)
```

● 輸出結果：

```
[1., 0.]
[0., 2.]
[0., 1.]
```

5. One-hot Encoding： 針 對 color 欄 位 編 碼， 先 看 Pandas 作 法，get_dummies 可指定多個欄位一次轉換，欄位名稱可加前置詞 (prefix) 及隔離字符 (prefix_sep)。

```
1  df = pd.DataFrame([['green', 'M', 10.1, 'class1'],
2                     ['red', 'L', 13.5, 'class2'],
3                     ['blue', 'XL', 15.3, 'class1']])
4  df.columns = ['color', 'size', 'price', 'classlabel']
5
6  pd.get_dummies(df, columns=["color"], prefix='is', prefix_sep='_')
```

● 輸出結果： color 欄位轉換為 3 個欄位，is_blue, is_green, is_red。

	size	price	classlabel	is_blue	is_green	is_red
0	M	10.1	class1	0	1	0
1	L	13.5	class2	0	0	1
2	XL	15.3	class1	1	0	0

● 轉換很方便，但有一個缺點，無法將轉換規則存檔，之後新資料預測時，要將新資料作相同轉換時會有問題。

● Pandas 提供 from_dummies 可還原轉換：Pandas 需安裝 v1.5 版以上。

```
1  # pandas v1.5 above
2  df2 = pd.get_dummies(df, columns=["color"], prefix='is', prefix_sep='_')
3  pd.from_dummies(df2[['is_blue','is_green','is_red']], sep="_")
```

● 輸出結果：欄位名稱無法還原，需另行改變欄位名稱。

	is
0	green
1	red
2	blue

6. Scikit-learn 作法。

```
1  from sklearn.preprocessing import OneHotEncoder
2
3  # 測試資料
4  X = [['Male', 1], ['Female', 3], ['Female', 2]]
5
6  # 轉換
7  encoder = OneHotEncoder(handle_unknown='ignore')
8  X_new = encoder.fit_transform(X)
9  X_new.toarray()
```

- 輸出結果：

```
[0., 1., 1., 0., 0.]
[1., 0., 0., 0., 1.]
[1., 0., 0., 1., 0.]
```

- 顯示類別：

```
2  encoder.categories_
```

- 輸出結果：['Female', 'Male']、[1, 2, 3]。

- 還原：呼叫 inverse_transform，可還原為原值。

- 指定欄位名稱：呼叫 get_feature_names_out，可產生新的欄位名稱。

- 原欄位名稱：呼叫 feature_names_in_，可取得原欄位名稱。

7. 完整的表格處理程序如下，先進行 One-hot Encoding，並將結果轉為表格。

```
1   # One-hot Encoding
2   encoder = OneHotEncoder(handle_unknown='ignore')
3   color_new = encoder.fit_transform(df[['color']])
4
5   # 指定欄位名稱
6   column_names = encoder.get_feature_names_out(encoder.feature_names_in_)
7
8   # 轉換
9   df_new = pd.DataFrame(color_new.toarray(), columns=column_names)
10  df_new
```

● 輸出結果：

	color_blue	color_green	color_red
0	0.0	1.0	0.0
1	0.0	0.0	1.0
2	1.0	0.0	0.0

8. 刪除原欄位 'color'，合併新舊表格。

```
1  # 刪除原欄位 'color'
2  df.drop(['color'], axis=1, inplace=True)
3
4  # 合併表格
5  df2 = pd.concat([df, df_new], axis=1)
6  df2
```

● 輸出結果：與 Pandas 處理結果相似。

	size	price	classlabel	color_blue	color_green	color_red
0	M	10.1	class1	0.0	1.0	0.0
1	L	13.5	class2	0.0	0.0	1.0
2	XL	15.3	class1	1.0	0.0	0.0

9. 將 encoder 存檔，之後預測時，可呼叫 transform，將新資料依相同規則轉換。

```
1  # 存檔
2  import joblib
3
4  joblib.dump(encoder, 'color.joblib')
```

讀者可以修改 02_05_data_preprocessing.ipynb，將上船港口 (embark_town) 以 One-hot Encoding 轉換，觀察模型準確率是否提升。

One-hot Encoding 也有缺點，如果欄位類別很多，轉換後會造成特徵過多，使模型過於複雜，難以理解，並造成維度災難 (Curse of dimension)，通常會搭配『降維』簡化模型，後續會再作詳盡說明。

OneHotEncoder 還有許多的參數，可參閱 Scikit-learn OneHotEncoder 說明[25]。

2-7 其他資料清理

2-3 節還提到許多資料清理的工作，我們就一併說明如下。

1.　去除重複資料：參閱 02_05_data_preprocessing.ipynb。

```
1  df.drop_duplicates()
```

- 會去除全部欄位均重複的資料，也可以添加參數 subset，指定部分欄位相同即視為重複，還可以添加參數 keep，設定要保存哪一筆資料或全部刪除，可參閱 Pandas drop_duplicates 說明 [26]。

2.　欄位分組 (bin)：有時候我們希望將資料分組，例如依年齡分成幾種不同的族群，譬如分為少年、青少年、青年、中壯年、老年，將連續型變數離散化，因為差一歲可能差別不大，差一個世代才會有影響。Pandas 提供兩個函數 qcut、cut，qcut 將資料依百分位數 (Percentile) 分為相同等份的組距，而 cut 可自訂組距，依年齡分組顯然是不相同等份的組距，故採 cut，用法如下，請參閱 02_05_data_preprocessing.ipynb。

```
1  bins = [0, 12, 18, 25, 35, 60, 100]
2  cats = pd.cut(df.age, bins)
3  cats
```

- 輸出結果：依照 bins 定義分為 6 組，(0, 12]、(12, 18]、(18, 25]、(25, 35]、(35, 60]、(60, 100]，『(』表不含等於，『]』表含等於，(0, 12] 表 $0 < X <= 12$。

```
0      (18, 25]
1      (35, 60]
2      (25, 35]
3      (25, 35]
4      (25, 35]
        ...
886    (25, 35]
887    (18, 25]
888    (25, 35]
889    (25, 35]
890    (25, 35]
Name: age, Length: 825, dtype: category
Categories (6, interval[int64, right]): [(0, 12] < (12, 18] < (18, 25] < (25, 35] < (35, 60] < (60, 100]]
```

- 將 cats.cat.categories 存檔，之後預測時，可將新資料依相同規則轉換。

● 將年齡欄位分組。

```
1  df.age = pd.cut(df.age, bins, labels=range(len(bins)-1))
2  df.head()
```

● 輸出結果：

	survived	pclass	sex	age	sibsp	parch	fare	embarked	class	who	adult_male	embark_town	alive	alone
0	0	3	1	2	1	0	7.2500	S	Third	man	True	0	no	False
1	1	1	0	4	1	0	71.2833	C	First	woman	False	1	yes	False
2	1	3	0	3	0	0	7.9250	S	Third	woman	False	0	yes	True
3	1	1	0	3	1	0	53.1000	S	First	woman	False	0	yes	False
4	0	3	1	3	0	0	8.0500	S	Third	man	True	0	no	True

➤➤ **範例 6.** 頻率轉換、合併多個表格：例如要觀察公司營收是否會影響股價，就需合併股價要與營收資料，合併時，會發現盤後股價是以日頻率，而營收是月頻率，要合併需將兩份資料轉換為一致的頻率。

程式：02_08_merge_tables.ipynb

1. 載入相關套件。

```
1  import pandas as pd
2  import yfinance as yf
```

2. 下載台泥 (1101) 每日股價，期間為 2020/1/1~2022/11/30。

```
1  df_quote = yf.download('1101.TW', start='2020-01-01', end='2022-11-30')
2  df_quote.tail()
```

● 輸出結果：

Date	Open	High	Low	Close	Adj Close	Volume
2022-11-23	32.849998	33.099998	32.549999	32.700001	32.700001	20279555
2022-11-24	33.000000	33.200001	32.700001	33.200001	33.200001	25390750
2022-11-25	33.099998	33.549999	33.099998	33.549999	33.549999	28220045
2022-11-28	33.299999	33.400002	32.799999	33.000000	33.000000	32038057
2022-11-29	33.049999	33.549999	32.849998	33.549999	33.549999	22131247

3. 轉換為月頻率：取月平均。

```
1  df_quote_new = df_quote.resample('M').mean()
2  df_quote_new
```

● 輸出結果：

Date	Open	High	Low	Close	Adj Close	Volume
2020-01-31	37.880681	38.111573	37.695967	37.941290	32.555620	2.314452e+07
2020-02-29	36.864453	37.213069	36.725462	37.001165	31.748945	1.667600e+07
2020-03-31	34.352366	34.808902	33.858441	34.338591	29.464317	2.583771e+07
2020-04-30	35.778845	36.097042	35.568877	35.869758	30.778138	1.581025e+07
2020-05-31	36.962885	37.226968	36.772400	36.995355	31.743958	1.660900e+07
2020-06-30	37.354680	37.532178	37.166359	37.337363	32.037420	1.757845e+07
2020-07-31	38.763465	39.045806	38.573356	38.834991	33.322463	2.116630e+07
2020-08-31	39.651630	39.980242	39.313225	39.643692	35.365919	3.075036e+07
2020-09-30	38.328946	38.504577	38.027273	38.256627	34.790867	1.855571e+07
2020-10-31	37.038300	37.198598	36.830153	36.961740	33.613287	1.064124e+07
2020-11-30	38.307693	38.500346	38.119369	38.325010	34.853055	1.660278e+07

4. 讀取月營收資料：年月格式與股價資料不一致。

```
1  df_monthly_sales = pd.read_csv('./data/stock_monthly_sales.csv')
2  df_monthly_sales.head()
```

● 輸出結果：

	公司代碼	年月	單月營收	單月月增率	單月年增率	累計營收	累計年增率	盈餘	每股盈餘（元）
0	1101	202211	9674.6	-14.9	-0.8	100384.63	4.3	--	--
1	1101	202210	11368.1	9.3	18.9	90710.06	4.9	--	--
2	1101	202209	10404.9	-2.7	8.4	79274.33	3.1	2917.8	0.38
3	1101	202208	10689.9	5.8	19.3	68937.06	2.4	2917.8	0.38
4	1101	202207	10102.5	10.5	21.4	58247.20	-0.2	2917.8	0.38

5. 轉換股價資料日期格式：與月營收資料一致。

```
1  df_quote_new = df_quote.reset_index()
2  df_quote_new.Date = df_quote_new.Date
3  df_quote_new.Date = df_quote_new.Date.map(lambda x:str(x)[:4]+str(x)[5:7])
4  df_quote_new
```

● 輸出結果：

	Date	Open	High	Low	Close	Adj Close	Volume
0	202001	37.923973	38.227016	37.923973	38.183727	32.763641	21332437
1	202001	38.227016	38.313602	37.620930	38.053848	32.652203	21236055
2	202001	37.664219	37.837391	37.491051	37.620930	32.280735	16016306
3	202001	37.620930	37.750805	37.404465	37.750805	32.392174	16383256
4	202001	37.361176	37.707512	37.361176	37.577637	32.243584	15523197
...	...	...	...	...	...	...	...
706	202211	32.849998	33.099998	32.549999	32.700001	32.700001	20279555
707	202211	33.000000	33.200001	32.700001	33.200001	33.200001	25390750
708	202211	33.099998	33.549999	33.099998	33.549999	33.549999	28220045
709	202211	33.299999	33.400002	32.799999	33.000000	33.000000	32038057
710	202211	33.049999	33.549999	32.849998	33.549999	33.549999	22131247

6. 合併股價資料與月營收 2 個表格：股價只取『Adj Close』欄位。

```
1  # 轉換日期資料型態，讓2個表格的日期資料型態一致
2  df_monthly_sales['年月'] = df_monthly_sales['年月'].astype('str')
3
4  # 合併2個表格
5  df = pd.merge(left=df_monthly_sales, right=df_quote_new,
6               left_on='年月', right_on='Date', how='inner')
7  df = df[['Date', '單月營收', 'Adj Close']]
8
9  # 欄位改名
10 df.rename({'單月營收':'sales'}, axis=1, inplace=True)
11 df
```

● 輸出結果：

	Date	sales	Adj Close
0	202211	9674.6	30.650000
1	202211	9674.6	30.750000
2	202211	9674.6	30.299999
3	202211	9674.6	30.450001
4	202211	9674.6	31.000000
...	...	...	...
706	202001	7502.1	33.246555
707	202001	7502.1	33.357998
708	202001	7502.1	33.395142
709	202001	7502.1	31.092031
710	202001	7502.1	31.240616

7. 計算股價與月營收關聯度 (corr)。

```
1  df[['sales', 'Adj Close']].corr()
```

- 輸出結果：觀察非斜對角的數值 -0.077119，約 -7.7%，表示關聯度很低，通常要達 80% 以上，才表示密切相關。

	sales	Adj Close
sales	1.000000	-0.077119
Adj Close	-0.077119	1.000000

8. 營收公布日期大約在每月 10 日，公布是上個月營收，晚一個月，故可利用 Pandas 的 shift 函數往前移，之後再計算一次關聯度。

```
1  df_monthly_sales['單月營收'] = df_monthly_sales['單月營收'].shift(-1)
2  df = pd.merge(left=df_monthly_sales, right=df_quote_new,
3                left_on='年月', right_on='Date', how='inner')
4  df = df[['Date', '單月營收', 'Adj Close']]
5  df.rename({'單月營收':'sales'}, axis=1, inplace=True)
6  df.dropna(inplace=True)
7
8  df[['sales', 'Adj Close']].corr()
```

- 輸出結果：觀察非斜對角的數值約 -7.5%，關聯度還是很低，也許應該改考慮公布隔天的股價，而非月平均，可惜我們沒有每家公司的月營收公布日期。

	sales	Adj Close
sales	1.000000	-0.075838
Adj Close	-0.075838	1.000000

此範例主要是示範前置處理的綜合技巧，希望對 Pandas 不熟悉的讀者有些助益。

2-8 本章小結

本章示範很多的資料清理的技巧，但真正的專案進行，可能會更複雜，我們必須更有耐心去整理資料，因為乾淨的資料是專案成功的第一步，尤其是剛入行的資料分析師 (Data analyst) 通常會被分配到這項工作，相關的技巧務必非常熟練。

2-9 延伸練習

1. 利用本章的各種技巧，改進 02_05_data_preprocessing.ipynb，重複實驗，試試看是否能找到準確率更高的模型。

2. 參考『Common Data Cleaning Tasks in Everyday Work of a Data Scientist/ Analyst in Python』[27] 一文練習資料清理的技巧。

參考資料 (References)

[1] Scikit-learn datasets 網頁 (https://scikit-learn.org/stable/datasets.html)

[2] Seaborn 資料集 (https://seaborn.pydata.org/generated/seaborn.load_dataset.html)

[3] StatsModels 資料集 (https://www.statsmodels.org/dev/datasets/index.html)

[4] 爾灣加州大學 (UCI) Machine Learning Repository (https://archive.ics.uci.edu/ml/datasets.php)

[5] 汽車價格預測資料集 (https://archive.ics.uci.edu/ml/datasets/Automobile)

[6] Kaggle Datasets (https://www.kaggle.com/datasets)

[7] Google Datasets Search (https://datasetsearch.research.google.com/)

[8] 政府資料公開平台 (https://data.gov.tw/)

[9] Scikit-learn Real world datasets (https://scikit-learn.org/stable/datasets/real_world.html)

[10] Scikit-learn Faces recognition example (https://scikit-learn.org/stable/auto_examples/applications/plot_face_recognition.html#sphx-glr-auto-examples-applications-plot-face-recognition-py)

[11] 人臉資料集說明 (https://scikit-learn.org/stable/modules/generated/sklearn.datasets.fetch_lfw_people.html#sklearn.datasets.fetch_lfw_people)

[12] 新聞資料集說明 (https://scikit-learn.org/stable/modules/generated/sklearn.datasets.fetch_20newsgroups.html#sklearn.datasets.fetch_20newsgroups)

[13] Classification of text documents using sparse features (https://scikit-learn.org/stable/auto_examples/text/plot_document_classification_20newsgroups.html#sphx-glr-auto-examples-text-plot-document-classification-20newsgroups-py)

[14] Scikit-learn Generated datasets (https://scikit-learn.org/stable/datasets/sample_generators.html)

[15] Scikit-learn make_classification 說明 (https://scikit-learn.org/stable/modules/generated/sklearn.datasets.make_classification.html)

[16] Scikit-learn make_blob 說明 (https://scikit-learn.org/stable/modules/generated/sklearn.datasets.make_blobs.html)

[17] Scikit-learn make_regression說明 (https://scikit-learn.org/stable/modules/generated/sklearn.datasets.make_regression.html)

[18] Scikit-learn make_moons 說明 (https://scikit-learn.org/stable/modules/generated/sklearn.datasets.make_moons.html)

[19] Scikit-learn make_circles 說明 (https://scikit-learn.org/stable/modules/generated/sklearn.datasets.make_circles.html)

[20] seaborn.load_dataset 說明 (https://seaborn.pydata.org/generated/seaborn.load_dataset.html)

[21] SimpleImputer (https://scikit-learn.org/stable/modules/impute.html)

[22] MBA 箱型圖說明 (https://wiki.mbalib.com/zh-tw/ 箱   )

[23] Michael Galarnyk ,《Understanding Boxplots》(file:///F:/0_DataMining/visualization/0_charts/BoxPlot/Understanding%20Boxplots%20%E2%80%93%20Towards%20Data%20Science.mhtml)

[24] OrdinalEncoder (https://scikit-learn.org/stable/modules/generated/sklearn.preprocessing.OrdinalEncoder.html#sklearn.preprocessing.OrdinalEncoder)

[25] Scikit-learn OneHotEncoder 說明 (https://scikit-learn.org/stable/modules/generated/sklearn.preprocessing.OneHotEncoder.html)

[26] Pandas drop_duplicates 說明 (https://pandas.pydata.org/docs/reference/api/pandas.DataFrame.drop_duplicates.html)

[27] Common Data Cleaning Tasks in Everyday Work of a Data Scientist/Analyst in Python (https://medium.com/towards-artificial-intelligence/data-analysis-91a38207c92b)

第 3 章

資料探索與分析
(EDA)

資料探索與分析 (Exploratory Data Analysis, 以下簡稱 EDA) 是 10 大步驟中的第二個步驟，與資料清理工作同時且反覆的進行，是一個非常重要的步驟，因為『機器學習永遠不會說錯』，輸入垃圾資料，它只會輸出垃圾答案，不會指出錯誤，即所謂的『垃圾進，垃圾出』(Garbage in, garbage out)，因此，須藉由資料探索挖掘隱藏在資料中的知識，預期模型輸出的合理範圍，並探討 X/Y 變數的分佈、關聯性、資料是否平衡，以及每個 X 因子對預測的影響性，如果模型準確度不佳，是否考慮進行特徵工程，轉換資料，以找到關鍵的因子，這些都是 EDA 的範圍。

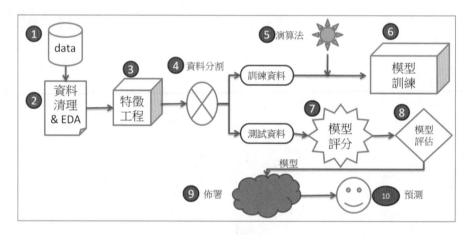

註：EDA 一般直接翻譯為『探索性資料分析』，筆者覺得詞不達意，故擅自改為『資料探索與分析』，如讀者覺得不妥，還請見諒。以下直接使用 EDA。

3-1　資料探索的方式

EDA 一般會從兩個面向進行探索，如圖 3.1：

1. 描述統計量 (Descriptive statistics)：單一變數分析包括資料集中的位置 (平均數、中位數、眾數…)、分佈的範圍 (變異數、標準差、IQR…)、偏態及峰度，而多變數分析包括關聯度、因子分析、集群分析等。

2. 統計圖 (Chart)：千言萬語不如一圖在手，統計圖常讓我們一眼就看到問題，常見的統計圖包括線圖、散佈圖、長條圖、直方圖、餅圖、箱型圖、熱力圖等，Seaborn 還提供許多複合圖。

進行資料探索必須要有耐心，筆者在多年前參加一場研討會，聽眾提出一個問題『我們的資料集含有 100 多個特徵，要如何在最短的時間內找出重要的特徵？』，演講的老師回答得很妙，『不要急，一個一個特徵的觀察，跟資料培養感情，做久了你就知道哪些特徵比較重要』，確實，EDA 需要花費很多的時間觀察與思考，才能挖掘到埋在深處的資料特性。

一般而言，會依序進行以下探索：

1. 目標變數 (Y) 分析：若是離散型變數需要了解各類別的筆數，是否有不平衡 (Imbalanced) 的狀況，若是連續型變數，通常會以直方圖觀察資料分佈的範圍、偏態及峰度。

2. 特徵 (X) 分析：每一特徵同步驟 1 分析外，也要瞭解 X 與 Y 的關聯度、X 之間的依存度 (Dependency)。

3. 多變數分析：Seaborn 許多圖形函數均支援三維度的分析。

以下我們就實際案例說明 EDA 的作法。

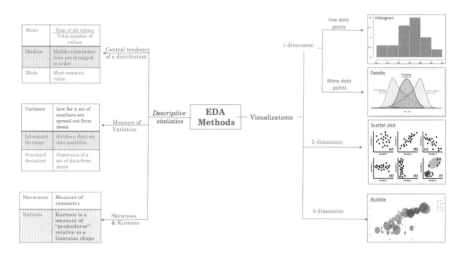

圖 3.1　EDA，圖片來源：Analyze the data through data visualization using Seaborn[1]

3-2 描述統計量 (Descriptive statistics)

Pandas 提供基礎的描述統計量計算函數，非常方便，我們以鳶尾花資料集實作。

» **範例 1.** 計算描述統計量。

程式：03_01_descriptive_statistics.ipynb

1. 常用的統計量。

```
2 df.describe()
```

- 輸出結果：包括筆數 (count)、平均數 (mean)、標準差 (std)、最小值 (min)、百分位數 (25%、50%、75%)、最大值 (max)。

	sepal length (cm)	sepal width (cm)	petal length (cm)	petal width (cm)
count	150.000000	150.000000	150.000000	150.000000
mean	5.843333	3.057333	3.758000	1.199333
std	0.828066	0.435866	1.765298	0.762238
min	4.300000	2.000000	1.000000	0.100000
25%	5.100000	2.800000	1.600000	0.300000
50%	5.800000	3.000000	4.350000	1.300000
75%	6.400000	3.300000	5.100000	1.800000
max	7.900000	4.400000	6.900000	2.500000

2. 單獨計算平均數 (mean)、中位數 (median)、眾數 (mode)。

```
1 # 集中
2 df['sepal length (cm)'].mean(), df['sepal length (cm)'].median(), df['sepal length (cm)'].mode()
```

- 輸出結果：

  - 平均數 (mean) = 5.8433。
  - 中位數 (median) = 5.8，取中間值，中位數較不受離群值影響。
  - 眾數 (mode) = 5.0，注意，眾數可能有多組，故回傳值為 Tuple 資料型態。

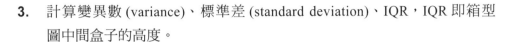

3.　計算變異數 (variance)、標準差 (standard deviation)、IQR，IQR 即箱型圖中間盒子的高度。

```
1  # 計算變異數(variance)、標準差(standard deviation)、IQR
2  df['sepal length (cm)'].var(), df['sepal length (cm)'].std(), \
3      df['sepal length (cm)'].quantile(.75) - df['sepal length (cm)'].quantile(.25)
```

● 輸出結果：

■ 變異數 = 0.6856，注意，Pandas 預設計算的是樣本變異數，NumPy 預設計算的是母體變異數，結果會不一致。

■ 標準差 = 0.8280，標準差為變異數的平方根。

■ IQR = 1.3，為『75% 百分位數』減掉『25% 百分位數』。

4.　計算偏態 (skewness) 及峰度 (kurtosis)。

```
1  # 計算偏態(skewness)及峰度(kurtosis)
2  df['sepal length (cm)'].skew(), df['sepal length (cm)'].kurt()
```

● 輸出結果：

■ 偏態 =0.3149，值大於 0，為正偏態或稱右偏，可以使用直方圖觀察，注意，偏態是以尾部偏的方向看，不是看峰。

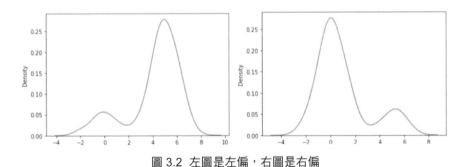

圖 3.2　左圖是左偏，右圖是右偏

■ 偏態公式如下：

$$Population\ skewness = \Sigma \left(\frac{X_i - \mu}{\sigma} \right)^3 \cdot \frac{1}{N}$$

$$Sample\ skewness = \frac{N \cdot \Sigma (X_i - \overline{X})^3}{S^3 (N-1)(N-2)}$$

- 如何自行計算，可參閱程式。
- 峰度 = -0.5520，常態分配的峰度 =3，值大於 3，表較多資料集中在平均數附近，注意，Pandas 計算的是超值峰度 (Excess kurtosis)，即減 3 的結果。。
- 峰度公式如下，可自行計算，請參閱程式，因為有多種定義，計算結果略有差異。

$$K_p = \frac{\sum\limits_{i=1}^{N}(X_i - \overline{X})^4}{N} \Bigg/ \left[\frac{\sum\limits_{i=1}^{N}(X_i - \overline{X})^2}{N}\right]^2$$

Excess Kurtosis：K_p - 3

5. 以直方圖驗證。

```
1  # 直方圖
2  import seaborn as sns
3
4  sns.histplot(x='sepal length (cm)', data=df)
```

- 輸出結果：

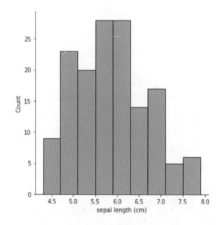

6. 平滑化的直方圖。

```
1  # 直方圖平滑化
2  sns.kdeplot(x='sepal length (cm)', data=df)
```

● 輸出結果：

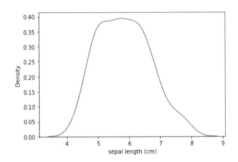

7. 計算關聯度。

```
1  df['y'] = y
2  df.corr()
```

● 輸出結果：由下表的框中數值可以看出花瓣 (petal) 的長度／寬度與 Y 關聯度較高，亦即是較重要的特徵。

● 也可以觀察其他數值，瞭解特徵 (X) 之間的關聯度，例如花萼 (sepal) 長度與花瓣長度／寬度關聯很高，建構模型時也許可以省略花萼長度，以其他特徵預測即可。

	sepal length (cm)	sepal width (cm)	petal length (cm)	petal width (cm)	y
sepal length (cm)	1.000000	-0.117570	0.871754	0.817941	0.782561
sepal width (cm)	-0.117570	1.000000	-0.428440	-0.366126	-0.426658
petal length (cm)	0.871754	-0.428440	1.000000	0.962865	0.949035
petal width (cm)	0.817941	-0.366126	0.962865	1.000000	0.956547
y	0.782561	-0.426658	0.949035	0.956547	1.000000

3-3　統計圖

Python 有幾個常用的繪圖套件，例如 Matplotlib、Plotly、Bokeh…等，其中以 Matplotlib 最普遍，Seaborn、Pandas 都是基於 Matplotlib 開發的，因此，建議直接使用 Seaborn、Pandas，可以少寫幾行程式碼，若需加強統計圖細部功能，也可與 Matplotlib 混用。

基本繪圖功能介紹不在本書範圍內，我們主要說明如何利用統計圖進行 EDA。

≫ **範例 2.** 以銀行行銷活動資料集為例，利用統計圖進行 EDA，資料集來自 UCI Machine Learning repository，主要目標是要從資料中尋找銀行行銷活動的目標客戶，即所謂的精準行銷，程式流程與 01_04_iris_classification.ipynb 類似。

程式： 03_02_bank_EDA.ipynb

1. 讀取資料集。

```
1 df = pd.read_csv('./data/banking.csv')
2 df.head()
```

● 輸出結果：

	age	job	marital	education	default	housing	loan	contact	month	day_of_week	...	campaign	pdays	previous	poutcome
0	44	blue-collar	married	basic.4y	unknown	yes	no	cellular	aug	thu	...	1	999	0	nonexistent
1	53	technician	married	unknown	no	no	no	cellular	nov	fri	...	1	999	0	nonexistent
2	28	management	single	university.degree	no	yes	no	cellular	jun	thu	...	3	6	2	success
3	39	services	married	high.school	no	no	no	cellular	apr	fri	...	2	999	0	nonexistent
4	55	retired	married	basic.4y	no	yes	no	cellular	aug	fri	...	1	3	1	success

2. 以長條圖觀察目標變數各類別的筆數。

```
2 import seaborn as sns
3 sns.countplot(x='y', data=df)
```

● 輸出結果：資料中曾經購買定期存單商品的人數只佔很小比例。

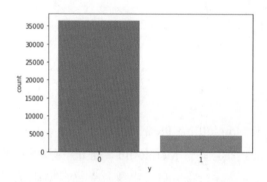

3. 也可以使用 Pandas 計算人數。

```
2  df.y.value_counts()
```

- 輸出結果：資料中曾經購買定期存單商品的人數為 4640，未購買者高達 36,548 人。

4. 使用餅圖 (Pie)，可以看出比例的懸殊。

```
1  from matplotlib import pyplot as plt
2
3  series1 = df.y.value_counts()
4  series1.plot.pie(figsize=(6,6), autopct='%1.1f%%')
5  plt.legend()
6  plt.show()
```

- 輸出結果：曾經購買定期存單商品的比例為 11.3%，未購買者比例為 88.7%。

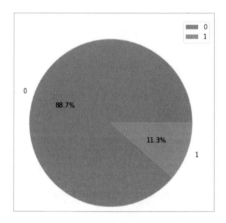

5. 類別的筆數懸殊稱為不平衡 (Imbalanced)，它會造成甚麼問題呢？我們依 10 大步驟處理（請參照程式，不再贅述），算出的準確率高達 91.53%，好像很不錯。

```
1  y_pred = clf.predict(X_test_std)
2
3  # 計算準確率
4  print(f'{accuracy_score(y_test, y_pred)*100:.2f}%')
```

6. 接著使用 Scikit-learn 的 classification_report 函數，觀察其他模型效能衡量指標 (Performance metrics)。

```
1  from sklearn.metrics import classification_report
2  print(classification_report(y_test, y_pred))
```

- 輸出結果：classification_report 函數除了提供準確率外，也提供 precision、recall、f1-score，觀察下圖框中的數字，曾經購買定期存單商品 (1) 的效能衡量指標都偏低，也就是說，預測『會購買定期存單商品的準確率』是偏低的。

	precision	recall	f1-score	support
0	0.93	0.98	0.95	7337
1	0.68	0.42	0.52	901
accuracy			0.92	8238
macro avg	0.81	0.70	0.74	8238
weighted avg	0.90	0.92	0.91	8238

- 『機器學習是從原始資料 (Raw data) 中挖掘出知識或規則 (Rule)』，上表的結果正是說明相對少量的資料，挖掘出來的知識或規則，其準確率也是偏低的。

- 不平衡 (Imbalanced) 資料集要如何矯正呢？precision、recall、f1-score 公式為何？我們會在後續章節詳細討論。

- 除了目標變數 (Y) 以外，其他特徵變數 (X) 也應比照處理，我們就不一一描述了。

» 範例 3. 以計程車小費資料集為例，利用統計圖進行 EDA。

程式：03_02_bank_EDA.ipynb

1. 讀取資料集。

```
1  df = sns.load_dataset('tips')
2  df.head()
```

● 輸出結果：

	total_bill	tip	sex	smoker	day	time	size
0	16.99	1.01	Female	No	Sun	Dinner	2
1	10.34	1.66	Male	No	Sun	Dinner	3
2	21.01	3.50	Male	No	Sun	Dinner	3
3	23.68	3.31	Male	No	Sun	Dinner	2
4	24.59	3.61	Female	No	Sun	Dinner	4

2. 直方圖：針對連續性的變數，通常會以直方圖觀察其分佈情形。

```
1  # 對小費繪製直方圖
2  sns.histplot(x='tip', data=df)
```

● 輸出結果：資料右偏。

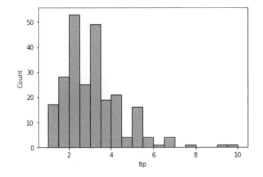

3. 這個資料集適合使用迴歸預測，而迴歸假設誤差會符合 IID(Independent and Identically Distributed)，即誤差之間是獨立的，而且屬於相同的機率分配，一般會希望它是符合常態分配，由上圖觀察，小費並非左右對稱的常態分配，我們可以取 log，使離群值與一般資料差距變小，讓資料趨近常態分配。

```
1  df['log_tip'] = np.log(df['tip'])
2  sns.kdeplot(x='log_tip', data=df)
```

● 輸出結果：以平滑的直方圖觀察會更清楚。

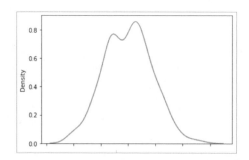

4. 散佈圖 (Scatter chart)：觀察兩個變數的關聯，可研究 X 與 Y 的關係，或 X 之間的關係。

```
1  sns.scatterplot(x="total_bill", y="tip", data=df);
```

- 輸出結果：觀察總車費 (total_bill) 與小費 (tip) 的關聯，由圖觀察，基本上總車費與小費呈正相關，但總車費較高時，小費的差異較大，這不是共變異矩陣 (corr) 可以觀察到的資訊。

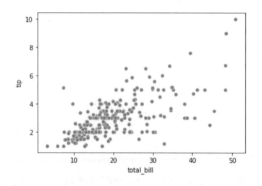

5. Seaborn 支援三維的統計圖，使用 hue 參數設定第三維的變數名稱。

```
1  # 三維散佈圖
2  sns.scatterplot(x="total_bill", y="tip", hue='sex', data=df);
```

- 輸出結果：可以觀察到男性在總車費 (total_bill) 很高時，某些人會給與較高的小費 (tip)，女性則較為理性。

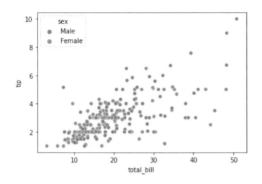

6.　二維長條圖：觀察平日或週末 (day) 對小費的影響。

```
1  sns.barplot(x='day', y='tip', data=df)
```

- 輸出結果：可以觀察到平日或週末給小費的多寡，週四＜週五＜週六 ＜週日，故 day 編碼時，可平均小費的多寡依序編碼。

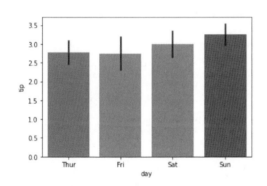

7.　箱型圖：同樣觀察平日或週末 (day) 對小費的影響，使用箱型圖，可觀 察更多的資訊。

```
1  # 箱型圖
2  sns.boxplot(x='day', y='tip', data=df)
```

- 輸出結果：若排除離群值影響，週六小費中位數反而少於週五，週日 小費差異範圍較大。

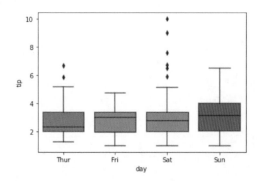

8.　joint plot：結合散佈圖及直方圖。

```
2  sns.jointplot(data=df, x="total_bill", y="tip", hue="day")
```

● 輸出結果：

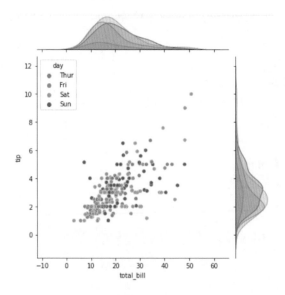

9.　Seaborn 還提供許多複合圖，可以使用一個指令產生多個圖，例如 pair plot 預設對角線是直方圖，非對角線是散佈圖，也可以自訂。pair plot 只對整數及浮點數欄位進行繪圖，故先轉換相關的文字欄位或類別欄位。

```
1  # 類別變數轉換為數值
2  df.sex = df.sex.map({'Female':0, 'Male':1}).astype(int)
3  df.smoker = df.smoker.map({'No':0, 'Yes':1}).astype(int)
4  df.day = df.day.map({'Thur':1, 'Fri':2, 'Sat':3, 'Sun':4}).astype(int)
5  df.time = df.time.map({'Lunch':0, 'Dinner':1}).astype(int)
```

10. 繪製 pair plot。

```
2  sns.pairplot(data=df, height=1)
```

- 輸出結果：對角線散佈圖可觀察每一變數的資料分佈，非對角線散佈圖可觀察兩兩變數的關聯。

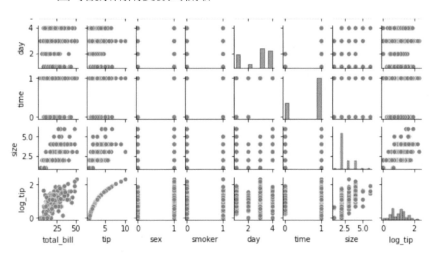

- 參數 diag_kind 可指定對角線的統計圖類型。
- 參數 kind 可指定非對角線的統計圖類型。

11. 熱力圖 (Heat map)。

```
2  sns.heatmap(data=df.corr(), annot=True, fmt=".2f", linewidths=.5)
```

- 輸出結果：可觀察兩兩變數的關聯，依顏色深淺表現關聯度的高低。

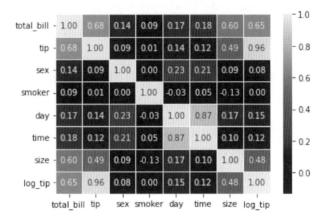

Seaborn 還提供許多類型的統計圖，有興趣的讀者可參閱 Seaborn gallery[2]。另外，還有一些套件提供地圖分析及標示的功能，有興趣的讀者可參閱『A Complete Guide to an Interactive Geographical Map using Python』[3] 及『Python 地圖視覺化 - 使用 Folium』[4]。

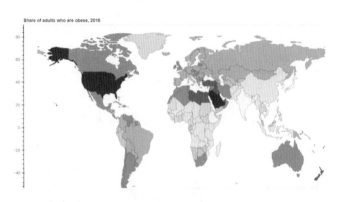

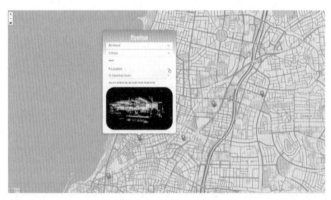

3-4 實務作法

Kaggle 提供許多競賽題目及學習資源，每一道題都會提供 EDA 的範例 (notebook)，筆者初入門時，從中學習獲益良多，故強烈建議讀者選擇有興趣的題目，挑選『Most votes』排名較高的範例研讀，多看幾道題目，應該可以領悟出資料分析的技巧，筆者建議可先參閱房價預測個案『House Prices

- Advanced Regression Techniques』[5]，選擇『Code』、『Most votes』，觀看排名第一名的 notebook。

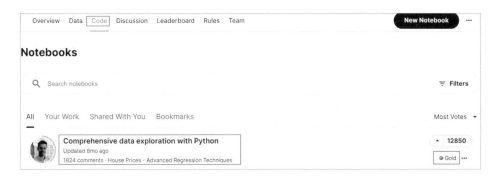

資料清理、EDA 與特徵工程並沒有先後順序，而且是反覆進行，可能需要來回多個週期，譬如，EDA 後發現應該進行特徵工程，經資料轉換找出新的特徵，之後可能又要清理新資料產生的遺失值或重複值，周而復始，直到整理出最適合烹煮的食材，即訓練所需要關鍵輸入因子。

3-5　本章小結

本章介紹一些簡單的統計量及繪圖技巧，並以範例說明分析的技巧，讀者可以尋找更多的個案研究與練習，多方閱讀，以提升資料分析技能。

3-6　延伸閱讀

1. 參閱『房價預測』個案 House Prices - Advanced Regression Techniques[5]，練習資料清理、資料分析與探索 (EDA)。

2. 針對 Kaggle 競賽題目『Spaceship Titanic』[6]，進行資料清理與 EDA。

參考資料 (References)

[1]　Sanket Doshi, Analyze the data through data visualization using Seaborn (https://towardsdatascience.com/analyze-the-data-through-data-visualization-using-seaborn-255e1cd3948e)

[2]　Seaborn gallery (https://seaborn.pydata.org/examples/index.html)

[3]　Shivangi Patel, A Complete Guide to an Interactive Geographical Map using Python (https://towardsdatascience.com/a-complete-guide-to-an-interactive-geographical-map-using-python-f4c5197e23e0)

[4]　Python 地圖視覺化 - 使用 Folium (https://blog.yeshuanova.com/2017/10/python-visulization-folium/)

[5]　House Prices - Advanced Regression Techniques (https://www.kaggle.com/competitions/house-prices-advanced-regression-techniques/code?competitionId=5407&sortBy=voteCount)

[6]　Kaggle 競賽題目『Spaceship Titanic』 (https://www.kaggle.com/competitions/spaceship-titanic/overview)

第 4 章

特徵工程

(Feature Engineering)

特徵工程是 10 大步驟的第三個步驟，主要是要找出能準確預測目標的關鍵因子，並適時簡化模型，讓模型易用、易解釋、不會過度擬合 (Overfitting)。特徵工程包括以下類型的工作：

- 特徵縮放 (Feature Scaling)。
- 特徵選取 (Feature Selection)。
- 特徵萃取 (Feature Extraction or Feature Transformation)。
- 特徵生成 (Feature Generation)。

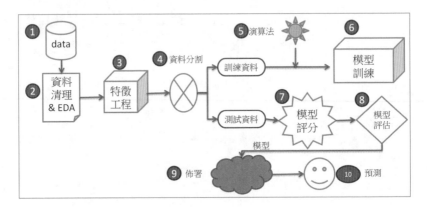

4-1　特徵縮放 (Feature Scaling)

特徵縮放 (Feature scaling) 也稱為特徵正規化 (Feature normalization) 是將所有特徵縮放至相同的規模，避免因單位不同，造成影響力放大或縮小，另一方面在演算法求解時，能快速收斂，同時也不會忽略重要特徵，提高模型準確率。

Scikit-learn 提供的特徵縮放功能如下：

1　Min-max scaling：限制變數值範圍介於 [0, 1] 之間。

2　標準化 (Standardization)：使變數的平均數為 0，標準差為 1。

3　MaxAbsScaler：限制變數絕對值最大為 1，只是縮小規模，不改變中心點。

4　RobustScaler：類似標準化，但以中位數取代平均數，以 IQR 取代標準差，希望降低離群值的影響。

特徵縮放的指令與其他演算法一樣，須先訓練 (fit)，之後再依訓練結果進行轉換 (transform)，兩個動作可以合併執行 (fit_transform)，但要注意，我們希望測試資料不要參與訓練，以免影響模型評分的公正性，故特徵縮放通常會放在『資料切割』之後執行，這樣可以單獨使用訓練資料進行特徵縮放之訓練，而測試資料不參與訓練，只進行轉換 (transform)。

4-1-1　Min-max scaling

Min-max scaling 轉換公式如下：

▶　X_new = (X - min) / (max - min)

» **範例 1** Min-max scaling 測試。

程式：04_01_min_max_scaling.ipynb

1. 生成測試資料。

```
1  # 測試資料
2  data = np.array([[-1, 2], [-0.5, 6], [0, 10], [1, 18]])
3  data
```

●　輸出結果：

```
[-1. ,  2. ]
[-0.5,  6. ]
[ 0. , 10. ]
[ 1. , 18. ]
```

2. Min-max scaling 轉換。

```
1  from sklearn.preprocessing import MinMaxScaler
2  scaler = MinMaxScaler()
3  scaler.fit_transform(data)
```

●　輸出結果：全部數值均介於 [0, 1] 之間。

```
[0.  , 0.  ]
[0.25, 0.25]
[0.5 , 0.5 ]
[1.  , 1.  ]
```

3. 驗證：以 NumPy 自行開發 Min-max scaling 也不難，驗證一下。

```
1  # 計算最大值、最小值
2  max1 = np.max(data, axis=0)
3  min1 = np.min(data, axis=0)
4  max1, min1
```

▶ 輸出結果：每一行最大值為 1、18，最小值為 -1、2。

4. 按上述公式計算 Min-max scaling：結果同上，NumPy 非常強大有效率，建議讀者多練習，驗證相關公式，可以加深印象，也可以增強程式設計功力。

```
1  # Min-max scaling 計算
2  (data - min1) / (max1 - min1)
```

5. 修改 01_04_iris_classification.ipynb，將 StandardScaler 換成 MinMaxScaler，測試模型準確率。

```
1  scaler = MinMaxScaler()
2  X_train_std = scaler.fit_transform(X_train)
3  X_test_std = scaler.transform(X_test)
```

▶ 輸出結果：與採用 StandardScaler 比較，模型準確率差異不大。

6. 不採用特徵縮放，並將資料改用乳癌診斷資料集，因鳶尾花資料集過於單純，效果不明顯。

```
1  clf.fit(X_train, y_train)
2  y_pred = clf.predict(X_test)
3  # 計算準確率
4  print(f'{accuracy_score(y_test, y_pred)*100:.2f}%')
```

▶ 輸出結果：採用特徵縮放與不採用比較，模型準確率稍高。

7. 建立 MinMaxScaler 物件，可以加參數 feature_range，設定其他範圍，不必一定要介於 [0, 1]，其他參數與屬性可詳閱 MinMaxScaler 說明 [1]。

4-1-2 標準化 (Standardization)

標準化 (Standardization)，是將平均數歸 0，標準差變為 1，轉換公式如下：

▶ X_new = (X - μ) / σ

其中 μ：平均數，σ：標準差。

許多演算法都假設特徵符合常態分配，例如迴歸、支援向量機 (SVM)，標準化可以使特徵變數轉換為標準常態分配，亦稱為 z 分配，因此，如果資料是均勻分配 (Uniform distribution)，例如丟硬幣或擲骰子，事件出現的機率是均等的，應該採用 Min-max scaling，其他大部份的分配應採用標準化。

» **範例 2.** 標準化 (Standardization) 測試。

程式：04_02_standardization.ipynb

1. 簡單測試。

```
1  # 測試資料
2  data = np.array([[0, 0], [0, 0], [1, 1], [1, 1]])
3  data
```

● 輸出結果：

```
[0, 0]
[0, 0]
[1, 1]
[1, 1]
```

2. 標準化轉換。

```
1  from sklearn.preprocessing import StandardScaler
2  scaler = StandardScaler()
3  scaler.fit_transform(data)
```

● 輸出結果：

```
[-1., -1.]
[-1., -1.]
[ 1.,  1.]
[ 1.,  1.]
```

3. 驗證：以 NumPy 撰寫程式驗證一下。

```
1  # 計算平均數、標準差
2  mean1 = np.mean(data, axis=0)
3  std1 = np.std(data, axis=0)
4  mean1, std1
```

- 輸出結果：每一行平均數為 0.5、0.5、、標準差為 0.5、0.5。

4. 按上述公式計算標準化：結果同上。

```
1  # 標準化計算
2  (data - mean1) / std1
```

5. 比照上例，將 MinMaxScaler 換成 StandardScaler，測試模型準確率：結果差異不大。

6. 建立 StandardScaler 物件，可以加參數 with_mean=False，可使平均數不歸 0，with_std=False，可使標準差不為 1，其他參數與屬性可詳閱 StandardScaler 說明 [2]。

4-1-3　MaxAbsScaler

MaxAbsScaler：限制變數絕對值最大為 1，其他值依比例轉換，只是縮小規模，不改變中心點。

» **範例 3.** MaxAbsScaler 簡單測試。

程式：04_03_max_abs_scaler.ipynb

1. 測試資料。

```
1  # 測試資料
2  import numpy as np
3  data = np.array([[ 1., -1.,  2.],[ 2.,  0.,  0.],[ 0.,  1., -1.]])
4  data
```

- 輸出結果：

```
[ 1., -1.,  2.]
[ 2.,  0.,  0.]
[ 0.,  1., -1.]
```

2. MaxAbsScaler 轉換。

```
1  from sklearn.preprocessing import MaxAbsScaler
2  scaler = MaxAbsScaler()
3  scaler.fit_transform(data)
```

● 輸出結果：

```
[ 0.5, -1. ,  1. ]
[ 1. ,  0. ,  0. ]
[ 0. ,  1. , -0.5]
```

3. 驗證：以 NumPy 撰寫程式。

```
1  # 計算最大值
2  max1 = np.max(data, axis=0)
3
4  # MaxAbsScaler計算
5  data / max1
```

● 輸出結果：結果同上。

4. 比照上例，將 StandardScaler 換成 MaxAbsScaler，測試模型準確率：結果差異不大。

5. 其他參數可詳閱 MaxAbsScaler 說明 [3]。

4-1-4 RobustScaler

RobustScaler 類似標準化，但以中位數取代平均數，以 IQR 取代標準差，希望降低離群值的影響，作法是將中位數歸 0，再除以 IQR。

>> **範例 4.** RobustScaler 簡單測試。

程式：04_04_robust_scaler.ipynb

1. 測試資料。

```
1  # 測試資料
2  import numpy as np
3  data = np.array([[ 1., -2.,  2.],[ -2.,  1.,  3.],[ 4.,  1., -2.]])
4  data
```

● 輸出結果：

```
[ 1., -2.,  2.]
[-2.,  1.,  3.]
[ 4.,  1., -2.]
```

2. RobustScaler 轉換。

```
1  from sklearn.preprocessing import RobustScaler
2  scaler = RobustScaler()
3  scaler.fit_transform(data)
```

● 輸出結果：

```
[ 0. , -2. ,  0. ]
[-1. ,  0. ,  0.4]
[ 1. ,  0. , -1.6]
```

3. 顯示箱型圖及相關資訊。

```
1  import matplotlib.pyplot as plt
2  import pandas as pd
3
4  def get_box_plot_data(data, bp):
5      rows_list = []
6
7      for i in range(data.shape[1]):
8          dict1 = {}
9          dict1['label'] = i
10         dict1['最小值'] = bp['whiskers'][i*2].get_ydata()[1]
11         dict1['箱子下緣'] = bp['boxes'][i].get_ydata()[1]
12         dict1['中位數'] = bp['medians'][i].get_ydata()[1]
13         dict1['箱子上緣'] = bp['boxes'][i].get_ydata()[2]
14         dict1['最大值'] = bp['whiskers'][(i*2)+1].get_ydata()[1]
15         rows_list.append(dict1)
16
17     return pd.DataFrame(rows_list)
18
19 bp = plt.boxplot(data)
20 get_box_plot_data(data, bp)
```

● 輸出結果：

	label	最小值	箱子下緣	中位數	箱子上緣	最大值
0	0	-2.0	-0.5	1.0	2.5	4.0
1	1	-2.0	-0.5	1.0	1.0	1.0
2	2	-2.0	0.0	2.0	2.5	3.0

4. 驗證：以 NumPy 撰寫程式。

```
1  # 計算中位數、IQR
2  median1 = np.median(data, axis=0)
3  scale1 = np.quantile(data, 0.75, axis=0) - np.quantile(data, 0.25, axis=0)
4  print(median1, scale1)
5  # 計算 RobustScaler
6  (data - median1) / scale1
```

● 輸出結果：結果同上。

5. 比照上例，將 StandardScaler 換成 RobustScaler，測試模型準確率：結果差異不大。

6. 其他參數可詳閱 RobustScaler 說明 [4]。

4-2 特徵選取 (Feature Selection)

特徵選取 (Feature selection) 通常是因特徵變數過多，依照特徵的重要性只選取部份的特徵，作為模型的輸入。例如影響股價的原因很多，包括：

1. 基本面：公司財務面、產業前景…。

2. 技術面：各種技術指標，例如 ta-lib 套件提供 150 多種技術指標。

3. 籌碼面：三大法人進出記錄、大股東異動。

4. 總體經濟：利率、匯率、景氣、國際情勢…。

5. 消息面：重大訊息揭露、小道消息…。

合計可能有數十種因素會影響股價，如果全部納入模型訓練，模型會非常複雜，也難以使用，因為要預測股價，必須蒐集數十種特徵資料，另外，如果沒有足夠的訓練資料量，也會引發維度災難，造成模型準確率偏低。遇到這種情形，通常會採用特徵選取 (Feature selection) 或特徵萃取 (Feature extraction)，減少特徵個數，以下先介紹特徵選取的演算法，Scikit-learn 提供許多的演算法，可參閱 Scikit-learn Feature selection 說明 [5]。

何謂維度災難 (Curse of dimensionality)?

『Paritosh Pantola, Curse of dimensionality』[6] 一文有很棒的說明，以下圖為例，左圖只有一個特徵變數，亦即一個維度，假設母體空間是介於 [1, 100]，那 7 個樣本 (圖中的小狗) 的代表性是 7/100，若增加一個特徵，即兩個維度，7 個樣本的代表性是 $7/(100^2)$= 萬分之 7，再增加一個特徵，樣本的代表性是 $7/(100^3)$= 百萬分之 7，也就是說，特徵越多，樣本數沒有隨之增加，樣本能代表母體的可能性就越低，預測失準的機率隨之增加，因此，特徵個數不是越多越好。

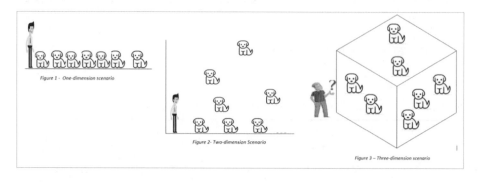

圖 4.1 維度災難 (Curse of dimensionality)，圖片來源：『Paritosh Pantola, Curse of dimensionality』[6]

4-2-1 單變數特徵選取 (Univariate feature selection)

單變數特徵選取只考慮單一變數的影響，不考慮變數的關聯度，Scikit-learn 提供下列演算法：

1. SelectKBest：選擇最高分的 K 個特徵。

2. SelectPercentile：選擇最高分的 K 百分比的特徵。

3. GenericUnivariateSelect：依設定的策略選擇最高分的特徵。

以上演算法主要是使用 F 檢定，主要是檢定兩變數的變異數是否有顯著差異，這裡用於測量每個特徵 (X) 與目標變數 (Y) 間的線性相依程度。

>> **範例 5.** SelectKBest 測試。

程式：04_05_SelectKBest.ipynb

1. 載入相關套件。

```
1  from sklearn import datasets
2  from sklearn.preprocessing import StandardScaler
3  from sklearn.model_selection import train_test_split
4  from sklearn.metrics import accuracy_score
5  from sklearn.feature_selection import SelectKBest
6  from sklearn.feature_selection import chi2
```

2. 載入資料集。

```
1  X, y = datasets.load_iris(return_X_y=True)
2  X.shape
```

- 輸出結果：(150, 4)，共有 4 個特徵。

3. 使用 SelectKBest 選取 2 個特徵，SelectKBest 須搭配一個模型評分的演算法，計算每個特徵重要性的分數。

```
1  clf = SelectKBest(chi2, k=2)
2  X_new = clf.fit_transform(X, y)
3  X_new.shape
```

- 輸出結果：(150, 2)，共有 2 個特徵。
- 這裡使用 Chi-square 演算法，還有其他演算法：
  - 迴歸：r_regression, f_regression, mutual_info_regression。
  - 分類：chi2, f_classif, mutual_info_classif。

4. 顯示特徵分數。

```
2  clf.scores_
```

- 輸出結果：[10.81782088,   3.7107283 , 116.31261309, 67.0483602]，後 2 個特徵分數最高。

5. 顯示 p value：一般假設檢定使用顯著水準 5%，若 p value 小於 5%，表示此特徵效果顯著，5% 是 ±1.96 倍標準差，也可以採用其他標準。

```
2  clf.pvalues_
```

- 輸出結果：[4.4765e-03, 1.5639e-01, 5.5339e-26, 2.7582e-15]，後 2 個特徵效果顯著。

6. 顯示特徵名稱。

```
2  import numpy as np
3  ds = datasets.load_iris()
4  np.array(ds.feature_names)[clf.scores_.argsort()[-2:][::-1]]
```

- 輸出結果：['petal length (cm)', 'petal width (cm)']，即花瓣的長度與寬度。

7. 另一種寫法：輸入 Pandas DataFrame，可直接輸出特徵名稱。

```
2  import pandas as pd
3  X = pd.DataFrame(ds.data, columns=ds.feature_names)
4  clf = SelectKBest(chi2, k=2)
5  X_new = clf.fit_transform(X, y)
6  clf.get_feature_names_out()
```

8. 之後，只選擇 2 個特徵，再訓練一次模型。

```
2  X = X[clf.get_feature_names_out()].values
```

9. 依 10 大步驟測試模型準確度：與使用全部特徵的準確度幾乎一樣。

》範例 6. SelectPercentile 測試。

程式： 04_06_SelectPercentile.ipynb

1. 載入相關套件。

```
5  from sklearn.feature_selection import SelectPercentile, chi2
```

2. 載入手寫阿拉伯數字資料集。

```
1  X, y = datasets.load_digits(return_X_y=True)
2  X.shape
```

- 輸出結果：(1797, 64)，共 1797 筆資料，64 個特徵 (像素)。

3. SelectPercentile 選取 10% 特徵。

```
1  clf = SelectPercentile(chi2, percentile=10)
2  X_new = clf.fit_transform(X, y)
3  X_new.shape
```

4. 顯示特徵分數、p value，指令與上例相同。

5. 依 10 大步驟，測試模型準確度為 71.94%，與使用全部特徵的準確度 (98.33%) 有段差距，畢竟只取 7 個像素要辨識阿拉伯數字還是有困難。

》 **範例 7.** GenericUnivariateSelect 測試：GenericUnivariateSelect 提供模式 (Mode) 設定，可使用各種特徵選取的方式，包括上述的 SelectKBest、SelectPercentile。

程式：04_07_GenericUnivariateSelect.ipynb

1. 載入相關套件。

```
5  from sklearn.feature_selection import GenericUnivariateSelect, chi2
```

2. 載入手寫阿拉伯數字資料集。

```
1  X, y = datasets.load_digits(return_X_y=True)
2  X.shape
```

● 輸出結果：(1797, 64)，共 1797 筆資料，64 個特徵。

3. 使用 SelectKBest，選取 20 個特徵。

```
1  # 使用 SelectKBest, 20 個特徵
2  clf = GenericUnivariateSelect(chi2, mode='k_best', param=20)
3  X_new = clf.fit_transform(X, y)
4  X_new.shape
```

● mode 目前包括：

■ percentile：同 SelectPercentile，為預設值。

■ k_best：同 SelectKBest。

■ fpr、fdr、few：Scikit-learn 文件並未說明，可參閱『StockExchange fpr, fdr and fwe for feature selection』[7]，內文有維基百科的超連結。

4. 顯示特徵分數、p value，指令與上例相同。

5. 依 10 大步驟，測試模型準確度為 93.33%，與使用全部特徵的準確度 (97.22%) 差異不大。

4-2-2 遞迴特徵消去法 (Recursive feature elimination)

遞迴特徵消去法 (Recursive feature elimination，簡稱 RFE) 是使用特定演算法建構模型後，可以得到每個特徵的係數 (coef_) 或重要性 (feature_importances_)，刪除係數或重要性最小的特徵，之後重新建構模型後，再刪除一個特徵，重複這個程序，直到只剩要選取的特徵個數為止。會如此作的原因是考慮變數的關聯度，有可能兩個變數係數都很大，但兩者高度關聯，刪除其中一個，對整體模型的準確度並無影響，這是單變數特徵選取的演算法缺點。

» **範例 8.** RFE 測試。

程式：04_08_RFE.ipynb

1. 載入相關套件。

```
1  from sklearn import datasets
2  from sklearn.preprocessing import StandardScaler
3  from sklearn.model_selection import train_test_split
4  from sklearn.metrics import accuracy_score
5  from sklearn.feature_selection import RFE
6  from sklearn.svm import SVC
```

2. 載入資料集。

```
1  X, y = datasets.load_iris(return_X_y=True)
2  X.shape
```

- 輸出結果：(150, 4)，共有 4 個特徵。

3. 使用 RFE 選取 2 個特徵，RFE 須搭配一個模型評分的演算法，計算每個特徵重要性，這裡使用分類的支援向量機 (SVC)，也可以使用其他演算法，只要能提供係數 (coef_) 或重要性 (feature_importances_) 的屬性。

- 支援向量機演算法會在後面章節說明。
- RFE 參數 n_features_to_select=2 表選取 2 個特徵，step=1 表每個週期刪除一個特徵。

```
1  svc = SVC(kernel="linear", C=1)
2  clf = RFE(estimator=svc, n_features_to_select=2, step=1)
3  X_new = clf.fit_transform(X, y)
4  X_new.shape
```

● 輸出結果：(150, 2)，共有 2 個特徵。

4. 顯示特徵重要性排名。

```
2  clf.ranking_
```

● 輸出結果：[3, 2, 1, 1]，只保留排名第一的特徵。

5. 依 10 大步驟測試模型準確度：與使用全部特徵的準確度幾乎一樣。

4-2-3　SelectFromModel

SelectFromModel 類似 RFE，使用特定演算法建構模型後，可以得到每個特徵的係數 (coef_) 或重要性 (feature_importances_)，之後根據設定的門檻值 (threshold) 或最大的特徵選取數量 (max_features)，保留合格的特徵。

▶▶ **範例 9.** SelectFromModel 測試。

程式：04_09_SelectFromModel.ipynb

1. 載入相關套件。

```
5  from sklearn.feature_selection import SelectFromModel
6  from sklearn.svm import SVC
```

2. 載入資料集。

```
1  X, y = datasets.load_iris(return_X_y=True)
2  X.shape
```

● 輸出結果：(150, 4)，共有 4 個特徵。

3. 使用 SelectFromModel，須搭配一個模型評分的演算法，計算每個特徵重要性，這裡使用分類的支援向量機 (SVC)。

● threshold='mean'：選取係數或重要性大於平均數的特徵，也可以設定 'median' 或算術式 '1.25*mean'。

- max_features：也可以使用此參數設定選取特徵的最大個數。

- clf.fit_transform 後可取得保留的特徵。

- prefit：也可以使用事先訓練好的評分模型，需指定參數 prefit=True。

- 評分模型可使用 L1 正則化 (Regularization)，不須設定參數 threshold 或 max_features，L1 會使不重要的特徵係數歸 0，亦即拋棄該特徵，正則化會在後續章節詳細說明。

- 評分模型也可以使用決策樹類型的演算法，會將不純的特徵係數歸 0，決策樹會在後續章節詳細說明。

```
1  svc = SVC(kernel="linear", C=1)
2  clf = SelectFromModel(estimator=svc, threshold='mean')
3  X_new = clf.fit_transform(X, y)
4  X_new.shape
```

- 輸出結果：(150, 2)，選取 2 個特徵。

4. 顯示特徵是否被選取。

```
2  clf.get_support()
```

- 輸出結果：[False, False, True, True]，只保留後兩個特徵 (True)。

4-2-4　順序特徵選取 (Sequential Feature Selection)

順序特徵選取 (Sequential Feature Selection, 以下簡稱 SFS)，與 RFE 程序正好相反，一開始先依係數或重要性選取一個最重要的特徵，再重複程序逐一加入特徵，直到指定的特徵個數為止。Backward-SFS 則是反向，逐一排除不重要的特徵，與 RFE 程序相同。與 RFE 不同的是，評分模型不限需要輸出係數 (coef_) 或重要性 (feature_importances_)，SFS 使用交叉驗證 (k-fold cross validation) 比較各種評分模型的準確率高低，訓練較多個模型加以平均，執行時間會比較久。

≫ **範例 10.** Sequential Feature Selection 測試。

程式：04_10_Sequential_Feature_Selection.ipynb

1. 載入相關套件。

```
5  from sklearn.feature_selection import SequentialFeatureSelector
6  from sklearn.svm import SVC
```

2. 載入資料集。

```
1  X, y = datasets.load_iris(return_X_y=True)
2  X.shape
```

- 輸出結果：(150, 4)，共有 4 個特徵。

3. 使用 SFS 選取 2 個特徵，評分模型使用分類的支援向量機 (SVC)。
- direction='forward'：表逐一加入特徵，direction=' backward '表逐一排除不重要的特徵，預設為 forward。

```
1  svc = SVC(kernel="linear", C=1)
2  clf = SequentialFeatureSelector(estimator=svc, n_features_to_select=2)
3  X_new = clf.fit_transform(X, y)
4  X_new.shape
```

- 輸出結果：(150, 2)，共有 2 個特徵。

4. 顯示特徵是否被選取。

```
2  clf.get_support()
```

- 輸出結果：[False, True, False, True]，保留的特徵竟然是第 2、4 個，筆者猜測是第 3、4 個特徵關聯度較高。

5. 依 10 大步驟測試模型準確度：與使用全部特徵的準確度差一些。

4-3 特徵萃取 (Feature Extraction)

特徵萃取 (Feature extraction) 與特徵選取類似，都是希望簡化模型，但是特徵萃取是融合既有的特徵，產生新的特徵空間，也稱為『降維』(Dimensionality reduction)。注意，Scikit-learn 將特徵生成 (Feature generation) 也歸類為特徵萃取，不過，由於兩者作法不同，筆者還是分開說明。

以下會介紹降維的演算法，包括：

1. 主成分分析 (Principal Component Analysis, PCA)：將高維的資料投射到低維，藉以減少維度，產生新的特徵空間，屬非監督式學習，不需目標變數 (Y)。

2. 線性判別分析 (Linear Discriminant Analysis, LDA)：屬於監督式學習，需借助目標變數 (Y)。

3. 核主成分分析 (Kernel PCA)：以上兩種屬線性分離，核主成分分析將特徵乘以一個非線性核函數，以達到非線性分離。

4. t-SNE(t-distributed Stochastic Neighbor Embedding)：t-SNE 特點是在降維後，仍然盡可能維持原來維度的結構，故常被用於視覺化。

4-3-1 主成分分析 (Principal Component Analysis)

主成分分析 (Principal Component Analysis，以下簡稱 PCA)，將資料轉換，投射 (Projection) 到較低維的特徵空間，以保留最多資訊為前提的數據壓縮方法。以左圖為例，假設有 2 個特徵 X_1、X_2，PCA 會找到資料散佈最廣的方向，當作新的 X_1 軸，而與 X 軸正交 (Orthogonal) 的方向作為新的 X_2 軸，X_1、X_2 即為新的主成分 (PC1、PC2)，簡單的說，PCA 就是進行座標轉換。右圖表示降維，二維座標的樣本點經過投射，變成一維。

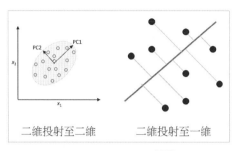

二維投射至二維　　二維投射至一維

圖 4.2 主成分分析 (Principal Component Analysis) 轉換，圖形來源：Python Machine Learning[9]

為什麼優先找尋資料散佈最廣的方向呢？『Principal Component Analysis (PCA) Explained Visually with Zero Math』[8] 一文有非常棒的解釋，以兩組人的身高為例，左圖你要猜誰是 Alex，應該很好猜，因為 Alex 是最矮的 (145)，相對的，右圖要猜誰是 Daniel，就很難猜，因為三人身高近似，因此，當資料散佈的越廣，表示資訊量越多。

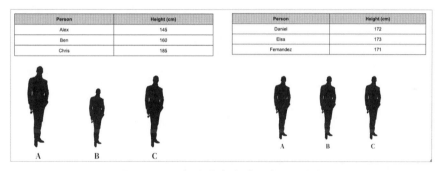

圖 4.3 以兩組人的身高說明資訊量大小

為什麼第二主成分 (PC2) 要與第一主成分 (PC1) 正交呢？因為，PC2 與 PC1 相依性很高時，那資訊量就增加的很少，無助於模型的預測，這就是『資訊增益』(Information gain) 的概念，相依性通常是以共變異數 (Covariance) 衡量，公式如下：

$$\text{Cov}(X, Y) = \frac{\sum(X_i - \overline{X})(Y_j - \overline{Y})}{n}$$

接著我們再來研究如何實作 PCA 演算法。

» **範例 11.** 自行開發 PCA 演算法。

程 式：04_11_PCA.ipynb， 修 改 自『Python Machine Learning』[9] 及『Implementing a Principal Component Analysis (PCA)』[10]。

1. 建立測試資料：隨機生成兩個類別資料，每個類別各 20 筆資料，3 個特徵變數，共變異矩陣均為單位矩陣，表示 3 個特徵變數互相獨立。

```python
1  import numpy as np
2
3  # 固定隨機種子
4  np.random.seed(2342347)
5
6  # 第一個類別
7  mu_vec1 = np.array([0,0,0]) # 平均數
8  cov_mat1 = np.array([[1,0,0],[0,1,0],[0,0,1]]) # 共變異矩陣
9  class1_sample = np.random.multivariate_normal(mu_vec1, cov_mat1, 20).T
10
11 # 第二個類別
12 mu_vec2 = np.array([1,1,1]) # 平均數
13 cov_mat2 = np.array([[1,0,0],[0,1,0],[0,0,1]]) # 共變異矩陣
14 class2_sample = np.random.multivariate_normal(mu_vec2, cov_mat2, 20).T
15
16 class1_sample.shape, class2_sample.shape
```

● 輸出結果：兩類資料維度均為 (3, 20)。

2. 繪圖。

```python
1  from matplotlib import pyplot as plt
2  from mpl_toolkits.mplot3d import Axes3D
3  from mpl_toolkits.mplot3d import proj3d
4
5  # 修正中文亂碼
6  plt.rcParams['font.sans-serif'] = ['Arial Unicode MS']
7  plt.rcParams['axes.unicode_minus'] = False
8
9  fig = plt.figure(figsize=(8,8))
10 ax = fig.add_subplot(111, projection='3d')
11 plt.rcParams['legend.fontsize'] = 10
12 ax.plot(class1_sample[0,:], class1_sample[1,:], class1_sample[2,:], 'o',
13        markersize=8, color='blue', alpha=0.5, label='類別1')
14 ax.plot(class2_sample[0,:], class2_sample[1,:], class2_sample[2,:], '^',
15        markersize=8, alpha=0.5, color='red', label='類別2')
16
17 plt.title('測試資料')
18 ax.legend(loc='upper right')
19
20 plt.show()
```

● 輸出結果：兩類資料有部份重疊。

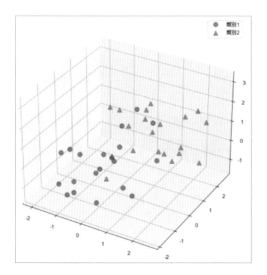

3. 合併兩類資料。

```
1  all_samples = np.concatenate((class1_sample, class2_sample), axis=1)
2  all_samples.shape
```

● 輸出結果：資料維度為 (3, 40)。

4. 計算共變異數矩陣 (covariance matrix)。

```
1  cov_mat = np.cov([all_samples[0,:],all_samples[1,:],all_samples[2,:]])
2  print('共變異數矩陣:\n', cov_mat)
```

● 輸出結果：

```
[[1.36790829 0.5946331   0.55037625]
 [0.5946331  1.35388385 0.450125   ]
 [0.55037625 0.450125    1.31086216]]
```

5. 特徵轉換 (Eigen transformation)：矩陣 A 可經過特徵轉換，可轉換為特徵值 (λ) 乘以特徵向量 (υ)，如下公式，特徵值為一對角矩陣，只取對角線元素，進一步轉換為 (m, 1) 維度的矩陣，之後針對特徵值排序，挑選前幾名，取得對應的特徵向量，作為座標轉換矩陣，原始資料乘以座標轉換矩陣，就可以得到新的主成分，這就是『主成分分析』的作法。特徵轉換 (Eigen transformation) 的詳細說明可參閱『世上最生動的 PCA』[11]。

$$T(\vec{v}) = A\vec{v} = \lambda\vec{v}$$

```
1  # 計算特徵值(eigenvalue)及對應的特徵向量(eigenvector)
2  eig_val_sc, eig_vec_sc = np.linalg.eig(cov_mat)
3
4  print('特徵向量:\n', eig_vec_sc)
5  print('特徵值:\n', eig_val_sc)
```

● 針對共變異矩陣 (A) 進行特徵轉換，輸出結果：

```
特徵向量:
 [[ 0.6131328    0.78845466 -0.04906558]
 [ 0.57507225 -0.48805716 -0.65657606]
 [ 0.54162726 -0.37435206  0.75266224]]
特徵值:
 [2.4118188   0.73851328 0.88232222]
```

6. 繪製特徵向量。

```
1  from mpl_toolkits.mplot3d import Axes3D, proj3d
2  from matplotlib.patches import FancyArrowPatch
3
4  # 繪製箭頭
5  class Arrow3D(FancyArrowPatch):
6      def __init__(self, xs, ys, zs, *args, **kwargs):
7          FancyArrowPatch.__init__(self, (0,0), (0,0), *args, **kwargs)
8          self._verts3d = xs, ys, zs
9
10     def do_3d_projection(self, renderer=None):
11         xs3d, ys3d, zs3d = self._verts3d
12         xs, ys, zs = proj3d.proj_transform(xs3d, ys3d, zs3d, self.axes.M)
13         self.set_positions((xs[0],ys[0]),(xs[1],ys[1]))
14         return np.min(zs)
15
16 # 設定 3D 繪圖
17 fig = plt.figure(figsize=(7,7))
18 ax = fig.add_subplot(111, projection='3d')
19
20 # 繪製特徵向量
21 ax.plot(all_samples[0,:], all_samples[1,:], all_samples[2,:], 'o',
22         markersize=8, color='green', alpha=0.2)
23 [mean_x, mean_y, mean_z] = np.mean(all_samples, axis=1)
24 ax.plot([mean_x], [mean_y], [mean_z], 'o', markersize=10, color='red',
25         alpha=0.5)
```

```
26  for v in eig_vec_sc.T:
27      a = Arrow3D([mean_x, v[0]], [mean_y, v[1]], [mean_z, v[2]],
28                  mutation_scale=20, lw=3, arrowstyle="-|>", color="r")
29      ax.add_artist(a)
30  ax.set_xlabel('x_values');ax.set_ylabel('y_values');ax.set_zlabel('z_values')
```

● 輸出結果：箭頭即為主成分分析的新座標軸。

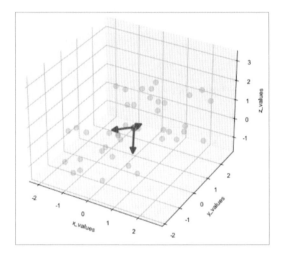

7. 合併特徵向量及特徵值，針對特徵值降冪排序，挑出前 2 名。

```
1  # 合併特徵向量及特徵值
2  eig_pairs = [(np.abs(eig_val_sc[i]), eig_vec_sc[:,i]) for i in range(len(eig_val_sc))]
3
4  # 針對特徵值降冪排序
5  eig_pairs.sort(key=lambda x: x[0], reverse=True)
6
7  # 挑出前2名
8  for i in eig_pairs[:2]:
9      print(i[1])
```

● 輸出結果：前 2 名的特徵向量。

```
[0.6131328   0.57507225 0.54162726]
[-0.04906558 -0.65657606  0.75266224]
```

8. 生成座標轉換矩陣。

```
1  matrix_w = np.hstack((eig_pairs[0][1].reshape(3,1), eig_pairs[1][1].reshape(3,1)))
2  print('Matrix W:\n', matrix_w)
```

● 輸出結果：前 2 名的特徵向量。

```
Matrix W:
 [[ 0.6131328  -0.04906558]
 [ 0.57507225 -0.65657606]
 [ 0.54162726  0.75266224]]
```

9. 原始資料乘以轉換矩陣，得到主成分。

```
1  transformed = matrix_w.T.dot(all_samples)
2  transformed.shape
```

● 輸出結果： (2, 40)，表 2 個主成分，40 筆資料。

10. 繪製轉換後的資料。

```
1   plt.plot(transformed[0,0:20], transformed[1,0:20], 'o',
2           markersize=7, color='blue', alpha=0.5, label='class1')
3   plt.plot(transformed[0,20:40], transformed[1,20:40], '^',
4           markersize=7, color='red', alpha=0.5, label='class2')
5   plt.xlim([-4,4])
6   plt.ylim([-4,4])
7   plt.xlabel('x_values')
8   plt.ylabel('y_values')
9   plt.legend()
10  plt.title('Transformed samples with class labels');
```

● 輸出結果：

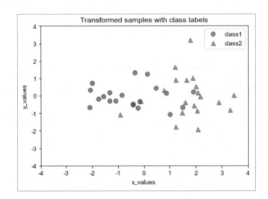

≫ **範例 12.** 以自行開發的 PCA 實作葡萄酒分類。

程式：04_12_PCA_transform.ipynb

1. 載入相關套件。

```
1  from sklearn import datasets
2  import numpy as np
3  import pandas as pd
4  import matplotlib.pyplot as plt
```

2. 載入資料集。

```
1  ds = datasets.load_wine()
2  df = pd.DataFrame(ds.data, columns=ds.feature_names)
3  df.head()
```

● 輸出結果：

	alcohol	malic_acid	ash	alcalinity_of_ash	magnesium	total_phenols	flavanoids	nonflavanoid_phenols	proanthocyanins
0	14.23	1.71	2.43	15.6	127.0	2.80	3.06	0.28	2.29
1	13.20	1.78	2.14	11.2	100.0	2.65	2.76	0.26	1.28
2	13.16	2.36	2.67	18.6	101.0	2.80	3.24	0.30	2.81
3	14.37	1.95	2.50	16.8	113.0	3.85	3.49	0.24	2.18
4	13.24	2.59	2.87	21.0	118.0	2.80	2.69	0.39	1.82

3. 資料集說明。

```
2  print(ds.DESCR)
```

● 輸出結果：共有 13 個特徵，3 種酒類。

```
:Attribute Information:
            - Alcohol
            - Malic acid
            - Ash
            - Alcalinity of ash
            - Magnesium
            - Total phenols
            - Flavanoids
            - Nonflavanoid phenols
            - Proanthocyanins
            - Color intensity
            - Hue
            - OD280/OD315 of diluted wines
            - Proline

- class:
        - class_0
        - class_1
        - class_2
```

4. 進行特徵萃取 (PCA)。

```
1   # PCA 函數實作
2   def PCA_numpy(X, X_test, no):
3       cov_mat = np.cov(X.T)
4       # 計算特徵值(eigenvalue)及對應的特徵向量(eigenvector)
5       eigen_val, eigen_vecs = np.linalg.eig(cov_mat)
6       # 合併特徵向量及特徵值
7       eigen_pairs = [(np.abs(eigen_val[i]), eigen_vecs[:,i]) for i in range(len(eigen_vecs))]
8
9       # 針對特徵值降冪排序
10      eigen_pairs.sort(key=lambda x: x[0], reverse=True)
11
12      w = eigen_pairs[0][1][:, np.newaxis]
13      for i in range(1, no):
14          w = np.hstack((w, eigen_pairs[i][1][:, np.newaxis]))
15
16      # 轉換：矩陣相乘 (n, m) x (m, 2) = (n, 2)
17      return X.dot(w), X_test.dot(w)
18
19  X_train_pca, X_test_pca = PCA_numpy(X_train_std, X_test_std, 2) # 取 2 個特徵
20  X_train_pca.shape, X_test_pca.shape
```

5. 依 10 大步驟，測試模型準確度 (94.44%)，與使用全部特徵的準確度 (100%) 只有些微差異，一般會比特徵選取來的好，因為特徵萃取是融合全部特徵的產出。

● 注意，特徵萃取應與特徵縮放一樣，測試資料不應參與訓練，應在資料切割後進行。

● 特徵萃取放在特徵縮放後進行，準確度會提高很多，因為變數規模不一致，會使特徵萃取焦點放在規模較大的特徵變數上。

6. 繪製決策邊界 (Decision regions)。

```
1   from matplotlib.colors import ListedColormap
2
3   def plot_decision_regions(X, y, classifier, resolution=0.02):
4       # setup marker generator and color map
5       markers = ('s', 'x', 'o', '^', 'v')
6       colors = ('red', 'blue', 'lightgreen', 'gray', 'cyan')
7       cmap = ListedColormap(colors[:len(np.unique(y))])
8
9       # plot the decision surface
10      x1_min, x1_max = X[:, 0].min() - 1, X[:, 0].max() + 1
11      x2_min, x2_max = X[:, 1].min() - 1, X[:, 1].max() + 1
12      xx1, xx2 = np.meshgrid(np.arange(x1_min, x1_max, resolution),
13                             np.arange(x2_min, x2_max, resolution))
14      Z = classifier.predict(np.array([xx1.ravel(), xx2.ravel()]).T)
15      Z = Z.reshape(xx1.shape)
16      plt.contourf(xx1, xx2, Z, alpha=0.4, cmap=cmap)
```

```
17      plt.xlim(xx1.min(), xx1.max())
18      plt.ylim(xx2.min(), xx2.max())
19
20      # plot class samples
21      for idx, cl in enumerate(np.unique(y)):
22          plt.scatter(x=X[y == cl, 0],
23                      y=X[y == cl, 1],
24                      alpha=0.6,
25                      color=cmap(idx),
26                      marker=markers[idx],
27                      label=cl)
```

```
1  plot_decision_regions(X_test_pca, y_test, classifier=clf)
2  plt.xlabel('PC 1')
3  plt.ylabel('PC 2')
4  plt.legend(loc='lower left')
5  plt.tight_layout()
6  # plt.savefig('decision_regions.png', dpi=300)
7  plt.show()
```

● 輸出結果：每個類別預測範圍以不同顏色表示，實際樣本以同顏色的
點表示，可以發現辨識效果還不錯。

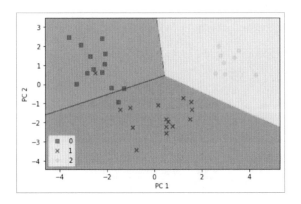

» **範例 13.** 使用 Scikit-learn 的 PCA 函數實作葡萄酒分類。

程式：04_13_PCA_sklearn.ipynb

1. 流程與上例相同，只是使用 Scikit-learn 的 PCA 類別，用法與一般演算
法類似，先訓練 (fit) 後轉換 (transform)，參數 n_components=2 表萃取 2
個主成分。

```
1  from sklearn.decomposition import PCA
2
3  X=df.values
4  pca1 = PCA(n_components=2)
5  X_new = pca1.fit_transform(X)
6  pca1.explained_variance_ratio_
```

- 輸出結果：[0.35461265, 0.19054988]，表可解釋的變異比例 (Explained variance ratio)。

- 測試準確度與上例相同。

2. 測試 Scikit-learn 的 PCA 函數其他用法，可不設定參數，會萃取所有特徵。

```
1  # 不設定參數
2  pca1 = PCA()
3  X_train_pca = pca1.fit_transform(X_train_std)
4  pca1.explained_variance_ratio_
```

- 輸出結果：每個特徵的可解釋變異比例為

  [0.3568609 , 0.19716225, 0.10938906, 0.07838441, 0.05837443,

  0.0467162 , 0.0430696 , 0.02775358, 0.0232175 , 0.02080419,

  0.01663906, 0.01405457, 0.00757425]。

- 加總會等於 1。

3. 繪製柏拉圖 (Pareto chart)：柏拉圖是將累計值連成階梯線，對可解釋變異比例繪製柏拉圖，可觀察要達到一定的可解釋的變異比例以上，我們需要萃取幾個特徵。

```
1  # 對可解釋變異繪製柏拉圖(Pareto)
2  plt.bar(range(1, 14), pca1.explained_variance_ratio_, alpha=0.5, align='center')
3  plt.step(range(1, 14), np.cumsum(pca1.explained_variance_ratio_), where='mid')
4  plt.ylabel('Explained variance ratio')
5  plt.xlabel('Principal components')
6  plt.axhline(0.8, color='r', linestyle='--')
```

- 輸出結果：觀察下圖，要達到可解釋的變異比例 0.8 以上，需要萃取 5 個特徵。

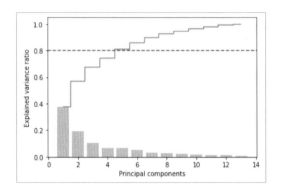

4. 直接設定可解釋的變異比例，PCA 會自動計算特徵萃取的個數。

```
1  # 設定可解釋變異下限
2  pca2 = PCA(0.8)
3  X_train_pca = pca2.fit_transform(X_train_std)
4  X_train_pca.shape
```

- 輸出結果：(142, 5)，即萃取 5 個特徵。

4-3-2 線性判別分析 (Linear Discriminant Analysis)

線性判別分析 (Linear Discriminant Analysis, LDA) 屬於監督式學習，可利用目標變數 (Y) 進行特徵萃取。假設有兩類的資料，LDA 目標是希望類別內 (s_w) 的『散佈矩陣』愈小愈好，類別間 (s_b) 的『散佈矩陣』愈大愈好，散佈矩陣可以想像成變異數，同一類別內的樣本越接近越好，不同類別的樣本隔離的越開越好，如下圖，所以 LDA 類似 PCA 的處理方法，可依 S= s_w^{-1} s_b 降冪排序，選取 N 個新特徵。

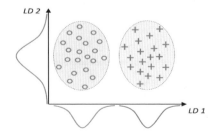

圖 4.4 LDA 示意圖，圖形來源：Python Machine Learning[9]

依上述說明，兩個類別的 S 公式如下：

$$S = \frac{\sigma_{\text{between}}^2}{\sigma_{\text{within}}^2} = \frac{(\vec{w} \cdot \vec{\mu}_1 - \vec{w} \cdot \vec{\mu}_0)^2}{\vec{w}^T \Sigma_1 \vec{w} + \vec{w}^T \Sigma_0 \vec{w}} = \frac{(\vec{w} \cdot (\vec{\mu}_1 - \vec{\mu}_0))^2}{\vec{w}^T (\Sigma_0 + \Sigma_1) \vec{w}}$$

其中：

w：權重或轉換函數。

μ：平均數。

Σ：共變異數。

多個類別的 S 公式如下：

$$\Sigma_b = \frac{1}{C} \sum_{i=1}^{C} (\mu_i - \mu)(\mu_i - \mu)^T$$

$$S = \frac{\vec{w}^T \Sigma_b \vec{w}}{\vec{w}^T \Sigma \vec{w}}$$

其中：

C：類別個數。

詳細說明可參閱維基百科 LDA 說明 [12]。

實際運算比照 PCA，以 S 取代 PCA 的共變異數，同樣以特徵轉換 (Eigen Transformation)，找到特徵值最大的 N 個特徵。

>> **範例 14.** 以自行開發的 LDA 演算法實作葡萄酒分類。

程式：04_14_LDA_transform.ipynb，比照 04_12_PCA_transform.ipynb 程序修改。

1. 　載入相關套件。

```
1  from sklearn import datasets
2  import numpy as np
3  import pandas as pd
4  import matplotlib.pyplot as plt
```

2. 載入葡萄酒資料集。

```
1  ds = datasets.load_wine()
2  df = pd.DataFrame(ds.data, columns=ds.feature_names)
3  df.head()
```

● 輸出結果：

	alcohol	malic_acid	ash	alcalinity_of_ash	magnesium	total_phenols	flavanoids	nonflavanoid_phenols	proanthocyanins
0	14.23	1.71	2.43	15.6	127.0	2.80	3.06	0.28	2.29
1	13.20	1.78	2.14	11.2	100.0	2.65	2.76	0.26	1.28
2	13.16	2.36	2.67	18.6	101.0	2.80	3.24	0.30	2.81
3	14.37	1.95	2.50	16.8	113.0	3.85	3.49	0.24	2.18
4	13.24	2.59	2.87	21.0	118.0	2.80	2.69	0.39	1.82

3. 資料集說明。

```
2  print(ds.DESCR)
```

● 輸出結果：共有 13 個特徵，3 種酒類。

4. 定義類別內 (s_w)、類別間 (s_b) 散佈矩陣的函數。

```
1  # 計算 S_W, S_B 散佈矩陣
2  def calculate_SW_SB(X, y, label_count):
3      mean_vecs = []
4      for label in range(label_count):
5          mean_vecs.append(np.mean(X[y == label], axis=0))
6          print(f'Class {label} Mean = {mean_vecs[label]}')
7
8      d = X.shape[1]   # number of features
9      S_W = np.zeros((d, d))
10     for label, mv in zip(range(label_count), mean_vecs):
11         class_scatter = np.cov(X[y == label].T)
12         S_W += class_scatter
13     print(f'Sw shape:{S_W.shape}')
14
15     mean_overall = np.mean(X, axis=0)
16     S_B = np.zeros((d, d))
17     for i, mean_vec in enumerate(mean_vecs):
18         n = X[y == i + 1, :].shape[0]
19         mean_vec = mean_vec.reshape(d, 1)   # make column vector
20         mean_overall = mean_overall.reshape(d, 1)   # make column vector
21         S_B += n * (mean_vec - mean_overall).dot((mean_vec - mean_overall).T)
22     print(f'Sb shape:{S_B.shape}')
23     return S_W, S_B
```

5.　進行特徵萃取：程序幾乎與 PCA 相同，但是特徵向量計算結果可能會是
　　複數，導致模型無法訓練，所以，第 16、18 行要將特徵向量轉為實數。

```
1   # LDA 函數實作
2   def LDA_numpy(X, X_test, y, label_count, no):
3       S_W, S_B = calculate_SW_SB(X, y, label_count)
4       # 計算特徵值(eigenvalue)及對應的特徵向量(eigenvector)
5       eigen_val, eigen_vecs = np.linalg.eig(np.linalg.inv(S_W).dot(S_B))
6       # 合併特徵向量及特徵值
7       eigen_pairs = [(np.abs(eigen_val[i]), eigen_vecs[:,i]) for i in
8                       range(len(eigen_vecs))]
9       print('Eigenvalues in descending order:\n')
10      for eigen_val in eigen_pairs:
11          print(eigen_val[0])
12
13      # 針對特徵值降冪排序
14      eigen_pairs.sort(key=lambda x: x[0], reverse=True)
15
16      w = eigen_pairs[0][1][:, np.newaxis].real
17      for i in range(1, no):
18          w = np.hstack((w, eigen_pairs[i][1][:, np.newaxis].real))
19
20      # 轉換：矩陣相乘 (n, m) x (m, 2) = (n, 2)
21      return X.dot(w), X_test.dot(w)
22
23  X_train_pca, X_test_pca = LDA_numpy(X_train_std, X_test_std, y_train,
24                              len(ds.target_names), 2) # 取 2 個特徵
25  X_train_pca.shape, X_test_pca.shape
```

6.　依 10 大步驟測試模型準確度 (100%)，似乎比 PCA 來的好，不過，只測
　　試一次是不準的，可以利用後續的效能調校方法測試較公平。

◉ 範例 15. 使用 Scikit-learn 的 LDA 函數實作葡萄酒分類。

程式：04_15_LDA_sklearn.ipynb

1.　流程與上例相同，只是使用 Scikit-learn 的 LDA 類別，用法與一般演算
　　法類似，先訓練 (fit) 後轉換 (transform)，參數 n_components=2 表萃取 2
　　個主成分。

```
1   from sklearn.discriminant_analysis import LinearDiscriminantAnalysis as LDA
2
3   lda = LDA(n_components=2)
4   X_train_lda = lda.fit_transform(X_train_std, y_train)
5   X_test_lda = lda.transform(X_test_std)
6   X_train_lda.shape, X_test_lda.shape, lda.explained_variance_ratio_
```

- 輸出結果：[0.6754, 0.3245]，表可解釋的變異比例。
- 測試準確度與上例相同。

2. LDA 還有其他參數，可參閱 Scikit-learn LDA 說明 [13]。

- solver：LDA 求解的演算法，預設是奇異數分解 (svd)，還有最小平方法 (lsqr)、特徵轉換 (eigen)，有興趣的讀者可以準備較大的資料集測試看看，執行時間是否有差異。
- 另外也可以取得許多訓練結果，包括係數 (coef_)、截距 (intercept_)、共變異數 (covariance_)、平均數 (means_)…，可以與上例自行開發的 LDA 相互驗證。

4-3-3 核主成分分析 (Kernel Principal Component Analysis)

核主成分分析 (Kernel Principal Component Analysis，簡稱 Kernel PCA)，PCA 及 LDA 假設輸入的資料是可以『線性分離』的，Kernel PCA 則將『非線性分離』的資料，轉換並降維成可『線性分離』的新特徵空間。

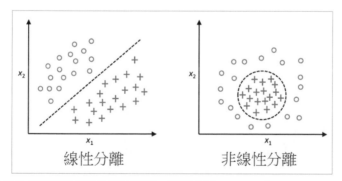

圖 4.5 線性分離與非線性分離示意圖，圖形來源：Python Machine Learning[9]

Kernel PCA 的作法是將特徵 (X) 乘以一個 Kernel 函數之後，再進行 PCA，Scikit-learn 提供多種 Kernel 函數，我們不討論各種 Kernel PCA 背後的原理，有興趣的讀者可以參考『Kernel tricks and nonlinear dimensionality reduction via RBF kernel PCA』[14]，以下直接使用 Scikit-learn 的 KernelPCA 類別。

範例 16. 驗證上圖右的資料是否能以 PCA 及 KernelPCA 有效分離。

程式：04_16_KernelPCA_circle_data.ipynb，程式修改自 Scikit-learn PCA vs. KernelPCA 說明網頁 [15]。

1. 載入相關套件。

```
1  import numpy as np
2  import pandas as pd
3  import matplotlib.pyplot as plt
```

2. 載入資料：使用 make_circles 函數，產生圓形的隨機資料。

```
1  from sklearn.datasets import make_circles
2  from sklearn.model_selection import train_test_split
3
4  X, y = make_circles(n_samples=1_000, factor=0.3, noise=0.05, random_state=0)
5
6  # 資料切割
7  X_train, X_test, y_train, y_test = train_test_split(X, y, stratify=y, random_state=0)
8
9  # 繪製訓練及測試資料
10 _, (train_ax, test_ax) = plt.subplots(ncols=2, sharex=True, sharey=True, figsize=(8, 4))
11 train_ax.scatter(X_train[:, 0], X_train[:, 1], c=y_train)
12 train_ax.set_ylabel("Feature #1")
13 train_ax.set_xlabel("Feature #0")
14 train_ax.set_title("Training data")
15
16 test_ax.scatter(X_test[:, 0], X_test[:, 1], c=y_test)
17 test_ax.set_xlabel("Feature #0")
18 _ = test_ax.set_title("Testing data")
```

● 輸出結果：兩個類別，各是一個半徑不同的圓周。

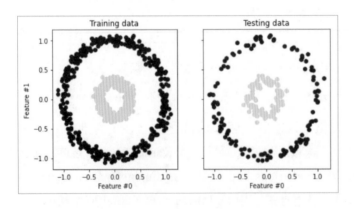

3. 使用 PCA 萃取特徵。

```
1  from sklearn.decomposition import PCA, KernelPCA
2
3  pca = PCA(n_components=2)
4  kernel_pca = KernelPCA(n_components=None, kernel="rbf", gamma=10,
5      fit_inverse_transform=True, alpha=0.1)
6
7  X_test_pca = pca.fit(X_train).transform(X_test)
```

4. 繪製測試資料及經 PCA 轉換後的新資料。

```
1  fig, (orig_data_ax, pca_proj_ax) = plt.subplots(
2      ncols=2, figsize=(10, 4)
3  )
4
5  orig_data_ax.scatter(X_test[:, 0], X_test[:, 1], c=y_test)
6  orig_data_ax.set_ylabel("Feature #1")
7  orig_data_ax.set_xlabel("Feature #0")
8  orig_data_ax.set_title("Testing data")
9
10 pca_proj_ax.scatter(X_test_pca[:, 0], X_test_pca[:, 1], c=y_test)
11 pca_proj_ax.set_ylabel("Principal component #1")
12 pca_proj_ax.set_xlabel("Principal component #0")
13 pca_proj_ax.set_title("Projection of testing data\n using PCA")
```

● 輸出結果：右圖經 PCA 轉換後，無法以線性分離兩個類別。

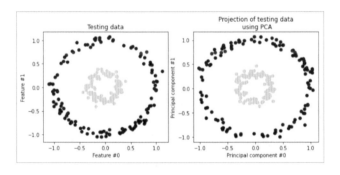

5. 使用 KernelPCA 萃取特徵。

```
1  from sklearn.decomposition import KernelPCA
2
3  kernel_pca = KernelPCA(n_components=None, kernel="rbf", gamma=10,
4                         fit_inverse_transform=True, alpha=0.1)
5
6  X_test_kernel_pca = kernel_pca.fit(X_train).transform(X_test)
```

6. 繪製測試資料及經 Kernel PCA 轉換後的新資料。

```
1  fig, (orig_data_ax, kernel_pca_proj_ax) = plt.subplots(
2      ncols=2, figsize=(10, 4)
3  )
4
5  orig_data_ax.scatter(X_test[:, 0], X_test[:, 1], c=y_test)
6  orig_data_ax.set_ylabel("Feature #1")
7  orig_data_ax.set_xlabel("Feature #0")
8  orig_data_ax.set_title("Testing data")
9
10 kernel_pca_proj_ax.scatter(X_test_kernel_pca[:, 0], X_test_kernel_pca[:, 1], c=y_test)
11 kernel_pca_proj_ax.set_ylabel("Principal component #1")
12 kernel_pca_proj_ax.set_xlabel("Principal component #0")
13 _ = kernel_pca_proj_ax.set_title("Projection of testing data\n using KernelPCA")
```

● 輸出結果：右圖經 Kernel PCA 轉換後，很容易以線性分離兩個類別。

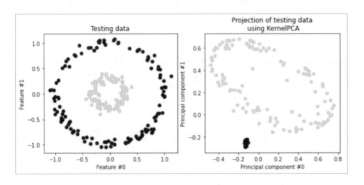

7. 再以上／下弦月隨機資料測試，結果也是如此，詳細可參閱程式碼。

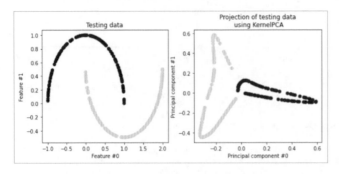

Kernel PCA 的重要參數如下：

1. kernel(核)：提供 linear(線性)、poly(多項式)、rbf(半徑為基礎)、sigmoid(羅吉斯迴歸)、cosine(餘弦)、預先計算的 (precomputed)，預設為 linear，等同於 PCA，預先計算的 (precomputed) 是指我們可以自訂核函數。

2. gamma：kernel 係數，適用於 poly、rbf、sigmoid 3 種 kernel，如果未設定或為 None，gamma = 1 / 特徵個數，一般而言，Gamma 越小只會作大致的分離，模型較簡化，較不精準，反之較大的 Gamma 值，會考慮較相近的點如何分離，模型較複雜，容易過度擬合 (Overfitting)，詳細說明可參閱『SVM Gamma Parameter』[16]，影片說明的是支援向量機 (SVM) 的 Gamma 參數，但與 KernelPCA 意義類似。

3. degree：多項式 (poly) 的次方，預設值為 3。

4. 其他參數及屬性請參考 Kernel PCA 說明網頁 [17]。

>> **範例 17.** 使用 PCA 及 KernelPCA 進行影像去躁 (Image denoising)，將圖片內的雜訊去除。

程式：04_17_KernelPCA_image_denoising.ipynb，程式修改自 Scikit-learn Image denoising using kernel PCA [18]。

1. 載入相關套件。

```
1  import numpy as np
2  from sklearn.datasets import fetch_openml
3  from sklearn.preprocessing import MinMaxScaler
4  from sklearn.model_selection import train_test_split
```

2. 載入手寫阿拉伯數字資料，並進行特徵縮放。

```
1  X, y = fetch_openml(data_id=41082, as_frame=False, return_X_y=True, parser="pandas")
2  X = MinMaxScaler().fit_transform(X)
3  X.shape
```

- 輸出結果：(9298, 256)，9298 筆資料，256 個特徵。

3. 資料分割，並刻意將原始影像加入雜訊。

```
1  # 資料分割
2  X_train, X_test, y_train, y_test = train_test_split(
3      X, y, stratify=y, random_state=0, train_size=1_000, test_size=100
4  )
5
6  # 加躁
7  rng = np.random.RandomState(0)
8  noise = rng.normal(scale=0.25, size=X_test.shape)
9  X_test_noisy = X_test + noise
10
11 noise = rng.normal(scale=0.25, size=X_train.shape)
12 X_train_noisy = X_train + noise
```

4. 繪製原圖及加入雜訊的影像。

```
1  import matplotlib.pyplot as plt
2
3  plt.rcParams['font.sans-serif'] = ['Arial Unicode MS']
4  plt.rcParams['axes.unicode_minus'] = False
5
6  # 繪圖函數
7  def plot_digits(X, title):
8      """Small helper function to plot 100 digits."""
9      fig, axs = plt.subplots(nrows=10, ncols=10, figsize=(8, 8))
10     for img, ax in zip(X, axs.ravel()):
11         ax.imshow(img.reshape((16, 16)), cmap="Greys")
12         ax.axis("off")
13     fig.suptitle(title, fontsize=24)
14
15 # 繪製原圖
16 plot_digits(X_test, "原圖")
17 plot_digits(
18     X_test_noisy, f"加躁\nMSE: {np.mean((X_test - X_test_noisy) ** 2):.2f}"
19 )
```

● 輸出結果：

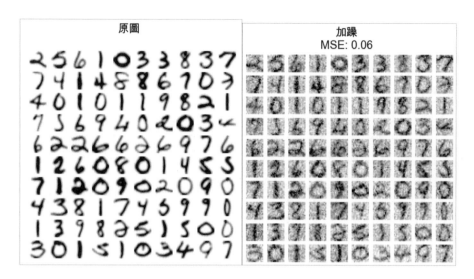

5. 對加入雜訊的影像，分別使用 PCA 及 Kernel PCA 轉換。

```
1  from sklearn.decomposition import PCA, KernelPCA
2
3  pca = PCA(n_components=32)
4  kernel_pca = KernelPCA(
5      n_components=400, kernel="rbf", gamma=1e-3, fit_inverse_transform=True, alpha=5e-3
6  )
7
8  pca.fit(X_train_noisy)
9  _ = kernel_pca.fit(X_train_noisy)
```

6. 使用 inverse_transform 重建影像。

```
1  X_reconstructed_kernel_pca = kernel_pca.inverse_transform(
2      kernel_pca.transform(X_test_noisy)
3  )
4  X_reconstructed_pca = pca.inverse_transform(pca.transform(X_test_noisy))
```

7. PCA 重建影像繪圖。

```
1  plot_digits(
2      X_reconstructed_pca,
3      f"PCA reconstruction\nMSE: {np.mean((X_test - X_reconstructed_pca) ** 2):.2f}",
4  )
```

● 輸出結果：

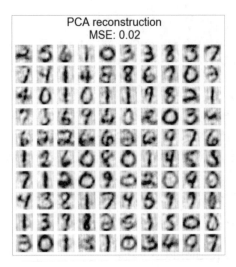

8. Kernel PCA 重建影像繪圖。

```
1  plot_digits(
2      X_reconstructed_pca,
3      f"PCA reconstruction\nMSE: {np.mean((X_test - X_reconstructed_pca) ** 2):.2f}",
4  )
```

● 輸出結果：

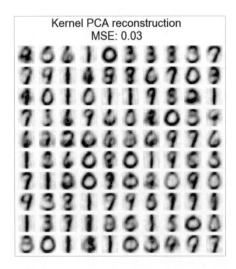

9. 結論：PCA 雖然比 Kernel PCA 的 MSE 小，但 Kernel PCA 去躁效果比較好，這是一個很好的應用，機器學習演算法不是只能預測。其它去躁演算法還有 AutoEncoder、GAN，均屬深度學習，模型訓練時間須執行較長的時間，有興趣的讀者可比較一下。

4-3-4 t-SNE(t-distributed Stochastic Neighbor Embedding)

t-SNE 也是一種非線性分離的演算法，特點是在降維後，仍然盡可能維持原來維度的結構，故常被用於視覺化，以手寫阿拉伯數字資料集為例，經過 PCA 與 t-SNE 降維後，視覺化的結果如下，左圖為 PCA 降維後，所有數字混成一團，但 t-SNE 降維後，仍能有效分群。

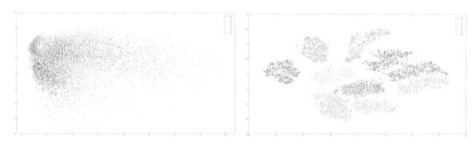

圖 4.6 PCA 與 t-SNE 降維後的視覺化，圖形來源：淺談降維方法中的 PCA 與 t-SNE [19]

t-SNE 的原理是針對任意兩個點的相似度定義一個機率分配，相似度可用歐幾里得距離或是兩個向量的夾角 (Cosine similarity)…等來衡量，愈相似的機率就愈高，此機率分配通常假設是常態分配。降維後的相似度衡量也是一樣，但採用 t 分配，因為 t 分配尾巴比較厚，可關注較遠距離的點，因此，目標函數就是最小化降維前與降維後的機率分配差異，要檢定兩個機率分配差異，一般會使用 KL 散度 (Kullback-Leibler divergence)，整個問題就可以使用梯度下降法求解。

相關的數學定義可參閱『t-SNE 完整筆記』[20]，簡單摘要如下：

1. 常態分配：

$$N(x) = \frac{e^{-\frac{1}{2}(\frac{x-\mu}{\sigma})^2}}{\sigma\sqrt{2\pi}}$$

2. 依上述公式，原特徵的兩點 $(x_i \cdot x_j)$ 相似機率：

$$p_{j|i} = \frac{\exp(- \| x_i - x_j \|^2 / (2\sigma_i^2))}{\sum_{k \neq i} \exp(- \| x_i - x_k \|^2 / (2\sigma_i^2))}$$

3. 降維後特徵的兩點 $(y_i \cdot y_j)$ 相似機率，機率使用 t 分配：

$$q_{ij} = \frac{(1+ \| y_i - y_j \|^2)^{-1}}{\sum_{k \neq l}(1+ \| y_i - y_j \|^2)^{-1}}$$

4. KL 散度：

$$C = \sum_i KL(P_i \| Q_i) = \sum_i \sum_j p_{j|i} \log \frac{p_{j|i}}{q_{j|i}}$$

5. 經數學推導得知 t-SNE 梯度：

$$\frac{\delta C}{\delta y_i} = 4 \sum_j (p_{ij} - q_{ij})(y_i - y_j)(1+ \| y_i - y_j \|^2)^{-1}$$

6. 以梯度下降法求解，不斷更新降維後特徵，更新公式如下：

$$Y^t = Y^{t-1} + \eta \frac{dC}{dY} + \alpha(t)(Y^{t-1} - Y^{t-2})$$

梯度下降法是一種利用正向傳導與反向傳導交互執行的方式，逐步逼近最佳解，因此，它求的是近似解，適用於複雜的模型，例如神經網路，有興趣的讀者可參閱『深度學習：最佳入門邁向 AI 專題實戰』[21] 一書，有非常詳盡的說明。

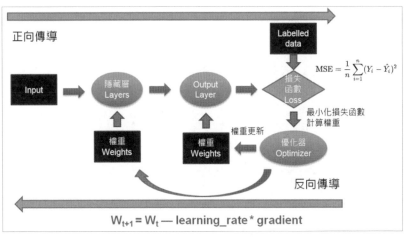

圖 4.7 梯度下降法 (Stochastic gradient descent,SGD)

» **範例 18.** t-SNE 測試。

程式：04_18_tsne.ipynb

1. 載入相關套件。

```
1  import numpy as np
2  from sklearn.manifold import TSNE
3  from sklearn.decomposition import PCA
4  import matplotlib.pyplot as plt
```

2. 生成 3 個集群資料，各 50 筆。

```
1   np.random.seed(10)
2   num_points_per_class = 50
3
4   # Class 1
5   mean1 = [0, 0]
6   cov = [[0.1, 0], [0, 0.1]]
7   X1 = np.random.multivariate_normal(mean1, cov, num_points_per_class)
8
9   # Class 2
10  mean2 = [10, 0]
11  X2 = np.random.multivariate_normal(mean2, cov, num_points_per_class)
12
13  # Class 3
14  mean3 = [5, 6]
15  X3 = np.random.multivariate_normal(mean3, cov, num_points_per_class)
16
17  X = np.concatenate([X1, X2, X3], axis=0)
18  X.shape
```

● 輸出結果：(150, 2)，共 150 筆，2 個特徵。

3. 特徵縮放。

```
1  from sklearn.preprocessing import MinMaxScaler
2
3  scaler = MinMaxScaler()
4  X = scaler.fit_transform(X)
```

4. 繪圖。

```
1  colors = ['red', 'green', 'blue']
2  for i in range(3):
3      plt.scatter(X[i*50:(i+1)*50, 0], X[i*50:(i+1)*50, 1], c=colors[i])
```

● 輸出結果：3 個集群資料分離的很清楚。

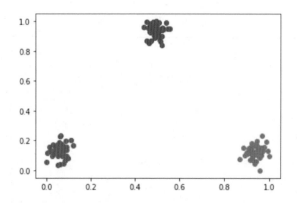

5. 使用 t-SNE 降維至 1 個特徵。

```
1  perplexity = 25
2  X_embedded = TSNE(n_components=1, perplexity=perplexity, learning_rate='auto',
3                  init='random').fit_transform(X)
4  for i in range(3):
5      plt.scatter(X_embedded[i*50:(i+1)*50], np.zeros(50), c=colors[i])
```

● 輸出結果：降維後 3 個集群資料分離的很清楚。

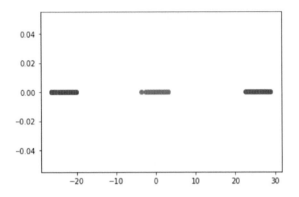

6. 使用 PCA 降維至 1 個特徵。

```
1  X_pca = PCA(n_components=1).fit_transform(X)
2  for i in range(3):
3      plt.scatter(X_pca[i*50:(i+1)*50], np.zeros(50), c=colors[i])
```

● 輸出結果：降維後 3 個集群資料已混在一起。

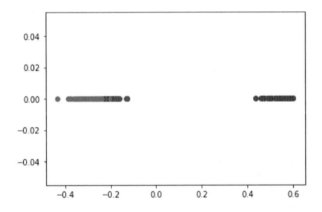

7. 困惑度 (perplexity) 測試：困惑度是指最近鄰個數，小困惑度表示相似點的合併範圍愈小，大困惑度表示相似點的範圍愈大，降維後會合併的範圍愈大。注意，困惑度不可大於資料筆數。

```
1  perplexity = 2
2  X_embedded = TSNE(n_components=1, perplexity=perplexity, learning_rate='auto',
3                    init='random').fit_transform(X)
4  for i in range(3):
5      plt.scatter(X_embedded[i*50:(i+1)*50], np.zeros(50), c=colors[i])
```

● 輸出結果：困惑度 =2，降維後 3 個集群資料已混在一起。

8. 困惑度 =130。

```
1  perplexity = 130
2  X_embedded = TSNE(n_components=1, perplexity=perplexity, learning_rate='auto',
3                    init='random').fit_transform(X)
4  for i in range(3):
5      plt.scatter(X_embedded[i*50:(i+1)*50], np.zeros(50), c=colors[i])
```

● 輸出結果：降維後 3 個集群資料已合併在一起。

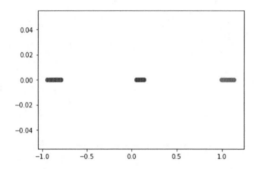

9. 測試非線性分離：程式修改自 Scikit-learn TSNE 範例 [22]，生成 S 曲線資料。

```
1  from matplotlib import ticker
2  from sklearn import manifold, datasets
3
4  n_samples = 1500
5  S_points, S_color = datasets.make_s_curve(n_samples, random_state=0)
6  S_points.shape, S_color.shape
```

● 第 5 行：以 make_s_curve 生成 S 曲線資料 1500 筆，3 個特徵。

10. 定義繪圖函數：繪製 2D、3D 圖形。

```
1  def plot_2d(points, points_color, title):
2      fig, ax = plt.subplots(figsize=(3, 3), facecolor="white", constrained_layout=True)
3      fig.suptitle(title, size=16)
4      add_2d_scatter(ax, points, points_color)
5      plt.show()
6
7  def add_2d_scatter(ax, points, points_color, title=None):
8      x, y = points.T
9      ax.scatter(x, y, c=points_color, s=50, alpha=0.8)
10     ax.set_title(title)
11     ax.xaxis.set_major_formatter(ticker.NullFormatter())
12     ax.yaxis.set_major_formatter(ticker.NullFormatter())
13
14  def plot_3d(points, points_color, title):
```

```
15      x, y, z = points.T
16
17      fig, ax = plt.subplots(
18          figsize=(6, 6),
19          facecolor="white",
20          tight_layout=True,
21          subplot_kw={"projection": "3d"},
22      )
23      fig.suptitle(title, size=16)
24      col = ax.scatter(x, y, z, c=points_color, s=50, alpha=0.8)
25      ax.view_init(azim=-60, elev=9)
26      ax.xaxis.set_major_locator(ticker.MultipleLocator(1))
27      ax.yaxis.set_major_locator(ticker.MultipleLocator(1))
28      ax.zaxis.set_major_locator(ticker.MultipleLocator(1))
29
30      fig.colorbar(col, ax=ax, orientation="horizontal", shrink=0.6, aspect=60, pad=0.01)
31      plt.show()
```

11. 繪製原始資料。

```
1  plot_3d(S_points, S_color, "Original S-curve samples")
```

● 輸出結果：S 曲線，請參閱範例檔的彩色圖。

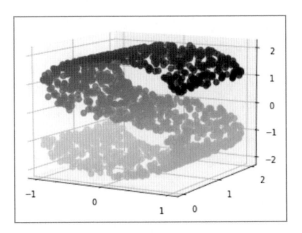

12. 繪製降維後資料：降維至 2 維。

```
1  t_sne = manifold.TSNE(
2      n_components=2,
3      perplexity=30,
4      init="random",
5      n_iter=250,
6      random_state=0,
7  )
8  S_t_sne = t_sne.fit_transform(S_points)
9
10 plot_2d(S_t_sne, S_color, "T-distributed Stochastic  \n Neighbor Embedding")
```

● 輸出結果：降維至 2 維，依然分離的很清楚，請參閱範例檔的彩色圖。

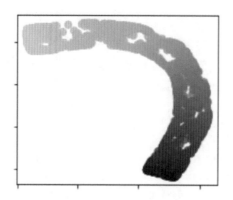

t-SNE 的重要參數如下：

1. n_components：特徵萃取的個數。

2. perplexity：困惑度是指最近鄰個數。

3. learning_rate：學習率是指梯度下降法的更新速度，一般介於 [10, 1000]，預設值為 auto，表依公式自動設定。

4. n_iter：梯度下降法的最大執行週期，超過設定即提早結束訓練。

5. metric：相似度的衡量指標，預設值為歐幾里得距離 (euclidean)。

重要屬性：

1. embedding_ ：降維後的特徵向量。

2. kl_divergence_ ：訓練後的 KL 散度。

3. n_iter_ ：實際執行週期數。

其他的參數及方法可參閱『TSNE』[23]。

一般而言，特徵萃取會比特徵選取準確率較高，但是，特徵萃取也有其缺點，因為它融合所有特徵產生新特徵，因此，模型預測時，仍須輸入所有特徵，不像特徵選取，只需部分特徵，後續的資料蒐集較簡便。

4-4 特徵生成 (Feature Generation)

有時候我們蒐集到的原始資料,並不是影響預測目標的關鍵因子,資料科學家就必須發揮創意,嘗試生成新特徵,例如,研究預測黃豆出油量,研究人員就蒐集了黃豆的長、寬、高及重量,建構模型後,發現準確率不高,之後,研究人員將長 x 寬 x 高生成『體積』,以體積及質量預測黃豆出油量,準確率就提升不少。

在深度學習領域中,特徵生成的作法屢見不鮮,包括影像、文字、語音都會轉成向量,再輸入至模型中訓練,之前,我們進行手寫阿拉伯數字辨識,都是使用像素作為輸入,但是,仔細想一想,人類辨識數字,會是一點一點辨識嗎?觀看線條或輪廓應是較合理的作法,例如下圖,我們從線條或輪廓可以看出圖中有一張人臉與小女孩。

圖 4.8 影像辨識,圖形來源:The Most Intuitive and Easiest Guide for Convolutional Neural Network [24]

Scikit-learn 支援一些文字轉換功能,我們會在此說明,至於影像、語音屬深度學習範圍,可參考『深度學習:最佳入門邁向 AI 專題實戰』[25] 一書說明。

如前所述,機器學習大部份都需要數值變數作為輸入,因此要對文章進行分類,需要先將文章轉為數值,一般而言會轉成數值向量,以下介紹詞袋(BOW)及 TF-IDF 兩種方式,其他詞嵌入 (Word embedding)、BERT 等技術,請參閱『深度學習:最佳入門邁向 AI 專題實戰』[20]。

4-4-1　詞袋 (Bag of words)

詞袋 (Bag of words, 以下簡稱 BOW) 假設在文章中較常出現的單字，通常是較重要的資訊，因此，BOW 會統計一篇文章中每個單字出現的次數，可依此統計結果進行文章大意的猜測或問答的比對。

下圖說明 BOW 的作法，上方是一篇文章，經過統計，單字 document 出現 1 次，animal 出現 0 次，model 出現 2 次，因此，文章就被轉換為 [1, 0, 2, …]。

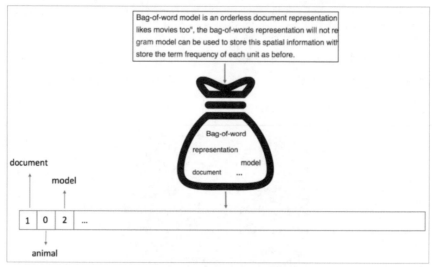

圖 4.9　詞袋 (Bag of words,BOW) 示意圖

» **範例 19.** 使用 BOW 猜測文章大意。

程式：04_19_BOW.ipynb

1. 　載入相關套件。

```
1  import numpy as np
2  from sklearn.feature_extraction.text import CountVectorizer
```

2. 　載入資料：文章來自『South Korea's Convenience Store Culture』[26]，我們事先將內文複製到檔案 news.txt。

```
1  with open('./data/news.txt','r+', encoding='UTF-8') as f:
2      text = f.read()
3  text
```

- 部份輸出結果：

```
'Last summer, I came across the Bodega Project: a series of articles from Electric Literature profiling convenience stores ac
ross New York City. This intimate and colourful portrayal of the city's inhabitants correctly recognises convenience stores a
s pillars of urban life. The project's premise immediately resonated with me because of my experience living in South Korea.
Convenience stores don't have as long of a tradition there as they do in New York (one reason is that Korean cities modernise
d much later than in the US). Nonetheless, they're an equally important part of life in the city. I also realised that the ab
sence of (good) convenience stores is why, upon my return, Europe's cities suddenly seemed so dull by comparison.\nIn Europe,
we don't really do convenience stores — or at least, we don't do them right. Even in large cities, once the stores and superm
arkets close — which is typically absurdly early in many European countries — gas stations are often the only option for thos
e looking to do some late-night shopping. Poorly stocked, gratuitously overpriced, and hard to find within the metropolitan a
```

3. 使用 CountVectorizer 類別進行 BOW 轉換。

```
1  # BOW 轉換
2  vectorizer = CountVectorizer()
3  X = vectorizer.fit_transform([text])
4  # 生字表
5  vectorizer.get_feature_names_out()
```

- 轉換後，得到 X，即為每個單字出現的次數，以向量表示。

- 轉換後，可使用 get_feature_names_out 取得生字表，部份輸出結果如下：

```
['000', '100', '11', '19', '23', '24', '35', '49', '80', '90',
 'abbreviation', 'about', 'above', 'absence', 'absurdly',
 'abundance', 'access', 'across', 'activities', 'activity', 'add',
 'agreeable', 'air', 'aires', 'alcohol', 'alive', 'all', 'alleyway',
 'allowed', 'almost', 'alone', 'also', 'am', 'among', 'an', 'and',
 'another', 'apartment', 'apartments', 'applies', 'apt', 'arcane',
 'are', 'area', 'articles', 'as', 'at', 'atmosphere', 'author',
 'available', 'avenue', 'average', 'away', 'ball', 'barbecue',
 'basement', 'bathroom', 'be', 'because', 'become', 'been', 'beer',
 'before', 'begin', 'behind', 'belong', 'berlin', 'bibimbap',
 'bizarre', 'bodega', 'bodegas', 'bootleg', 'bound', 'brand',
 'brands', 'breaks', 'brimming', 'buenos', 'building', 'buildings',
 'busier', 'but', 'buying', 'by', 'called', 'came', 'can', 'canned',
 'cater', 'cc', 'central', 'centres', 'chain', 'chains', 'chairs',
 'change', 'character', 'cheap', 'cheon', 'chicken', 'cities',
 'city', 'cleaners', 'climate', 'climbing', 'clock', 'close',
```

4. 轉換為向量，取得每個單字的出現次數。

```
1  X.toarray()
```

● 部份輸出結果：

```
[[ 2,   1,   3,   1,   1,   1,   1,   1,   1,   1,   1,   1,   2,   1,   1,   1,
   1,   3,   1,   1,   1,   1,   1,   1,   1,   1,   1,   1,   3,   1,   4,
   2,   1,   7,  28,   2,   1,   2,   1,   1,  16,   1,   1,  13,   9,   1,
   1,   2,   1,   4,   1,   1,   1,   1,   2,   3,   1,   3,   1,   1,   1,
   1,   1,   3,   1,   1,   2,   1,   1,   1,   1,   1,   1,   1,   2,   1,
   1,   1,   1,  10,   1,   1,   7,   1,   1,   1,   2,   1,   2,   2,   1,   1,
   1,   1,   1,   1,   6,   7,   1,   1,   1,   1,   1,   1,   1,   1,   1,   2,
   1,   3,   1,   1,   2,   2,   1,   1,   1,   1,   1,   1,   1,   1,  14,   1,
   1,   1,   1,   1,   1,   1,   1,   1,   1,   1,   2,   1,   1,   2,   1,
   1,   1,   1,   1,   1,   1,   5,   1,   1,   7,   1,   1,   1,   2,   1,   1,
   2,   1,   2,   1,   1,   1,   1,   1,   1,   1,   1,   1,   1,   1,   1,   3,
```

5. 找出較常出現的前 20 名單字。

```
1  import collections
2
3  MAX_FEATURES = 20
4  word_freqs = collections.Counter()
5  for word, freq in zip(vectorizer.get_feature_names_out(), X.toarray()[0]):
6      word_freqs[word] = freq
7
8  print(f'前{MAX_FEATURES}名單字:{word_freqs.most_common(MAX_FEATURES)}')
```

● 輸出結果：結果前幾名幾乎都是介係詞或 be 動詞，無助於瞭解大意。

```
前20個單字:[('the', 61), ('of', 40), ('to', 38), ('in', 32), ('and', 28), ('is', 19), ('or', 17), ('are', 16), ('stores', 15),
('they', 15), ('this', 15), ('convenience', 14), ('as', 13), ('for', 13), ('by', 10), ('it', 10), ('some', 10), ('at', 9), ('th
at', 9), ('with', 9)]
```

● collections 非常好用，可幫我們由字典 (dict) 變數中找出前幾名。

6. 去除停用詞 (Stop words)：停用詞是指無助於瞭解大意的單字，例如介係詞、be 動詞及代名詞…等，Scikit-learn 有支援內建的停用詞，只要加參數 stop_words='english'，也可以使用其他的套件處理，例如知名的NLTK。

```
1  MAX_FEATURES = 20
2
3  # 轉換為 BOW
4  vectorizer = CountVectorizer(stop_words='english')
5  X = vectorizer.fit_transform([text])
6
7  # 找出較常出現的單字
8  word_freqs = collections.Counter()
```

```
 9   for word, freq in zip(vectorizer.get_feature_names_out(), X.toarray()[0]):
10       word_freqs[word] = freq
11
12   print(f'前{MAX_FEATURES}名單字:{word_freqs.most_common(MAX_FEATURES)}')
```

- 輸出結果：已經去除介係詞或 be 動詞，可以看前 3 名單字，應該是『首爾便利商店』(seoul convenience stores)，與文章標題『South Korea's Convenience Store Culture』很相近了。

```
前20個單字:[('stores', 15), ('convenience', 14), ('seoul', 8), ('city', 7), ('don', 7), ('cities', 6), ('korea', 6), ('korean',
6), ('just', 5), ('night', 5), ('people', 5), ('average', 4), ('food', 4), ('like', 4), ('new', 4), ('outside', 4), ('store',
4), ('summer', 4), ('11', 3), ('berlin', 3)]
```

7. 詞形還原 (Lemmatization)：從上圖看，korean、korea 都是韓國，我們可以將 korean 還原為原形，stores 也可以還原為單數，這動作稱為詞形還原，NLTK 有支援，為避免過於複雜，我們直接使用 replace 替換。

```
 1   text = text.lower().replace('korean', 'korea').replace('stores', 'store')
 2
 3   MAX_FEATURES = 20
 4
 5   # 轉換為 BOW
 6   vectorizer = CountVectorizer(stop_words='english')
 7   X = vectorizer.fit_transform([text])
 8
 9   # 找出較常出現的單字
10   word_freqs = collections.Counter()
11   for word, freq in zip(vectorizer.get_feature_names_out(), X.toarray()[0]):
12       word_freqs[word] = freq
13
14   print(f'前{MAX_FEATURES}名單字:{word_freqs.most_common(MAX_FEATURES)}')
```

- 輸出結果：前 3 名單字為『韓國便利商店』(korea convenience stores)，與文章標題『South Korea's Convenience Store Culture』更相近了，但缺乏『文化』(Culture)。

```
前20個單字:[('store', 19), ('convenience', 14), ('korea', 12), ('seoul', 8), ('city', 7), ('don', 7), ('cities', 6), ('just',
5), ('night', 5), ('people', 5), ('average', 4), ('food', 4), ('like', 4), ('new', 4), ('outside', 4), ('summer', 4), ('11',
3), ('berlin', 3), ('comes', 3), ('especially', 3)]
```

很神奇吧，讀者也許會想使用中文的文章試試看，中文單字比較不具意義，應該以詞 (複合字) 為單位，例如『大學』、『醫生』，Jieba 套件支援這種分詞 (Tokenize)，可參閱 Jieba GitHub[27]，預設是簡體詞典，可至 Jieba 斷詞台灣繁體 GitHub[28] 安裝或替換詞典檔 (dict.txt)，這部份就留給讀者自行研究了，也可以參閱『深度學習：最佳入門邁向 AI 專題實戰』[20]。事實上，英文可以考慮使用片語 (n-gram) 統計，也可得到類似的結果。

» **範例 20.** 使用 BOW 進行問答比對。

程式：04_20_BOW_QA.ipynb

1. 載入相關套件。

```
1  import numpy as np
2  import pandas as pd
3  from sklearn.feature_extraction.text import CountVectorizer
```

2. 設定測試資料：最後一句是問題，其他是回答。

```
1  corpus = [
2      'This is the first document.',
3      'This document is the second document.',
4      'And this is the third one.',
5      'Is this the first document?',
6  ]
```

3. 使用 CountVectorizer 類別進行 BOW 轉換，將文字轉換為向量。

```
1  # BOW 轉換
2  vectorizer = CountVectorizer()
3  X = vectorizer.fit_transform(corpus)
4  # 生字表
5  vectorizer.get_feature_names_out()
```

- 生字表輸出結果： ['and', 'document', 'first', 'is', 'one', 'second', 'the', 'third', 'this']。

4. 使用表格呈現單字及對應出現的次數。

```
1  df = pd.DataFrame(X.toarray(),columns=vectorizer.get_feature_names_out())
2  df
```

- 輸出結果：4 列分別代表 4 個句子。

	and	document	first	is	one	second	the	third	this
0	0		1	1	1	0	0	1	0	1
1	0		2	0	1	0	1	1	0	1
2	1		0	0	1	1	0	1	1	1
3	0		1	1	1	0	0	1	0	1

5. 相似性比較：最後一句問題，與其他回答作比較，使用 cosine_similarity 函數，它是計算兩個向量的 cosine 夾角，愈接近 1，表愈相近。

```
1  from sklearn.metrics.pairwise import cosine_similarity
2
3  cosine_similarity(df.iloc[-1:].values, df.iloc[:-1].values)
```

● 輸出結果：第 1 句與最後一句問題最相似，故選第 1 句作為最後一句的回答，經觀察應屬正確。

4-4-2 TF-IDF

BOW 有一缺點，除了停用詞外，有些單字在多數文章中都常會出現，例如 very、able、use…等，如果使用 BOW 找出前幾名的單字，他們常名列其中，這樣，猜測文章大意或問答的比對，常會造成誤判，因此，學者提出 TF-IDF 演算法，將這些在多數文章中常出現的單字權重降低，以克服 BOW 缺點。

TF-IDF 的公式 = tf * idf

其中 tf 即 BOW，

$$\mathrm{idf}(t) = \log \frac{1+n}{1+\mathrm{df}(t)} + 1$$

其中 n 為文章總數，df(t) 為單字在幾篇文章中有出現，簡單的說就是在多數文章中常出現的單字，idf 值越小。

» **範例 21.** 我們介紹一個較實際的個案，以 TF-IDF 實作垃圾信分類，資料集來自『Kaggle SMS Spam Collection Dataset』[29]。

程式：04_21_spam_classification_with_tfidf.ipynb

1. 先執行以下指令，安裝 NLTK、WordCloud 套件。

   pip install nltk wordcloud

2. 載入相關套件。

```
1  from nltk.tokenize import word_tokenize
2  from nltk.corpus import stopwords
```

```
 3  from nltk.stem import PorterStemmer
 4  from nltk import WordNetLemmatizer
 5  import matplotlib.pyplot as plt
 6  from wordcloud import WordCloud
 7  from math import log, sqrt
 8  import pandas as pd
 9  import numpy as np
10  import re
```

3. 讀取資料集：檔案裡面有些拉丁字母，故以拉丁編碼讀入。

```
1  mails = pd.read_csv('./data/spam.csv', encoding = 'latin-1')
2  mails.head()
```

● 輸出結果：

	v1	v2	Unnamed: 2	Unnamed: 3	Unnamed: 4
0	ham	Go until jurong point, crazy.. Available only ...	NaN	NaN	NaN
1	ham	Ok lar... Joking wif u oni...	NaN	NaN	NaN
2	spam	Free entry in 2 a wkly comp to win FA Cup fina...	NaN	NaN	NaN
3	ham	U dun say so early hor... U c already then say...	NaN	NaN	NaN
4	ham	Nah I don't think he goes to usf, he lives aro...	NaN	NaN	NaN

4. 資料整理：只保留 v1、v2 兩欄，第一欄是 Y，第二欄是 X。

```
1  mails.drop(['Unnamed: 2', 'Unnamed: 3', 'Unnamed: 4'], axis = 1, inplace = True)
2  mails.head()
```

● 輸出結果：

	v1	v2
0	ham	Go until jurong point, crazy.. Available only ...
1	ham	Ok lar... Joking wif u oni...
2	spam	Free entry in 2 a wkly comp to win FA Cup fina...
3	ham	U dun say so early hor... U c already then say...
4	ham	Nah I don't think he goes to usf, he lives aro...

5. 欄位改名。

```
1  mails.rename(columns = {'v1': 'label', 'v2': 'message'}, inplace = True)
2  mails.head()
```

● 輸出結果：

	label	message
0	ham	Go until jurong point, crazy.. Available only ...
1	ham	Ok lar... Joking wif u oni...
2	spam	Free entry in 2 a wkly comp to win FA Cup fina...
3	ham	U dun say so early hor... U c already then say...
4	ham	Nah I don't think he goes to usf, he lives aro...

6. 第一欄轉為數值。

```
1  mails['label'] = mails['label'].map({'ham': 0, 'spam': 1})
2  mails.head()
```

● 輸出結果：

	label	message
0	0	Go until jurong point, crazy.. Available only ...
1	0	Ok lar... Joking wif u oni...
2	1	Free entry in 2 a wkly comp to win FA Cup fina...
3	0	U dun say so early hor... U c already then say...
4	0	Nah I don't think he goes to usf, he lives aro...

7. 前置處理：如 BOW，去除停用詞，並使用 NLTK WordNetLemmatizer
進行詞形還原。

```
1  # 設定停用詞
2  import string
3  stopword_list = set(stopwords.words('english')
4                      + list(string.punctuation))
5  # 詞形還原(Lemmatization)
6  lem = WordNetLemmatizer()
7
8  # 前置處理(Preprocessing)
9  def preprocess(text, is_lower_case=True):
10     if is_lower_case:
11         text = text.lower()
12     tokens = word_tokenize(text)
13     tokens = [token.strip() for token in tokens if len(token) > 1 and token != '...']
14     filtered_tokens = [token for token in tokens if token not in stopword_list]
```

```
15      filtered_tokens = [lem.lemmatize(token) for token in filtered_tokens]
16      filtered_text = ' '.join(filtered_tokens)
17      return filtered_text
18
19  mails['message'] = mails['message'].map(preprocess)
20  mails.head()
```

8. 使用文字雲 (Word Cloud)，凸顯垃圾信的常用單字。

```
1  # 凸顯垃圾信的常用單字
2  spam_words = ' '.join(list(mails[mails['label'] == 1]['message']))
3  spam_wc = WordCloud(width = 512,height = 512).generate(spam_words)
4  plt.figure(figsize = (10, 8), facecolor = 'k')
5  plt.imshow(spam_wc)
6  plt.axis('off')
7  plt.tight_layout(pad = 0)
8  plt.show()
```

● 輸出結果：字體愈大，表該字在文章中出現的次數愈多，故 Free、
  Call、Text 是垃圾信常出現的單字。

9. 將變數轉為 NumPy 陣列，並設定格式為字串。

```
1  mails_message, labels = mails['message'].values, mails['label'].values
2  mails_message = mails_message.astype(str)
```

10. 用 SciKit-learn TF-IDF 功能：TfidfVectorizer 與 CountVectorizer 用法極
    相似，都是將文字轉換為向量。

```
1  from sklearn.feature_extraction.text import TfidfVectorizer
2
3  tfidf_vectorizer = TfidfVectorizer()
4  tfidf_matrix = tfidf_vectorizer.fit_transform(mails_message)
5  print(tfidf_matrix.shape)
```

- 輸出結果：(5572, 8114)，共 5572 句，8114 個單字。

11. 資料分割。

```
1  from sklearn.model_selection import train_test_split
2
3  X_train, X_test, y_train, y_test = train_test_split(tfidf_matrix.toarray()
4                                              , labels, test_size=0.2)
```

12. 模型訓練。

```
1  from sklearn.linear_model import LogisticRegression
2
3  clf = LogisticRegression()
4  clf.fit(X_train, y_train)
```

13. 模型評分。

```
1  from sklearn.metrics import accuracy_score
2  y_pred = clf.predict(X_test)
3  accuracy_score(y_pred, y_test)
```

- 輸出結果：準確率達 96.68%，相當高。

14. 測試：任意找幾筆資料測試。

```
1  message_processed_list = (
2      'I cant pick the phone right now. Pls send a message',
3      'Congratulations ur awarded $500',
4      'Thanks for your subscription to Ringtone UK your mobile will be charged',
5      "Oops, I'll let you know when my roommate's done",
6      "FreeMsg Hey there darling it's been 3 week's now and no word back! I'd like some fun you up for it still? Tb ok! XxX
7      'Free entry in 2 a wkly comp to win FA Cup final tkts 21st May 2005. Text FA to 87121 to receive entry question(std tx
8  )
9  X_new = tfidf_vectorizer.transform(message_processed_list)
10 clf.predict(X_new.toarray())
```

- 輸出結果：六句結果為 [0, 1, 0, 0, 0, 1]，0 表正常信件，1 表垃圾信件。

4-5 本章小結

特徵工程主要是希望找到影響目標變數 (Y) 的關鍵因子,提升模型準確率,本章只是介紹一些基本的技巧,實務上,常需要具備行業別知識 (Domain knowhow) 或對資料有深刻體會後,才能知道如何進行特徵轉換,因此,實際專案進行,還是需要仔細進行資料探索、特徵工程,與資料培養感情。

4-6 延伸練習

1. 使用乳癌診斷資料集,進行特徵選取及特徵萃取,比較模型準確率。

2. 使用 Kaggle Sentiment Analysis on Movie Reviews 資料集 [30],以 TF-IDF 進行情緒分析 (Sentiment analysis),可參考 04_20_spam_classification_with_tfidf.ipynb。

3. 使用 Jieba 套件進行中文分詞,再利用 TF-IDF 識別中文垃圾信,可將 data/spam.csv 以 Google API 翻譯為中文,可利用 googletrans 套件進行翻譯。

參考資料 (References)

[1] MinMaxScaler 說 明 (https://scikit-learn.org/stable/modules/generated/sklearn.preprocessing.MinMaxScaler.html#sklearn.preprocessing.MinMaxScaler)

[2] StandardScaler 說 明 (https://scikit-learn.org/stable/modules/generated/sklearn.preprocessing.StandardScaler.html#sklearn.preprocessing.StandardScaler)

[3] MaxAbsScaler 說 明 (https://scikit-learn.org/stable/modules/generated/sklearn.preprocessing.MaxAbsScaler.html#sklearn.preprocessing.MaxAbsScaler)

[4] RobustScaler 說 明 (https://scikit-learn.org/stable/modules/generated/sklearn.preprocessing.RobustScaler.html#sklearn.preprocessing.RobustScaler)

[5] Scikit-learn Feature selection 說 明 (https://scikit-learn.org/stable/modules/feature_selection.html)

[6]   Paritosh Pantola, Curse of dimensionality (https://medium.com/@paritosh_30025/curse-of-dimensionality-f4edb3efa6ec)

[7]   StockExchange fpr, fdr and fwe for feature selection (https://stats.stackexchange.com/questions/328358/fpr-fdr-and-fwe-for-feature-selection)

[8]   Casey Cheng , Principal Component Analysis (PCA) Explained Visually with Zero Math (https://towardsdatascience.com/principal-component-analysis-pca-explained-visually-with-zero-math-1cbf392b9e7d)

[9]   Sebastian Raschka , Vahid Mirjalili, Python Machine Learning (https://www.packtpub.com/product/python-machine-learning-third-edition/9781789955750)

[10]   Sebastian Raschka, Implementing a Principal Component Analysis (PCA) (https://sebastianraschka.com/Articles/2014_pca_step_by_step.html)

[11]   Meng Lee, 世上最生動的 PCA (https://leemeng.tw/essence-of-principal-component-analysis.html)

[12]   維基百科 LDA 說明 (https://en.wikipedia.org/wiki/Linear_discriminant_analysis)

[13]   Scikit-learn LDA 說明 (https://scikit-learn.org/stable/modules/generated/sklearn.discriminant_analysis.LinearDiscriminantAnalysis.html)

[14]   Kernel tricks and nonlinear dimensionality reduction via RBF kernel PCA (https://sebastianraschka.com/Articles/2014_kernel_pca.html)

[15]   Scikit-learn PCA vs. KernelPCA 說明 (https://scikit-learn.org/stable/auto_examples/decomposition/plot_kernel_pca.html#sphx-glr-auto-examples-decomposition-plot-kernel-pca-py)

[16]   SVM Gamma Parameter (https://www.youtube.com/watch?v=m2a2K4lprQw)

[17]   Scikit-learn Kernel PCA 說明網頁 (https://scikit-learn.org/stable/modules/generated/sklearn.decomposition.KernelPCA.html)

[18]   Image denoising using kernel PCA (https://scikit-learn.org/stable/auto_examples/applications/plot_digits_denoising.html#sphx-glr-auto-examples-applications-plot-digits-denoising-py)

[19]   愷開 , 淺談降維方法中的 PCA 與 t-SNE (https://medium.com/d-d-mag/ 淺談兩種降維方法 -pca- 與 -t-sne-d4254916925b)

[20]   Chrispher, t-SNE 完整筆記 (http://www.datakit.cn/blog/2017/02/05/t_sne_full.html)

[21]   深度學習：最佳入門邁向 AI 專題實戰 (https://www.tenlong.com.tw/products/9789860776263?list_name=b-r7-zh_tw)

[22] Scikit-learn TSNE 範 例 (https://scikit-learn.org/stable/auto_examples/manifold/plot_compare_methods.html#sphx-glr-auto-examples-manifold-plot-compare-methods-py)

[23] Scikit-learn TSNE (https://scikit-learn.org/stable/modules/generated/sklearn.manifold.TSNE.html)

[24] The Most Intuitive and Easiest Guide for Convolutional Neural Network (https://towardsdatascience.com/the-most-intuitive-and-easiest-guide-for-convolutional-neural-network-3607be47480)

[25] 深 度 學 習： 最 佳 入 門 邁 向 AI 專 題 實 戰 (https://www.tenlong.com.tw/products/9789860776263?list_name=b-r7-zh_tw)

[26] South Korea's Convenience Store Culture (https://medium.com/@sebastian_andrei/south-koreas-convenience-store-culture-187c33a649a6)

[27] Jieba GitHub (https://github.com/fxsjy/jieba)。

[28] Jieba 斷詞台灣繁體 GitHub (https://github.com/APCLab/jieba-tw)

[29] SMS Spam Collection Dataset (https://www.kaggle.com/datasets/uciml/sms-spam-collection-dataset)

[30] Kaggle Sentiment Analysis on Movie Reviews 資 料 集 (https://www.kaggle.com/competitions/sentiment-analysis-on-movie-reviews/overview)

第5章

迴歸
(Regression)

本章開始我們會依序來探討各類演算法，包括迴歸 (Regression)、分類 (Classification)、集群 (Clustering)，至於，降維 (Dimensionality reduction) 在上一章已經討論過了，強化學習屬深度學習的範疇，有興趣的讀者可參閱『深度學習：最佳入門邁向 AI 專題實戰』一書，另外，我們會在第 11 章補充『半監督式學習』(Semi-supervised learning)。

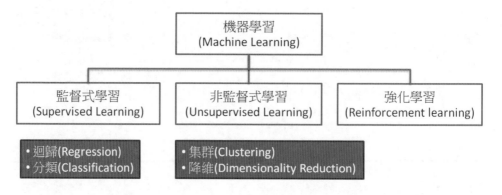

關於迴歸，我們會討論線性迴歸、非線性迴歸、Lasso 迴歸、Ridge 迴歸及時間序列 (Time series) 等演算法。

5-1 線性迴歸 (Linear regression)

迴歸 (Regression) 是預測連續型的目標變數 (Y)，線性迴歸是假設目標變數 (Y) 與特徵 (X) 是線性的關係，公式如下：

$y = wx + b$

其中

x：可以是 1 至多個特徵。

w：權重 (Weight)，或稱係數 (Coefficient)。

b：偏差 (Bias)，或稱截距 (Intercept)。

為方便繪圖說明，假設只有一個 x 特徵，即簡單線性迴歸，問題就是『已知 x、y，求解 w、b』，我們會希望預測值 () 與實際樣本點 (y) 差異越小越好，

兩者差距稱為誤差 (Error，簡寫為 ε) 或殘差 (Residual)，誤差總和越小越好，為避免正負誤差互相抵消，通常會採用誤差平方和 (Sum of square errors, SSE)，再考慮樣本數，會取平均值，即均方誤差 (Mean of square errors, 以下簡稱 MSE)，因此，求解的目標就是找到一組 (w、b) 使 MSE 最小化，可參閱下圖，所以，MSE 就是迴歸的目標函數 (Objective function)、損失函數 (Loss function) 或成本函數 (Cost function)。

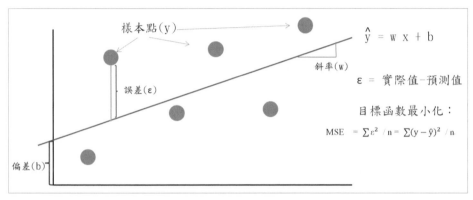

圖 5.1 簡單線性迴歸

一般會以『最小平方法』(Ordinary Least Square, OLS) 求解，推導過程如下：

1. MSE $= \sum \varepsilon^2 / n = \sum(y - \hat{y})^2 / n$

    其中 ε：誤差 (Error) 或殘差 (Residual)，即實際值 (y) 與預測值 ($\hat{y}$) 之差

    n：為樣本個數

2. MSE = SSE / n，求解時會忽略 n，因 n 是常數，無關大局，因此只考慮 SSE：

    其中 SSE $= \sum \varepsilon^2 = \sum(y - \hat{y})^2 = \sum(y - wx - b)^2$

3. SSE 分別對 w 及 b 作偏微分，並且令一階導數 =0，可以得到兩個聯立方程式，進而求得 w 及 b 的解。依據 OLS 理論，凸集合函數的一階導數 =0 會存在最小值。

4.　對 b 偏微分，又因

$f'(x) = g(x)g(x) = g'(x)g(x) + g(x)g'(x) = 2\,g(x)g'(x)$，所以

$$\frac{dSSE}{db} = -2\sum_{i=1}^{n}(y - wx - b) = 0$$

➡ 兩邊同除 -2

$$\sum_{i=1}^{n}(y - wx - b) = 0$$

➡ 分解

$$\sum_{i=1}^{n}y - \sum_{i=1}^{n}wx - \sum_{i=1}^{n}b = 0$$

➡ 除以 n，$\bar{x}$、$\bar{y}$ 為 x、y 的平均數

$$\bar{y} - w\bar{x} - b = 0$$

➡ 移項

$$b = \bar{y} - w\bar{x}$$

5.　對 w 偏微分：

$$\frac{dSSE}{dw} = -2\sum_{i=1}^{n}(y - wx - b)\,x = 0$$

➡ 兩邊同除 -2

$$\sum_{i=1}^{n}(y - wx - b)\,x = 0$$

➡ 分解

$$\sum_{i=1}^{n} yx - \sum_{i=1}^{n} wx - \sum_{i=1}^{n} bx = 0$$

➡ 代入 4 的計算結果 $b = \bar{y} - w\bar{x}$

$$\sum_{i=1}^{n} yx - \sum_{i=1}^{n} wx - \sum_{i=1}^{n} (\bar{y} - w\bar{x})x = 0$$

➡ 化簡

$$\sum_{i=1}^{n} (y - \bar{y})x - w \sum_{i=1}^{n} (x^2 - \bar{x}x) = 0$$

$$w = \sum_{i=1}^{n} (y - \bar{y})x \Big/ \sum_{i=1}^{n} (x^2 - \bar{x}x)$$

$$w = \sum_{i=1}^{n} (y - \bar{y})x \Big/ \sum_{i=1}^{n} (x - \bar{x})^2$$

最後得到的解：

$$w = \sum_{i=1}^{n} (y - \bar{y})x \Big/ \sum_{i=1}^{n} (x - \bar{x})^2$$

$$b = \bar{y} - w\bar{x}$$

❯❯ **範例 1.** 世界人口預測，以年度 (year) 為 x，人口數 (pop) 為 y，依上述公式計算 w、b。

程式：05_01_ linear_regression.ipynb

1.　應用上述公式計算 w、b。

```
1  # 使用 OLS 公式計算 w、b
2  # 載入套件
3  import matplotlib.pyplot as plt
4  import numpy as np
5  import math
6  import pandas as pd
7
8  # 載入資料集
9  df = pd.read_csv('./data/population.csv')
10
11 w = ((df['pop'] - df['pop'].mean()) * df['year']).sum() \
12     / ((df['year'] - df['year'].mean())**2).sum()
13 b = df['pop'].mean() - w * df['year'].mean()
14
15 print(f'w={w}, b={b}')
```

- 輸出結果：w=0.0611, b=-116.3563。

2.　使用 NumPy 函數 polyfit 驗算。

```
1  # 使用 NumPy 的現成函數 polyfit()
2  coef = np.polyfit(df['year'], df['pop'], deg=1)
3  print(f'w={coef[0]}, b={coef[1]}')
```

- 輸出結果：w=0.0611, b=-116.3563，答案相去不遠。

3.　使用 Scikit-Learn LinearRegression 類別驗算。

```
1  from sklearn.linear_model import LinearRegression
2
3  X, y = df[['year']].values, df['pop'].values
4
5  lr = LinearRegression()
6  lr.fit(X, y)
7  lr.coef_, lr.intercept_
```

- 輸出結果：w= 0.0611, b= -116.3563，答案也相近。

4.　使用公式預測 2050 年人口數。

```
1  print(2050 * coef[0]+coef[1])
```

- 輸出結果：9.0203，約 90 億人。

假如 x 特徵不只一個，亦即多元迴歸，可以使用矩陣求解，將 b 視為 w 的一環：

$$y = wx + b \rightarrow y = wx + b*1 \rightarrow y = [x\ 1]\begin{bmatrix} w \\ b \end{bmatrix} \rightarrow y = x_{new}w_{new}$$

x_{new} 如下：

$$\begin{bmatrix} x_1 & x_2 & x_n & 1 \\ .. & .. & .. & 1 \\ .. & .. & .. & 1 \\ .. & .. & .. & 1 \end{bmatrix}$$

一樣對 SSE 偏微分，一階導數 =0 有最小值，公式推導如下：

$$SSE = \sum \varepsilon^2 = (y - \hat{y})^2 = (y - wx)^2 = yy' - 2wxy + w'x'xw$$

➡ 移項、整理

$$(xx')\ w = xy$$

➡ 移項

$$w = (xx')^{-1}\ xy$$

5. 使用矩陣計算。

```
1  import numpy as np
2
3  X = df[['year']].values
4
5  # b = b * 1
6  one=np.ones((len(df), 1))
7
8  # 將 x 與 one 合併
9  X = np.concatenate((X, one), axis=1)
10
11  y = df[['pop']].values
12
13  # 求解
14  w = np.linalg.inv(X.T @ X) @ X.T @ y
15  print(f'w={w[0, 0]}, b={w[1, 0]}')
```

● 執行結果與上一段相同。

6. 再以 UCI 波士頓的房價資料集 [1] 為例，使用矩陣計算，相關欄位說明請參考 data/housing.names。

```
1  # 載入 Boston 房價資料集
2  with open('./data/housing.data', encoding='utf8') as f:
3      data = f.readlines()
4  all_fields = []
5  for line in data:
6      line2 = line[1:].replace('   ', ' ').replace('  ', ' ')
7      fields = []
8      for item in line2.split(' '):
9          fields.append(float(item.strip()))
10         if len(fields) == 14:
11             all_fields.append(fields)
12 df = pd.DataFrame(all_fields)
13 df.columns = 'CRIM,ZN,INDUS,CHAS,NOX,RM,AGE,DIS,RAD,TAX,PTRATIO,B,LSTAT,MEDV'.split(',')
14 df.head()
```

● 輸出結果：

	CRIM	ZN	INDUS	CHAS	NOX	RM	AGE	DIS	RAD	TAX	PTRATIO	B	LSTAT	MEDV
0	0.00632	18.0	2.31	0.0	0.538	6.575	65.2	4.0900	1.0	296.0	15.3	396.90	4.98	24.0
1	0.02731	0.0	7.07	0.0	0.469	6.421	78.9	4.9671	2.0	242.0	17.8	396.90	9.14	21.6
2	0.02729	0.0	7.07	0.0	0.469	7.185	61.1	4.9671	2.0	242.0	17.8	392.83	4.03	34.7
3	0.03237	0.0	2.18	0.0	0.458	6.998	45.8	6.0622	3.0	222.0	18.7	394.63	2.94	33.4
4	0.06905	0.0	2.18	0.0	0.458	7.147	54.2	6.0622	3.0	222.0	18.7	396.90	5.33	36.2

7. 使用矩陣計算。

```
1  X, y = df.drop('MEDV', axis=1).values, df.MEDV.values
2
3  # b = b * 1
4  one=np.ones((X.shape[0], 1))
5
6  # 將 x 與 one 合併
7  X2 = np.concatenate((X, one), axis=1)
8
9  # 求解
10 w = np.linalg.inv(X2.T @ X2) @ X2.T @ y
11 w
```

● 輸出結果：w, b=[-8.24018871e-02, 4.28019470e-02, 2.97062579e-02, 2.82753069e+00, -1.66956044e+01, 3.86229930e+00, 7.17230455e-04, -1.39629728e+00, 2.65322847e-01, -1.21579146e-02, -9.44501537e-01, 1.04233726e-02, -5.48474742e-01, 3.49821437e+01]

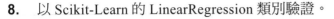

8. 以 Scikit-Learn 的 LinearRegression 類別驗證。

```
1  from sklearn.linear_model import LinearRegression
2
3  lr = LinearRegression()
4  lr.fit(X, y)
5
6  lr.coef_, lr.intercept_
```

● 輸出結果：與矩陣計算結果幾乎相同。

▶ **範例 2.** 以 UCI 波士頓的房價資料集為例，進行完整開發流程，該資料集主要是依據房屋相關屬性預測房價。

程式：05_02_ linear_regression_boston.ipynb

1. 載入相關套件。

```
1  from sklearn.preprocessing import StandardScaler
2  from sklearn.model_selection import train_test_split
3  from sklearn.metrics import r2_score, mean_squared_error, mean_absolute_error
4  import matplotlib.pyplot as plt
5  import numpy as np
6  import pandas as pd
```

2. 載入 Boston 房價資料集。

```
1  with open('./data/housing.data', encoding='utf8') as f:
2      data = f.readlines()
3  all_fields = []
4  for line in data:
5      line2 = line[1:].replace('    ', ' ').replace('   ', ' ')
6      fields = []
7      for item in line2.split(' '):
8          fields.append(float(item.strip()))
9          if len(fields) == 14:
10             all_fields.append(fields)
11 df = pd.DataFrame(all_fields)
12 df.columns = 'CRIM,ZN,INDUS,CHAS,NOX,RM,AGE,DIS,RAD,TAX,PTRATIO,B,LSTAT,MEDV'.split(',')
13 df.head()
```

3. 觀察資料集彙總資訊：包括筆數、欄位數、每一欄位的資料型態、是否有含遺失值 (Missing value) 等。

```
1  # 觀察資料集彙總資訊
2  df.info()
```

● 執行結果：

```
<class 'pandas.core.frame.DataFrame'>
RangeIndex: 506 entries, 0 to 505
Data columns (total 14 columns):
 #   Column   Non-Null Count  Dtype
---  ------   --------------  -----
 0   CRIM     506 non-null    float64
 1   ZN       506 non-null    float64
 2   INDUS    506 non-null    float64
 3   CHAS     506 non-null    float64
 4   NOX      506 non-null    float64
 5   RM       506 non-null    float64
 6   AGE      506 non-null    float64
 7   DIS      506 non-null    float64
 8   RAD      506 non-null    float64
 9   TAX      506 non-null    float64
 10  PTRATIO  506 non-null    float64
 11  B        506 non-null    float64
 12  LSTAT    506 non-null    float64
 13  MEDV     506 non-null    float64
dtypes: float64(14)
memory usage: 55.5 KB
```

4. 觀察每一欄位的描述統計量。

```
1  # 描述統計量
2  df.describe()
```

● 執行結果：包括筆數 (count)、平均數 (mean)、標準差 (std)、最小值 (min)、百分位數 (25%、50%、75%)、最大值 (max)。

5. 觀察每一欄位是否有含遺失值 (Missing value)。

```
1  # 是否有含遺失值(Missing value)
2  df.isnull().sum()
```

● 執行結果：每一欄位均不含遺失值。

6. 觀察目標變數 (Y)：連續型變數通常以直方圖觀察是否符合常態分配，無偏態。

```
1  # 直方圖
2  import seaborn as sns
3
4  X, y = df.drop('MEDV', axis=1).values, df.MEDV.values
5  sns.histplot(x=y)
```

7. 資料分割。

```
1  # 資料分割
2  X_train, X_test, y_train, y_test = train_test_split(X, y, test_size=.2)
3
4  # 查看陣列維度
5  X_train.shape, X_test.shape, y_train.shape, y_test.shape
```

8. 特徵縮放。

```
1  scaler = StandardScaler()
2  X_train_std = scaler.fit_transform(X_train)
3  X_test_std = scaler.transform(X_test)
```

9. 選擇演算法：使用線性迴歸。

```
1  from sklearn.linear_model import LinearRegression
2  model = LinearRegression()
```

10. 模型訓練。

```
1  model.fit(X_train_std, y_train)
```

11. 模型計分 (Scoring)：迴歸預測連續型變數，不使用準確率，因為預測不可能分毫不差，通常使用『判定係數』(Coefficient of determination, R^2)，介於 [0, 1] 之間，若測試資料與訓練資料差異很大，有可能出現負值，判定係數越接近於 1 越好，公式如下：

$R^2 = 1 - (SSE/SST)$

其中 SSE 為誤差平方和，SST 為總平方和，公式為 $\sum(y_i - \bar{y})^2$。
另外也常用均方誤差 (MSE)、均方根誤差 (RMSE)、絕對誤差 (MAE) 來比較估多個模型優劣。

```
1  # R2、MSE、MAE
2  y_pred = model.predict(X_test_std)
3  print(f'R2 = {r2_score(y_test, y_pred)*100:.2f}')
4  print(f'MSE = {mean_squared_error(y_test, y_pred)}')
5  print(f'MAE = {mean_absolute_error(y_test, y_pred)}')
```

● 執行結果：

R2 = 77.77

MSE = 20.3366

MAE = 3.2925

12. 取得權重 (w)，即係數。

```
2  model.coef_
```

- 可從執行結果得知各特徵的係數，較大者表示對應的特徵影響較重大。

```
[-0.29224194,  1.0469501 ,  0.34850938,  0.77536868, -2.02028792,
  3.00277063,  0.14604802, -2.7405879 ,  2.26003659, -2.03566611,
 -2.15697006,  0.92829245, -3.79973253])
```

13. 模型存檔。

```
1  # 模型存檔
2  import joblib
3
4  joblib.dump(model, 'lr_model.joblib')
5  joblib.dump(scaler, 'lr_scaler.joblib');
```

>> **範例 3.** 建立模型預測網頁。

程式檔：05_03_ linear_regression_prediction.py

1. 程式碼如下：我們使用多種輸入元件，包括拉桿 (slider)、單選按鈕 (radio button) 等。

```
1  import streamlit as st
2  import joblib
3
4  # 載入模型與標準化轉換模型
5  model = joblib.load('lr_model.joblib')
6  scaler = joblib.load('lr_scaler.joblib')
7
8  list1 = [0 for _ in range(13)]
9  st.title('Boston 房價預測')
10 col1, col2 = st.columns(2)
11 with col1:
12     list1[0] = st.slider('犯罪率:', value=1.7, min_value=0.0, max_value=10.0)
13     list1[1] = st.slider('大坪數房屋比例:', value=11.0, min_value=0.0, max_value=100.0)
14     list1[2] = st.slider('非零售業的營業面積比例:', value=11.0, min_value=0.0, max_value=100.0)
15     list1[3] = 0 if st.radio('是否靠近河岸:', options=('否', '是'))=='否' else 1
16     list1[4] = st.slider('一氧化氮濃度:', value=0.5, min_value=0.0, max_value=1.0)
17     list1[5] = st.slider('平均房間數:', value=6.0, min_value=3.0, max_value=9.0)
18     list1[6] = st.slider('屋齡(1940年前建造比例):', value=0.0, min_value=68.0, max_value=100.0)
19 with col2:
20     list1[7] = st.slider('與商業區距離:', value=3.8, min_value=1.0, max_value=12.5)
21     list1[8] = st.slider('與高速公路距離:', value=10.0, min_value=1.0, max_value=25.0)
22     list1[9] = st.slider('地價稅:', value=408.0, min_value=180.0, max_value=720.0)
23     list1[10] = st.slider('師生比例:', value=18.0, min_value=12.0, max_value=22.0)
24     list1[11] = st.slider('黑人比例(Bk − 0.63)²:', value=356.0, min_value=0.0, max_value=400.0)
25     list1[12]= st.slider('低下階級的比例:', value=12.0, min_value=0.0, max_value=38.0)
```

```
26
27  if st.button('預測'):
28      X_new = [list1]
29      X_new = scaler.transform(X_new)
30      st.write(f'### 預測房價：{model.predict(X_new)[0]:.2f}')
```

2. 執行：不可使用 python 05_03_linear_regression_prediction.py，Streamlit
   程式需使用下列指令執行。

   streamlit run 05_03_linear_regression_prediction.py

3. 執行畫面如下：

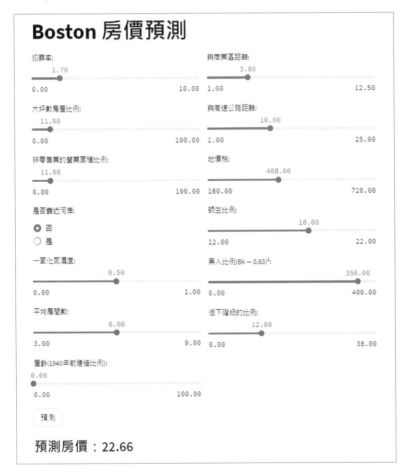

5-2　非線性迴歸 (Non-linear regression)

非線性迴歸假設 Y 與特徵 (X) 是多項次的關係，假設只有一個特徵，公式如下：

$$y = w_n x^n + w_{n-1} x^{n-1} + w_{n-2} x^{n-2} + \cdots + w_1 x^1 + b$$

» **範例 4.** 以二次迴歸預測世界人口數。

程式：05_04_nonlinear_regression.ipynb

1.　載入套件。

```
1  import numpy as np
2  import pandas as pd
```

2.　載入世界人口數資料集。

```
1  df = pd.read_csv('./data/population.csv')
2  X, y = df[['year']].values, df['pop'].values
```

3.　使用 NumPy 函數 polyfit 計算：只要設定參數 deg=2。

```
1  coef = np.polyfit(X.reshape(-1), y, deg=2)
2  print(f'y={coef[0]} X^2 + {coef[1]} X + {coef[2]}')
```

● 輸出結果：

y=-0.0002668845596210234 X^2 + 1.1420418251266993 X + -1210.2427271938489

4.　繪圖。

```
1   import matplotlib.pyplot as plt
2
3   plt.figure(figsize=(12, 10))
4   plt.rcParams['font.sans-serif'] = ['Arial Unicode MS']
5   plt.rcParams['axes.unicode_minus'] = False
6
7   plt.scatter(df['year'], y, c='blue', marker='o', s=2, label='實際')
8
9   plt.plot(df['year'].values, (df['year']**2) * coef[0]+df['year']*coef[1]+coef[2],
10          c='red', label='預測')
11  plt.legend();
```

● 輸出結果：預測線為二次曲線。

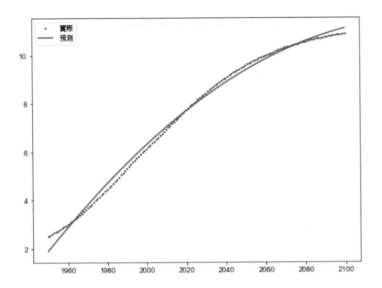

5.　測試：使用公式預測 2050 年人口數。

```
1  print((2050**2) * coef[0]+2050*coef[1]+coef[2])
```

- 輸出結果：9.360652508533576，約 93 億，比線性迴歸多 3 億。

6.　也可以使用 Scikit-Learn LinearRegression 類別驗算。作法是直接產生 X
平方項，並與 X 合併。

```
1  X_2 = X ** 2
2  X_new = np.concatenate((X_2, X), axis=1)
3  X_new.shape
```

7.　使用 Scikit-Learn LinearRegression 類別驗算。

```
1  from sklearn.linear_model import LinearRegression
2
3  lr = LinearRegression()
4  lr.fit(X_new, y)
5  lr.coef_, lr.intercept_
```

- 輸出結果：係數為 -2.66884560e-04, 1.14204183, -1210.242727194026，
  與 NumPy 作法結果略有差異，但兩者實際預測答案相近。

8. 使用 Scikit-Learn LinearRegression 公式預測 2050 年人口數。

```
1  print((2050**2) * lr.coef_[0]+2050*lr.coef_[1]+lr.intercept_)
```

● 輸出結果：9.36065250853244，答案與 NumPy 作法相近。

以上為一元迴歸，再擴展為多個特徵，且為多項式，例如為二次方，公式如下：

$$\hat{y}(w, x) = w_0 + w_1 x_1 + w_2 x_2 + w_3 x_1 x_2 + w_4 x_1^2 + w_5 x_2^2$$

除了平方項外，還有交叉相乘的 $x_1 x_2$，如果特徵很多，方程式就會變得非常複雜，幸好 Scikit-learn 有支援此演算法，可參閱 PolynomialFeatures 說明 [2]。

》**範例 5.** 生成隨機資料，以多項式迴歸預測。

程式：05_05_multi_variables_nonlinear_regression.ipynb。

1. 載入測試資料：使用 make_regression，產生隨機資料，含 2 個特徵。

```
1  from sklearn.datasets import make_regression
2
3  X, y = make_regression(n_samples=300, n_features=2, noise=50)
```

2. 依樣本點繪圖。

```
1  from matplotlib import pyplot as plt
2  from mpl_toolkits.mplot3d import Axes3D
3  from mpl_toolkits.mplot3d import proj3d
4
5  # 修正中文亂碼
6  plt.rcParams['font.sans-serif'] = ['Arial Unicode MS']
7  plt.rcParams['axes.unicode_minus'] = False
8
9  fig = plt.figure(figsize=(8,8))
10 ax = fig.add_subplot(111, projection='3d')
11 plt.rcParams['legend.fontsize'] = 10
12 ax.plot(X[:,0], X[:,1], y, 'o', markersize=8, color='blue', alpha=0.5)
13 plt.title('測試資料')
```

● 輸出結果：

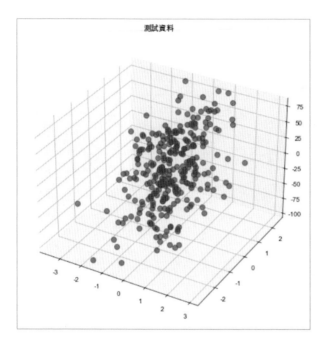

3. 　使用 PolynomialFeatures 產生多項式。

```
1  from sklearn.preprocessing import PolynomialFeatures
2
3  poly = PolynomialFeatures(degree=2) # 2 次方
4  X_new = poly.fit_transform(X) # 轉換
5  X_new.shape
```

● 輸出結果：(300, 6)，共有 6 個特徵。

4. 　顯示新特徵。

```
1  poly.get_feature_names_out(['x1', 'x2'])
```

● 輸出結果：共有 6 個特徵，分別為 $[1, x_1, x_2, x_1\text{^}2, x_1 x_2, x_2\text{^}2]$。

5. 　依 10 大步驟完成後續流程，以新特徵作資料分割。

```
1  from sklearn.model_selection import train_test_split
2
3  X_train, X_test, y_train, y_test = train_test_split(X_new, y, test_size=.2)
4
5  # 查看陣列維度
6  X_train.shape, X_test.shape, y_train.shape, y_test.shape
```

6.　特徵縮放。

```
1  from sklearn.preprocessing import StandardScaler
2
3  scaler = StandardScaler()
4  X_train_std = scaler.fit_transform(X_train)
5  X_test_std = scaler.transform(X_test)
```

7.　模型訓練。

```
1  from sklearn.linear_model import LinearRegression
2
3  lr = LinearRegression()
4  lr.fit(X_train_std, y_train)
5  lr.coef_, lr.intercept_
```

8.　模型評分。

```
1  from sklearn.metrics import r2_score, mean_squared_error, mean_absolute_error
2
3  # R2、MSE、MAE
4  y_pred = lr.predict(X_test_std)
5  print(f'R2 = {r2_score(y_test, y_pred)*100:.2f}')
6  print(f'MSE = {mean_squared_error(y_test, y_pred)}')
7  print(f'MAE = {mean_absolute_error(y_test, y_pred)}')
```

- 輸出結果：$R^2 = 79.99\%$。

9.　使用原始特徵進行線性迴歸及模型評分。

```
1   X_train, X_test, y_train, y_test = train_test_split(X, y, test_size=.2)
2
3   scaler = StandardScaler()
4   X_train_std = scaler.fit_transform(X_train)
5   X_test_std = scaler.transform(X_test)
6
7   lr = LinearRegression()
8   lr.fit(X_train_std, y_train)
9
10  y_pred = lr.predict(X_test_std)
11  print(f'R2 = {r2_score(y_test, y_pred)*100:.2f}')
12  print(f'MSE = {mean_squared_error(y_test, y_pred)}')
13  print(f'MAE = {mean_absolute_error(y_test, y_pred)}')
```

- 輸出結果：$R^2 = 75.22\%$，線性迴歸 R^2 比多項式迴歸 R^2 低一些。

5-3 迴歸的假設與缺點

迴歸假設 X 是『獨立同分配』(Independent and identically distributed, 簡稱 iid)，誤差的機率分配都相同，且變數間互相獨立，因此，若違反 iid 假設，使用迴歸並不一定適當，例如股價、氣溫、營收…等，當天的數值與前一天的數值均高度相關，且目前的股價變異比 30 年前一定大很多，因為加權指數已經從幾百點變成目前的一萬多點，漲跌幅也由 7% 變成 10%，因此，使用迴歸預測，MSE 會越來越大。

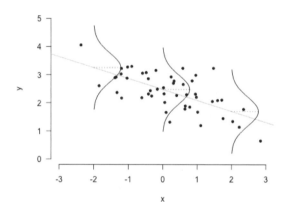

圖 5.2 獨立同分配 (Independent and identically distributed) 示意圖，誤差的機率分配都相同，不隨時間而改變，圖片來源：Curve fitting and the Gaussian distribution[4]

另一個缺點是迴歸非常容易受到離群值的影響，離群值可能會造成模型嚴重偏移。

>> 範例 6. 測試離群值對迴歸的影響。

程式：05_06_regression_outlier_effect.ipynb。

1.　生成測試資料：使用 make_regression，產生隨機資料，含 1 個特徵。

```
1  from sklearn.datasets import make_regression
2
3  X, y = make_regression(n_samples=20, n_features=1, noise=50)
```

2. 依樣本點繪圖。

```
1  from matplotlib import pyplot as plt
2
3  # 修正中文亂碼
4  plt.rcParams['font.sans-serif'] = ['Arial Unicode MS']
5  plt.rcParams['axes.unicode_minus'] = False
6
7  fig = plt.figure(figsize=(8,8))
8  plt.scatter(X, y, color='blue', alpha=0.5)
9  plt.title('測試資料')
```

● 輸出結果：

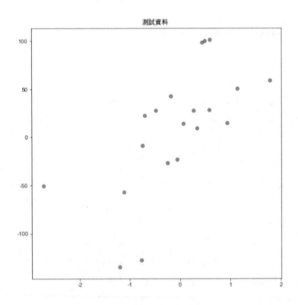

3. 模型訓練：取得迴歸係數。

```
1  from sklearn.linear_model import LinearRegression
2
3  lr = LinearRegression()
4  lr.fit(X, y)
5  lr.coef_, lr.intercept_
```

● 輸出結果：w= 43.3397, b=11.6572。

4. 製造離群值：將第 1 點加一很大的值 (2000)，造成離群值。

```
1  # 製造離群值
2  y[0] += 2000
```

5. 再進行模型訓練。

```
1  from sklearn.linear_model import LinearRegression
2
3  lr2 = LinearRegression()
4  lr2.fit(X, y)
5  lr2.coef_, lr2.intercept_
```

● 輸出結果：w= -30.0644, b= 106.0656，與原來的迴歸係數差異很大。

6. 繪圖比較。

```
1   from matplotlib import pyplot as plt
2   import numpy as np
3
4   # 修正中文亂碼
5   plt.rcParams['font.sans-serif'] = ['Arial Unicode MS']
6   plt.rcParams['axes.unicode_minus'] = False
7
8   fig = plt.figure(figsize=(8,8))
9   plt.scatter(X, y, color='blue', alpha=0.5)
10
11  line_X = np.array([-3, 3])
12  plt.plot(line_X, line_X*lr.coef_+lr.intercept_, c='green', label='原迴歸線')
13  plt.plot(line_X, line_X*lr2.coef_+lr2.intercept_, c='red', label='新迴歸線')
14  plt.title('測試資料')
15  plt.legend();
```

● 輸出結果：兩條迴歸線差異很大，1 個離群值即造成很大的影響。

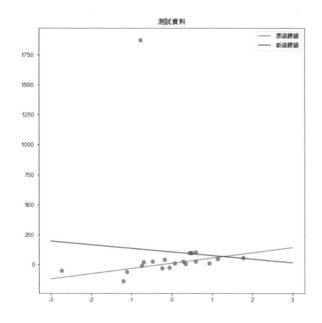

5-4 時間序列分析 (Time Series Analysis)

時間序列 (Time series) 是依時間順序產生的一組資料，分析的目的包括掌握季節／月份／星期的波動效應、趨勢，進而預測未來，在外在因素很複雜的狀況下，也可以直接以前期的資料，預測下一期，在資料不符合 iid 假設時，時間序列分析仍可以依據前期資料建構預測模型，它包括許多演算法，我們在此僅淺嘗一下，比較迴歸與時間序列分析的差異。

》 **範例 7.** 迴歸與時間序列分析比較。

程式：05_07_regression_vs_time_series.ipynb。

1. 載入相關套件。

```
1  import os
2  import numpy as np
3  from matplotlib import pyplot as plt
4  import seaborn as sns
5  import pandas as pd
```

2. 載入資料集：為航空公司歷年客運量資料，資料來自 UCI，目標變數為客運量 (Passengers)，日期為唯一特徵。

```
1  df = pd.read_csv('./data/monthly-airline-passengers.csv')
2  df
```

● 輸出結果：1941~1960 年的月資料。

	Month	Passengers
0	1949-01	112
1	1949-02	118
2	1949-03	132
3	1949-04	129
4	1949-05	121
...	...	...
139	1960-08	606
140	1960-09	508
141	1960-10	461
142	1960-11	390
143	1960-12	432

3. 資料轉換：將日期改為 YYYY-MM-DD，並設為日期資料型態，在後續
時間序列模型訓練時必須指定日期的頻率，第 8~9 行設定以資料內容自
動推斷。

```
1  # 設定為日期的資料型態
2  df['Date'] = pd.to_datetime(df['Month'])
3
4  # 設定日期為 DataFrame 的索引值
5  df = df.set_index('Date')
6
7  # 依照資料內容設定日期的頻率
8  df.index = pd.DatetimeIndex(df.index.values,
9                               freq=df.index.inferred_freq)
10 # 將原有欄位刪除
11 df.drop('Month', axis=1, inplace=True)
```

4. 資料繪圖。

```
1  plt.figure(figsize=(10, 6))
2  sns.lineplot(x='Date', y='Passengers', data=df)
3  plt.title('airline passengers');
```

● 輸出結果：可以觀察到客運量有淡旺季，即季節波動，且有向上成長
的趨勢，最重要的是隨著客運量成長，變異數越來越大。

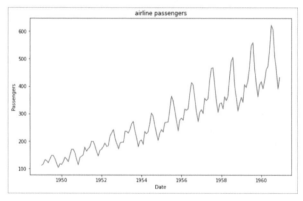

5. 建立迴歸模型。

```
1  from sklearn.linear_model import LinearRegression
2  from sklearn.metrics import r2_score, mean_squared_error
3
4  lr = LinearRegression()
5  X = df.index.values.reshape(df.shape[0], -1)
6  y = df['Passengers']
7  lr.fit(X, y)
8  pred = lr.predict(X)
9  print('MSE =', mean_squared_error(y, pred))
```

● 輸出結果：均方誤差 (MSE) = 2091.7994。

6. 迴歸線繪圖。

```
1  # 實際樣本點
2  plt.figure(figsize=(10, 6))
3  sns.lineplot(x='Date', y='Passengers', data=df)
4  plt.title('airline passengers')
5
6  # 預測迴歸線
7  plt.plot(df['Date'], pred);
```

● 輸出結果：可以觀察到迴歸並沒有掌握到季節波動，只抓到成長趨勢。

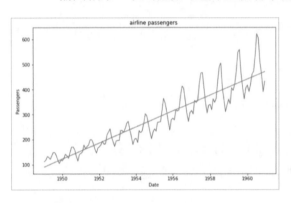

7. 殘差繪圖。

```
2  plt.plot(df['Date'], np.abs(df['Passengers'] - pred));
```

● 輸出結果：預測偏差隨時間越來越大。

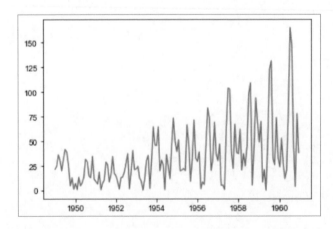

8. 可使用單根檢定 (Augmented Dickey-Fuller Test, ADF)，檢查殘差是否平穩，如果檢定合格就稱為定態 (Stationary) 或翻譯為穩態。

● 輸出結果如下，p value > 0.05(顯著水準) 表非定態 (Non-stationary)。

ADF 統計量 : 0.8153

p value: 0.9918

滯後期數 (Lags): 13

資料筆數 : 130

9. 也可以繪圖觀察，分兩種圖形，ACF 可觀察多期累計的影響，PACF 可觀察單期的影響，一般會以 PACF 為觀察重點。

```
1  from statsmodels.graphics.tsaplots import plot_acf, plot_pacf
2  fig = plot_acf(df['Passengers'], lags=20)
3  fig.set_size_inches(10, 5)
```

● 輸出結果：藍色覆蓋區為信賴區間 (Confidence Interval)，直線為滯後期數，第一根為當期，第二根為前一期，以此類推，直線超出信賴區間表示該期對當期有顯著影響，下圖表示前 13 期對當期有顯著影響。

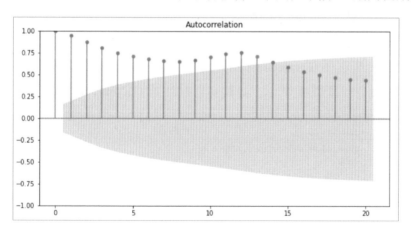

10. 再觀察 PACF。

```
1  fig = plot_pacf(df['Passengers'], lags=20, method='ywm')
2  fig.set_size_inches(10, 5)
```

● 輸出結果：下圖顯示 1、13 期超出信賴區間很多，表示上個月及去年同期對當期具顯著影響力，還蠻合理的。

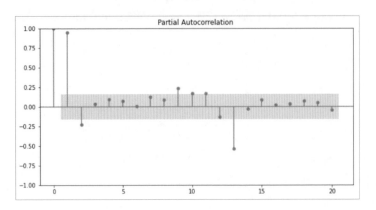

11. 時間序列 (Time Series)：我們使用最簡單的自迴歸 (Auto regression) 模型，簡稱 AR，以前期客運量當作 X，預測當期客運量，公式如下：

$$y_t = \beta_0 + \beta_1 y_{t-1} + \beta_2 y_{t-2} + \beta_3 y_{t-3} + \cdots + \varepsilon_i$$

其中 β_0 為漂移項，y_{t-1} 為前 1 期客運量，y_{t-2} 為前 2 期客運量，以此類推。

以下使用 statsmodels 套件的時間序列模組，它提供完整的結果報告，獲得許多專業人士採用，下列程式碼使用 ARIMA 演算法，有三個主要參數 (p, d, q)：自迴歸 (AR) 期數、差分 (Integrated) 期數及移動平均 (MA) 期數，我們使用最簡單的模型 AR(1)，參數 p=1，d、q 為 0，可詳閱 statsmodels.tsa.arima.model.ARIMA 說明 [4]。

```
1   from statsmodels.tsa.arima.model import ARIMA
2
3   # 建立時間序列資料
4   series = df.copy()
5   series = series.set_index('Date')
6
7   # AR(1) 模型訓練
8   model = ARIMA(series, order=(1,0,0))
9   model_fit = model.fit()
10
11  # 顯示模型訓練報告
12  print(model_fit.summary())
```

● 輸出結果：其中 ar.L1 即係數 (γ)，const 是漂移項 (μ)。

```
                           SARIMAX Results
==============================================================================
Dep. Variable:              Passengers   No. Observations:              144
Model:                   ARIMA(1, 0, 0)   Log Likelihood             -711.090
Date:                Wed, 28 Dec 2022    AIC                        1428.181
Time:                        18:44:56    BIC                        1437.090
Sample:                    01-01-1949    HQIC                       1431.801
                         - 12-01-1960
Covariance Type:                  opg
==============================================================================
                 coef    std err          z      P>|z|      [0.025      0.975]
------------------------------------------------------------------------------
const         280.2943     66.403      4.221      0.000     150.146     410.442
ar.L1           0.9645      0.019     51.535      0.000       0.928       1.001
sigma2       1118.5409    122.133      9.158      0.000     879.164    1357.918
===================================================================================
Ljung-Box (L1) (Q):                  13.91   Jarque-Bera (JB):                 0.81
Prob(Q):                              0.00   Prob(JB):                         0.67
Heteroskedasticity (H):               7.92   Skew:                             0.03
Prob(H) (two-sided):                  0.00   Kurtosis:                         3.36
===================================================================================
```

12. 取得重要參數。

```
1  model_fit.params
```

- 輸出結果：其中 ar.L1(係數) = 0.9645，const(漂移項) = 280.2943，
  殘差變異數 (sigma2) = 1118.5408。

13. 繪圖比較實際值與預測值。

```
1  plt.rcParams['font.sans-serif'] = ['Arial Unicode MS']
2  plt.rcParams['axes.unicode_minus'] = False
3
4  series['Passengers'].plot(figsize=(12, 6), color='black', linestyle='-', label='實際值')
5  model.fittedvalues.plot(figsize=(12, 6), color='green', linestyle=':', lw=2, label='預測值')
6  plt.legend();
```

- 輸出結果：虛線為預測值，比迴歸預測好太多了，能抓到季節效應。

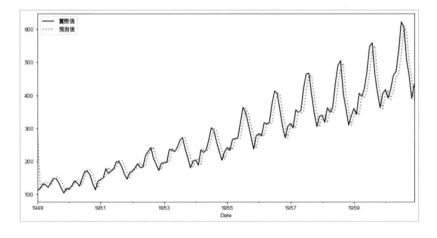

14. 比較時間序列與迴歸的 MSE。

```
1  print(f'AR MSE = {(np.sum(model_fit.resid**2) / len(model_fit.resid)):.2f}')
```

- 輸出結果：時間序列 MSE=1301.63，迴歸 MSE=2091.80，時間序列 MSE 較小。

15. 也可以自行開發自迴歸驗證：將前一期 y 當作 x。

```
1   lr2 = LinearRegression()
2
3   # 複製資料
4   series2 = series.copy()
5
6   # 將前一期 y 當作 x
7   series2['Passengers_1'] = series2['Passengers'].shift(-1)
8   series2.dropna(inplace=True)
9   X = series2['Passengers'].values.reshape(series2.shape[0], -1)
10
11  # 模型訓練
12  lr2.fit(X, series2['Passengers_1'])
13  lr2.coef_, lr2.intercept_
```

- 輸出結果：權重 =0.9589，偏差 = 13.7055，偏差與時間序列漂移項差較多，因為漂移項是取整個數列的平均數。

16. 繪圖比較時間序列與迴歸預測值。

```
1  series2['TS'] = model.fittedvalues
2  series2['LR'] = lr2.coef_ * series['Passengers'] + lr2.intercept_
3  series2['LR'].plot(color='green', linestyle='-.', lw=2, legend='LR')
4  series2['TS'].plot(figsize=(12, 6), color='red', linestyle=':', lw=2, legend='TS')
```

- 輸出結果：非常接近。

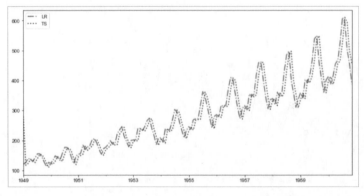

17. 針對時間序列 AR(1) 模型的殘差 (residual) 繪圖，可以發現預測偏差越來越大，我們再調整模型矯正這個問題。

```
1  residuals = pd.DataFrame(model.resid)
2  residuals.plot()
```

● 輸出結果：

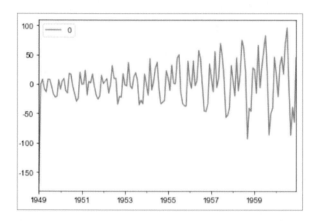

18. 驗證問題：以下我們依機器學習流程，進行資料分割，注意要將參數 shuffle 設為 False，表示資料分割前不重新洗牌 (shuffle)，我們保留最近一年作為測試資料。

```
1  from sklearn.model_selection import train_test_split
2
3  # 資料分割
4  X_train, X_test = train_test_split(series, test_size=12, shuffle=False)
5
6  # 查看陣列維度
7  X_train.shape, X_test.shape
```

19. 模型訓練、預測與繪圖：觀察測試資料的預測結果。

```
1   # AR(1) 模型訓練
2   ar_1 = ARIMA(X_train[['Passengers']], order=(1,0,0))
3   model_1 = ar_1.fit()
4
5   # 預測 12 個月
6   pred = model_1.predict(X_train.shape[0] , X_train.shape[0] + test_size - 1)
7
8   # 繪圖
9   plt.rcParams['font.sans-serif'] = ['Arial Unicode MS']
10  plt.rcParams['axes.unicode_minus'] = False
11
```

```
12  series['Passengers'].plot(color='black', linestyle='-', label='實際值')
13  model_1.fittedvalues.plot(color='green', linestyle=':', lw=2, label='訓練資料預測值')
14  pred.plot(figsize=(12, 5), color='red', lw=2, label='測試資料預測值')
15  plt.legend();
```

- 輸出結果：測試資料的預測 (紅色實線) 完全失靈，原因是測試資料
  的前期資料是預測值，而非實際值，一旦有重大預測偏差時，會越來
  越失準，測試資料預測也未抓到季節效應。

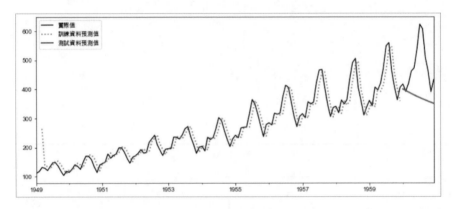

20. 改用 SARIMAX (Seasonal ARIMA) 演算法，先檢查要用幾次差分才能使
   數列平穩，達到定態。先進行一次差分 (First-order Differencing)，即當
   期減去前期。

```
1  df_diff = df.copy()
2  df_diff['Passengers_diff'] = df_diff['Passengers'] - df_diff['Passengers'].shift(1)
3  df_diff.dropna(inplace=True)
4  df_diff['Passengers_diff'].plot()
```

- 輸出結果：未達到定態。

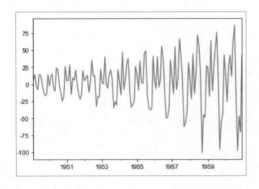

21. 使用 ADF 檢定，結論相同。

```
1  result = adfuller(df_diff['Passengers_diff'])
2  print(F'ADF統計量: {result[0]}\np value: {result[1]}' + \
3      f'\n滯後期數(Lags): {result[2]}\n資料筆數: {result[3]}')
```

● 輸出結果：p value: 0.054>0.05 未達到定態。

22. 再進行二次差分 (Second-order Differencing)。

```
1  df_diff['Passengers_diff_2'] = df_diff['Passengers_diff'] - df_diff['Passengers_diff'].shift(1)
2  df_diff.dropna(inplace=True)
3
4  df_diff['Passengers_diff_2'].plot()
```

● 輸出結果：稍有改善。

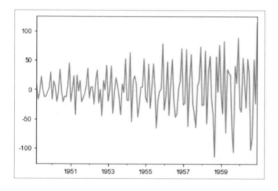

23. 使用 ADF 檢定。

```
1  result = adfuller(df_diff['Passengers_diff_2'])
2  print(F'ADF統計量: {result[0]}\np value: {result[1]}' + \
3      f'\n滯後期數(Lags): {result[2]}\n資料筆數: {result[3]}')
```

● 輸出結果：p value: $2.73 \times 10^{-29} < 0.05$ 已達到定態，決定使用二次差分。

24. 使 用 SARIMAX (Seasonal ARIMA) 演 算 法： 參 數 order=(1, 2, 1) 表
AR(1)、二次差分、一次移動平均，seasonal_order=(1,2,1,12) 前 3 個參
數同 order，第 4 個參數表季節效應的頻率，通常季資料設為 4，月資料
設為 12。

```
1  # 資料分割
2  X_train, X_test = train_test_split(df_diff, test_size=12, shuffle=False)
3
4  # SARIMAX
5  import statsmodels.api as sm
6  ar_diff=sm.tsa.statespace.SARIMAX(X_train[['Passengers']],order=(1, 2, 1),seasonal_order=(1,2,1,12))
7  model_diff=ar_diff.fit()
8
9  # 預測 12 個月
10 pred = model_diff.predict(X_train.shape[0] , X_train.shape[0] + 12 - 1, dynamic= True)
11 pred
```

25. 繪圖。

```
1  plt.rcParams['font.sans-serif'] = ['Arial Unicode MS']
2  plt.rcParams['axes.unicode_minus'] = False
3
4  df_diff['Passengers'].plot(color='black', linestyle='-', label='實際值')
5  model_diff.fittedvalues.plot(color='green', linestyle=':', lw=2, label='訓練資料預測值')
6  pred.plot(figsize=(12, 5), color='red', lw=2, label='測試資料預測值')
7  plt.legend();
```

● 輸出結果：測試資料預測已抓到季節效應。

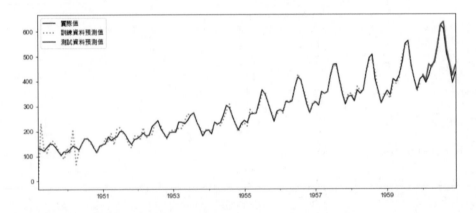

26. 計算 SARIMAX MSE。

```
1  print(f'SARIMAX MSE = {(np.sum(model_diff.resid**2) / len(model_diff.resid)):.2f}')
```

● 輸出結果：MSE=427.67，MSE 比迴歸小很多。

27. 也可以使用 seasonal_decompose 函數分解各種效應，可參閱程式。

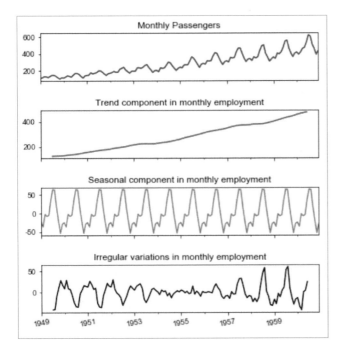

時間序列分析可以修正迴歸的缺點，也適用於特徵變數太多，無法掌握的情形，此外時間序列還提供許多演算法來預測波動率，囿於篇幅，本書只作初步介紹，補充迴歸的不足，未來也許另行撰寫專書介紹。

除了 statsmodels 套件外，還有許多時間序列分析的套件，包括 Prophet[13]、Sktime、Kats、Darts、GreyKite…等，尤其是 Prophet，使用上非常簡單，而且功能也很完整，讀者有興趣可進一步研究。

5-5　過度擬合 (Overfitting) 與正則化 (Regularization)

5-5-1　過度擬合

建構模型時，訓練資料預測的準確度很高，但測試資料預測的準確度偏低，稱為過度擬合 (Overfitting)，原因是機器學習是從原始資料中學習到知識，若原始資料包含過多的特徵或訓練過度，導致模型非常複雜，新資料若有些微偏差，就可能會預測錯誤，因此，針對過度擬合現象，我們必須要能瞭解原因並採取對應的措施。

下圖左為低度擬合 (Under-fitting)，模型過於簡單，錯誤分類很多，準確率偏低，下圖右為過度擬合 (Overfitting)，模型很複雜，有些 X 被 O 包住，很難解釋為什麼他們會被分到另一類，過度擬合雖然將訓練資料分得很準確，但新資料與訓練資料稍有差異，例如被包住的 X，稍微往上一點，就被認為是 O。

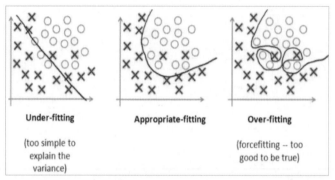

圖 5.3 過度擬合 (Overfitting)，圖片來源：『What is underfitting and overfitting in machine learning and how to deal with it』[6]

常見的過度擬合矯正方法有兩種：

1. 正則化 (Regularization)：在目標函數上加入懲罰項，避免權重過大的特徵主宰整個模型，以致其他特徵被忽視，進而影響模型效能。

2. Dropout：如下圖，在訓練過程中，隨機拋棄部份比例的神經元，使權重過大的特徵得以被忽視，進而找到最佳解，此手法常用於神經網路，本書不討論。

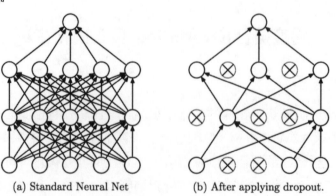

圖 5.4 Dropout

5-5-2 正則化 (Regularization)

針對迴歸，常見三種 Regularization：

1. Lasso 迴歸：採用 L1 懲罰項，為權重絕對值總和，目標函數如下：
   $$Loss = MSE + \lambda\sum|W|$$

2. Ridge 迴歸：採用 L2 懲罰項，為權重平方和，目標函數如下：
   $$Loss = MSE + \lambda\sum W^2$$

3. Elastic net regularization：同時採用 L1、L2，目標函數如下：
   $$Loss = MSE + \lambda_1\sum|W| + \lambda_2\sum W^2$$

其中 W 為權重，λ 為 Regularization 強度，可自行調控大小，λ_1、λ_2 則分別調控 L1、L2 強度。

加入懲罰項的作用是避免權重 (W) 過大的特徵被納入模型中，因為較大的權重會造成目標函數也變大，而演算法是要最小化目標函數，故求解的過程中，不會選擇過大的權重。

5-5-3 L1、L2 的差異

L1、L2 的差異如下：

1. L2 是權重平方和，L1 是權重絕對值和，故 L2 Regularization 強度較大。

2. L1 會造成部份權重歸零 (Zeros out)，進而使特徵失效，簡化模型，L2 只會使權重接近零，但不會等於 0。以下圖為例，假設只有兩個權重 w1、w2，左圖是原來的目標函數，加了懲罰項的限制，依線性規劃求解，可行解會發生在原來的目標函數與懲罰項相切的地方，右上圖 L1，$\lambda\sum|W|$ 限制範圍為菱形，可行解會發生在4個頂點，故 w1 或 w2 會等於 0，進而使特徵失效。右下圖 L2，$\lambda\sum W^2$ 範圍為圓形，可行解會發生在圓周，故 w1 或 w2 不一定為 0。

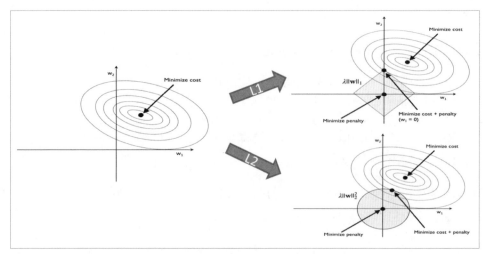

圖 5.5　L1、L2 regularization 比較

『Regularization for Neural Networks with Framingham Case Study』[7] 以一簡單的例子模擬過度擬合,並說明 L1、L2 regularization 的作法與強度比較。

» **範例 8.** L1、L2 regularization 的計算與強度比較。

程式:05_08_regularization.ipynb。

1.　載入相關套件。

```
1  import pandas as pd
2  import numpy as np
```

2.　假設權重如下。

```
1  # 權重
2  W = np.array([-1, 5, 3, -9]).reshape(2,2)
3  W
```

● 輸出結果:

```
[-1,  5]
[ 3, -9]
```

3. 計算 L1：假設 λ =0.5。

```
1  Lambda = 0.5
2  L1 = Lambda * np.sum(np.abs(W))
3  L1
```

● 輸出結果：9.0。

4. 計算 L2。

```
1  L2 = Lambda * np.sum(W ** 2)
2  L2
```

● 輸出結果：58.0。

5. 結論：L2 強度較大。

➤ **範例 9.** 以房價資料集測試過度擬合與 regularization。

程式：05_09_regularization_housing.ipynb。

1. 載入相關套件。

```
1  import pandas as pd
2  import numpy as np
```

2. 載入房價資料集，指定 X、Y，資料分割。

```
1  # 載入訓練資料
2  from sklearn.model_selection import train_test_split
3
4  train_df = pd.read_csv('./data/train.csv', index_col='ID')
5
6  # 指定 X、Y
7  X = train_df.drop('medv', axis=1)
8  y = train_df['medv']
9
10 # 資料分割
11 X_train, X_test, y_train, y_test = train_test_split(X, y, test_size=0.3
12                                                     , random_state=42)
```

3. 模型訓練與評分。

```
 1  from sklearn.linear_model import LinearRegression, Ridge, Lasso
 2
 3  # 模型訓練
 4  lr_model = LinearRegression()
 5  lr_model.fit(X_train, y_train)
 6
 7  print(f'訓練判定係數: {lr_model.score(X_train, y_train)}')
 8  print(f'測試判定係數: {lr_model.score(X_test, y_test)}')
 9
10  # 模型評分
11  y_pred = lr_model.predict(X_test)
```

● 輸出結果：

訓練資料判定係數：0.7268

測試資料判定係數：0.7254

4. 另外產生新特徵，為原特徵的平方，以便使用多項式迴歸。

```
 1  # 指定 X、Y
 2  X = train_df.drop('medv', axis=1)
 3  y = train_df['medv']
 4
 5  # 生成新特徵，為舊特徵的平方
 6  X['crim_2'] = X['crim'] ** 2
 7  X['zn_2'] = X['zn'] ** 2
 8  X['indus_2'] = X['indus'] ** 2
 9  X['chas_2'] = X['chas'] ** 2
10  X['nox_2'] = X['nox'] ** 2
11  X['rm_2'] = X['rm'] ** 2
12  X['age_2'] = X['age'] ** 2
13  X['dis_2'] = X['dis'] ** 2
14  X['rad_2'] = X['rad'] ** 2
15  X['tax_2'] = X['tax'] ** 2
16  X['ptratio_2'] = X['ptratio'] ** 2
17  X['black_2'] = X['black'] ** 2
18  X['lstat_2'] = X['lstat'] ** 2
19
20  # 資料分割
21  X_train, X_test, y_train, y_test = train_test_split(X, y, test_size=0.3
22                                                      , random_state=42)
```

5. 模型訓練與評分：使用二次迴歸，含交叉相成之多項式 (PolynomialFeatures)。

```python
1  from sklearn.preprocessing import StandardScaler, PolynomialFeatures
2  from sklearn.pipeline import Pipeline
3
4  # 建立管線
5  steps = [
6      ('scalar', StandardScaler()),
7      ('poly', PolynomialFeatures(degree=2)),
8      ('model', LinearRegression())
9  ]
10 pipeline = Pipeline(steps)
11
12 # 模型訓練
13 pipeline.fit(X_train, y_train)
14
15 # 模型評分
16 print(f'訓練判定係數: {pipeline.score(X_train, y_train)}')
17 print(f'測試判定係數: {pipeline.score(X_test, y_test)}')
```

- 輸出結果：訓練資料判定係數：1.0，但測試資料判定係數：-60.45，表過度擬合。

- 管線 (Pipeline) 是將多項工作串連，依序執行，可一次執行管線內所有工作，並可重複使用，後面章節會詳細說明。

6. Ridge 迴歸係採用 L2，先以 Ridge 取代 LinearRegression。

```python
1  steps = [
2      ('scalar', StandardScaler()),
3      ('poly', PolynomialFeatures(degree=2)),
4      ('model', Ridge(alpha=10, fit_intercept=True))
5  ]
6
7  ridge_pipe = Pipeline(steps)
8  ridge_pipe.fit(X_train, y_train)
9
10 # 模型評分
11 print(f'訓練判定係數: {ridge_pipe.score(X_train, y_train)}')
12 print(f'測試判定係數: {ridge_pipe.score(X_test, y_test)}')
```

- 輸出結果：訓練資料判定係數：0.94，測試資料判定係數：0.81，測試資料預測的準確率已提高不少。

7. Lasso 迴歸係採用 L1，以 Lasso 取代 LinearRegression。

```
1  steps = [
2      ('scalar', StandardScaler()),
3      ('poly', PolynomialFeatures(degree=2)),
4      ('model', Lasso(alpha=0.3, fit_intercept=True))
5  ]
6
7  lasso_pipe = Pipeline(steps)
8
9  lasso_pipe.fit(X_train, y_train)
10
11 # 模型評分
12 print(f'訓練判定係數: {lasso_pipe.score(X_train, y_train)}')
13 print(f'測試判定係數: {lasso_pipe.score(X_test, y_test)}')
```

- 輸出結果：訓練資料判定係數：0.85，測試資料判定係數：0.83，測試資料預測的準確率也提高不少。

8. 結論：以本例測試，L1 的準確率最高。

5-6　偏差 (Bias) 與變異 (Variance)

這裡的偏差 (Bias) 不是指迴歸的截距，變異 (Variance) 也不是指機率分配的變異數，而是說明預測的準確度與穩定性。低偏差 (Low bias) 表示準確度高，低變異 (Low variance) 表示預測穩定性高，多次預測不會差異很大。

一般以下圖四個象限說明偏差與變異的折衷 (Tradeoff)。

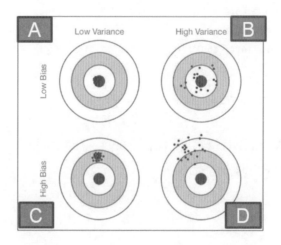

- A (低偏差低變異)：模型準確率高且穩定，預測全部在紅心 (真實答案) 附近，我們在建構模型時，會努力追求此一目標。

- D (高偏差高變異)：模型準確率低且不穩定，預測全部偏離紅心，且多次預測差異很大，這是我們最不想看到的情形。

- B (低偏差高變異)：模型準確率高但不穩定，全部在紅心 (真實答案) 附近，但多次預測差異很大。通常是模型過於複雜、過度擬合。

- C (高偏差低變異)：模型準確率低但很穩定，全部偏離紅心，但多次預測差異不大。通常是模型低度擬合。

- 低偏差與低變異常是衝突的，加入更多的特徵或增加訓練週期，可使模型準確率提高、降低偏差，但預測變異會變大，反之，使用特徵選取或萃取，減少特徵或減少訓練週期，可簡化模型，使模型變異降低，但會拉低準確率、增加偏差。這就是魚與熊掌不可兼得，我們應在偏差與變異間取得平衡。

- 使用正則化 (Regularization) 也是防止過度擬合，降低不平衡資料的偏差的手段。

5-7 本章小結

Scikit-learn 提供的演算法都是非常成熟的，使用也很簡單，雖然目前不如深度學習曝光度高，但就一般企業而言，是比較容易應用，而且導入的困難度也是較低的，只需少量的訓練資料、較短的訓練時間，就可以快速建構模型，預測結果也是較容易理解。一般讀者可以先藉 Scikit-learn 熟悉開發流程，奠定基礎，再往深度學習邁進。

透過簡單的範例介紹，我們已經可以瞭解 Scikit-learn 的大致用法，以下篇章會針對每一個環節作更細膩的說明，並依序介紹 Scikit-learn 六大模組的各項函數庫，包括演算法原理、用法以及企業應用案例。期盼讀者藉由本書的說明不僅可以精通 Scikit-learn 用法，也能順利在企業內應用自如，讓我們一起加油吧。

5-8　延伸練習

1. Jupyter Notebook 如何安裝擴充程式 (Nbextensions)，並啟用 Hinterland 擴充程式，開啟自動提示程式碼及自動完成 (Auto complete) 功能。

2. 將本書程式在 Colab 測試，看看是否需要修改。

3. 載入另一資料集 load_wine()，參照 01_04_iris_classification.ipynb、01_06_iris_prediction.py，實作模型訓練與預測。

參考資料 (References)

[1] UCI 波士頓的房價資料集 (https://archive.ics.uci.edu/ml/machine-learning-databases/housing/)

[2] PolynomialFeatures (https://scikit-learn.org/stable/modules/generated/sklearn.preprocessing.PolynomialFeatures.html#sklearn.preprocessing.PolynomialFeatures)

[3] R bloggers, Curve fitting and the Gaussian distribution (https://www.r-bloggers.com/2019/01/curve-fitting-and-the-gaussian-distribution/)

[4] statsmodels.tsa.arima.model.ARIMA 說明 (https://www.statsmodels.org/dev/generated/statsmodels.tsa.arima.model.ARIMA.html#statsmodels.tsa.arima.model.ARIMA)

[5] Prophet (https://facebook.github.io/prophet/)

[6] What is underfitting and overfitting in machine learning and how to deal with it (https://medium.com/greyatom/what-is-underfitting-and-overfitting-in-machine-learning-and-how-to-deal-with-it-6803a989c76)

[7] Rachel Draelos, Regularization for Neural Networks with Framingham Case Study (https://towardsdatascience.com/regularization-for-neural-networks-with-framingham-case-study-2c51cca72f7c)

分類(Classification)演算法(一)

迴歸是預測連續型的目標變數 (Y)，而分類 (Classification) 則是預測有限類別的目標變數，本章開始會逐一介紹各種常用的分類演算法，包括羅吉斯迴歸 (Logistic Regression)、最近鄰 (KNN)、單純貝氏分類法 (Naïve bayes classifier)、支援向量機 (SVM)、決策樹 (Decision Tree) 及隨機森林 (Random forest) 等，並說明各項演算法的優缺點。這類的演算法佔最大宗，因此，我們會分成兩章來討論。

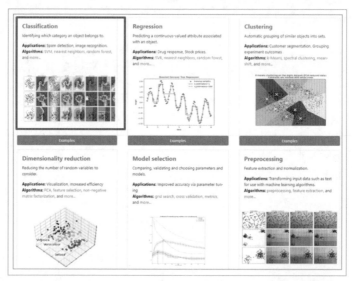

圖 6.1 Scikit-learn 六大模組中的分類 (Classification) 演算法

6-1　羅吉斯迴歸 (Logistic Regression)

羅吉斯迴歸 (Logistic Regression) 就是常見的分類演算法，雖名為迴歸，但它適用於分類，讀者千萬不要混淆。

6-1-1　羅吉斯迴歸原理

羅吉斯函數，也稱為 Sigmoid 函數，公式如下：

$$p(x) = \frac{1}{1 + e^{-x}}$$

將線性迴歸 (y=wx+b) 帶入羅吉斯函數，則羅吉斯迴歸的公式如下：

$$p(y) = \frac{1}{1 + e^{-(wx+b)}}$$

羅吉斯函數公式的由來如下：

1. 假設丟硬幣出現正面的機率是 p，反面的機率是 1-p，若出現正面代表成功，反面代表失敗，則勝負比 (Odds) 定義為 p/(1-p)，若大於 1 表示勝，反之為負。

    odds = p / (1 − p)

2. 將公式整理一下，計算 p。

    p = (1-p) * odds

    p = odds − p* odds

    odds = p + p* odds

    odds = p * (1 + odds)

    p = odds / (odds + 1)

    p = 1/ (1 + (1/odds))　　------ (1)

3. 因為羅吉斯迴歸是線性迴歸取 log，即

    $\log(y) = W_0 + W_1 * x_1 + W_2 * x_2 + \cdots + W_m * x_m$

    所以，再將公式 (1) 改為：

    $p = 1 / (1 + (odds^{-1}))$

    因 exp(log(x)) = 1，且 log(-x) = - log(x)，

    p = 1 / (1 + exp(-log(odds)))

    令 z = log(odds)，

$$p(z) = 1 / (1 + \exp(-z)) \text{ 即}$$

$$p(z) = \frac{1}{1 + e^{-z}}$$

4. 接著計算羅吉斯函數的上限與下限，介於 (0, 1) 之間：

$$\lim_{x \to \infty} \frac{1}{1 + e^{-x}} = \frac{1}{1 + \lim_{x \to \infty} e^{-x}} = \frac{1}{1 + 0} = 1$$

$$\lim_{x \to -\infty} \frac{1}{1 + e^{-x}} = \frac{1}{1 + \lim_{x \to -\infty} e^{-x}} = \frac{1}{1 + \lim_{x \to \infty} e^{x}} = 0$$

5. 繪製羅吉斯函數如下：

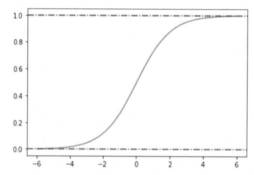

6. 由上圖知，羅吉斯函數非常適合二分類，不管 x 再大，p(x) 都不會超過 1，且 x 再小，p(x) 都不會小於 0，中間則是非線性曲線，不會是線性分離的一刀切。

》 範例 1. 羅吉斯函數驗算：將上述定理驗算一下。

程式：06_01_logistic_regression_validation.ipynb

1. 證明 Exp(log(x)) = x：假設 x=1, 2, …, 100。

```
1  import math
2
3  for i in range(1, 101):
4      assert round(math.e ** math.log(i), 6) == i
```

2. 證明 log(1/x) = - log(x)：假設 x=1, 2, …, 100。

```
1  for i in range(1, 101):
2      assert round(math.log(i), 6) == -round(math.log(1/i), 6)
```

3. 設 x=100，顯示 log(1/x)、- log(x)。

```
1  math.log(100), -math.log(1/100)
```

- 輸出結果：均為 4.60517。

4. 計算羅吉斯函數的上限與下限：介於 (0, 1) 之間。

```
1  from sympy import *
2  import numpy as np
3
4  x = symbols('x')
5  expr = 1/(1 + np.e **(-x))
6  limit(expr, x, -1000), limit(expr, x, np.inf)
```

- 輸出結果：(5.07595889754946e-435, 1) ≒ (0, 1)。

- 以 0-np.inf 取代 -1000 會有問題。

5. 繪製羅吉斯函數

```
1  import matplotlib.pyplot as plt
2
3  x = np.linspace(-6, 6, 101)
4  y = 1/(1 + np.e **(-x))
5  plt.plot(x, y)
6  plt.axhline(0, linestyle='-.', c='r')
7  plt.axhline(1, linestyle='-.', c='r');
```

- 輸出結果：

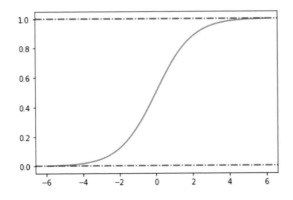

事實上，羅吉斯迴歸不只可以用於二分類，也可用於多分類，公式改為 Softmax 函數：

$$p(x) = \frac{e_j{}^x}{\sum_{k=1}^{n} e_k{}^x}$$

知道羅吉斯函數的由來之後，可以再進一步對羅吉斯迴歸求解，常見的方法有二：

1. 梯度下降法 (Stochastic gradient descent,SGD)：SGD 是一種利用正向傳導與反向傳導交互執行的方式，逐步逼近最佳解，因此，它求的是近似解，適用於複雜的模型，例如神經網路，有興趣的讀者可參閱『深度學習：最佳入門邁向 AI 專題實戰』[1] 一書，有非常詳盡的說明。

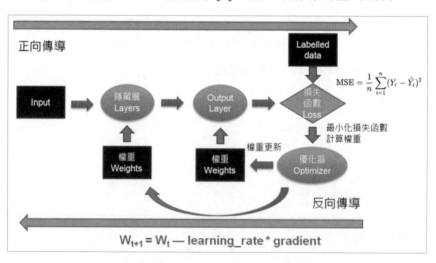

圖 6.2 梯度下降法 (Stochastic gradient descent,SGD)

2. 最大概似法 (Maximum likelihood estimation, 以下簡稱 MLE)：與 OLS 一樣是估計機率模型的母數 (Parameters) 的方法，例如有 N 個樣本，假設他們符合常態分配，我們可以使用 MLE，求出平均數與標準差，相關解題方法可參閱筆者的部落文『優化雙雄 -- 最小平方法 (OLS) vs. 最大概似法 (MLE), Part 2』[2]。

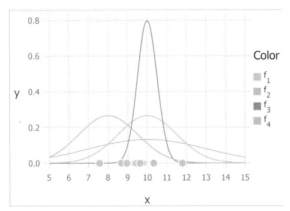

圖 6.3 最大概似法 (Maximum likelihood estimation,MLE)，圖片來源：『Probability concepts explained: Maximum likelihood estimation』[3]

» 範例 2. 使用梯度下降法自行開發羅吉斯迴歸，並進行鳶尾花品種的辨識。

程式：06_02_logistic_regression_SGD.ipynb，修改自『Logistic Regression from scratch in Python』[4]。

1. 載入相關套件。

```
1  import numpy as np
2  import matplotlib.pyplot as plt
3  import seaborn as sns
4  from sklearn import datasets
```

2. 載入資料集：X 只取前兩個特徵，y 只取前兩個類別，以利繪圖，如果不作圖，則可使用所有特徵、所有類別。

```
1  iris = datasets.load_iris()
2
3  # 只取前兩個特徵，方便繪圖
4  X = iris.data[:, :2]
5  # 只取前兩個類別
6  y = (iris.target != 0) * 1
```

3. 樣本點繪圖。

```
1  plt.figure(figsize=(10, 6))
2  plt.scatter(X[y == 0][:, 0], X[y == 0][:, 1], color='b', label='0')
3  plt.scatter(X[y == 1][:, 0], X[y == 1][:, 1], color='r', label='1')
4  plt.legend();
```

● 輸出結果：

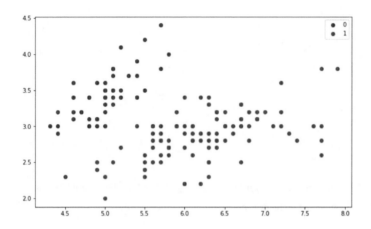

4. 建立羅吉斯迴歸類別。

```
1   class LogisticRegression:
2       def __init__(self, lr=0.01, num_iter=100000, fit_intercept=True, verbose=False):
3           self.lr = lr
4           self.num_iter = num_iter
5           self.fit_intercept = fit_intercept
6           self.verbose = verbose
7
8       # 加入偏差項(1)至X
9       def __add_intercept(self, X):
10          intercept = np.ones((X.shape[0], 1))
11          return np.concatenate((intercept, X), axis=1)
12
13      # 羅吉斯函數
14      def __sigmoid(self, z):
15          return 1 / (1 + np.exp(-z))
16
17      # 損失函數
18      def __loss(self, h, y):
19          return (-y * np.log(h) - (1 - y) * np.log(1 - h)).mean()
```

```
21      # 以梯度下降法訓練模型
22      def fit(self, X, y):
23          if self.fit_intercept:
24              X = self.__add_intercept(X)
25
26          # 權重初始值給 0
27          self.theta = np.zeros(X.shape[1])
28
29          # 正向傳導與反向傳導
30          for i in range(self.num_iter):
31              # WX
32              z = np.dot(X, self.theta)
33              h = self.__sigmoid(z)
34              # 梯度
35              gradient = np.dot(X.T, (h - y)) / y.size
```

```
36              # 更新權重
37              self.theta -= self.lr * gradient
38
39              # 依據更新的權重計算損失
40              z = np.dot(X, self.theta)
41              h = self.__sigmoid(z)
42              loss = self.__loss(h, y)
43
44              # 列印損失
45              if(self.verbose ==True and i % 10000 == 0):
46                  print(f'loss: {loss} \t')
47
48      # 預測機率
49      def predict_prob(self, X):
50          if self.fit_intercept:
51              X = self.__add_intercept(X)
52
53          return self.__sigmoid(np.dot(X, self.theta))
54
55      # 預測
56      def predict(self, X):
57          return self.predict_prob(X).round()
```

- 第 9~11 行：同線性迴歸將 b 納入 w。

$$y = b + wx \rightarrow y = b*1 + wx \rightarrow y = [1\ x]\begin{bmatrix}b\\w\end{bmatrix} \rightarrow y = x_{new}w_{new}$$

x_{new} 如下：

$$\begin{bmatrix} 1 & x_1 & x_2 & x_n \\ 1 & .. & .. & .. \\ 1 & .. & .. & .. \\ 1 & .. & .. & .. \end{bmatrix}$$

- 第 14~15 行：羅吉斯函數。

- 第 18~19 行：損失函數，羅吉斯迴歸不採用 MSE 作為損失函數，因為羅吉斯函數不是凸集合 (Non-convex)，使用梯度下降法求解時，常會找到區域最佳解 (Local minimum)，而非全局最佳解 (Global minimum)，因此分類演算法損失函數常採用交叉熵 (Cross Entropy)，公式如下：

$$L(\hat{y}, y) = -(y\log(\hat{y}) + (1 - y)\log(1 - \hat{y}))$$

所有資料的損失函數公式如下：

$$J(w, b) = \frac{1}{m} \sum_{i=1}^{m} L(\hat{y}, y) = \frac{1}{m} \sum_{i=1}^{m} -(y \log(\hat{y}) + (1 - y) \log(1 - \hat{y}))$$

- 第 22~46 行：以梯度下降法訓練模型，如圖 6.2，權重更新公式如下：

  新權重 = 原權重 - 梯度 x 學習率

  其中梯度為 $\dfrac{\text{dLoss}}{\text{dw}}$，即損失函數對權重偏微分。

- 第 49~57 行：預測函數。

5. 定義好相關函數後，即可以進行模型訓練。

```
1  model = LogisticRegression(lr=0.1, num_iter=300000)
2
3  %time model.fit(X, y)
```

- 輸出結果：約耗時 11 秒。

6. 預測。

```
1  preds = model.predict(X)
2  (preds == y).mean()
```

- 輸出結果：準確率 100%。

7. 取得係數。

```
1  model.theta
```

- 輸出結果：[b, w1, w2] = [-25.8906, 12.5231, -13.4015]。

8. 繪製決策邊界。

```
1  plt.figure(figsize=(10, 6))
2  plt.scatter(X[y == 0][:, 0], X[y == 0][:, 1], color='b', label='0')
3  plt.scatter(X[y == 1][:, 0], X[y == 1][:, 1], color='r', label='1')
4  plt.legend()
5  x1_min, x1_max = X[:,0].min(), X[:,0].max(),
6  x2_min, x2_max = X[:,1].min(), X[:,1].max(),
7  xx1, xx2 = np.meshgrid(np.linspace(x1_min, x1_max), np.linspace(x2_min, x2_max))
8  grid = np.c_[xx1.ravel(), xx2.ravel()]
9  probs = model.predict_prob(grid).reshape(xx1.shape)
10 plt.contour(xx1, xx2, probs, [0.5], linewidths=1, colors='black');
```

● 輸出結果：分隔線非常準確。

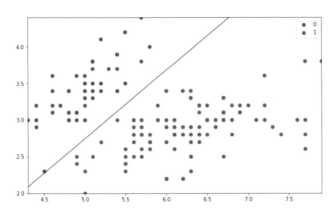

9. 使用 Scikit-learn 的 LogisticRegression 類別驗證。

```
1  from sklearn.linear_model import LogisticRegression
2
3  model = LogisticRegression(C=1e20)
4  %time model.fit(X, y)
```

● 輸出結果：僅耗時 7 毫秒，Scikit-learn 套件果然厲害，程式碼有特殊優化處理或因使用 C 語言開發較有效率。

10. 預測。

```
1  preds = model.predict(X)
2  (preds == y).mean()
```

● 輸出結果：準確率 100%。

11. 取得係數。

```
1  model.intercept_, model.coef_
```

● 輸出結果：[b, w1, w2] = [-276.6772, 134.8032, -147.3795]，與自行開發的類別差異很大，但準確率一樣好，需要使用更複雜的資料集才能比較。

12. 繪製決策邊界。

```
 1  plt.figure(figsize=(10, 6))
 2  plt.scatter(X[y == 0][:, 0], X[y == 0][:, 1], color='b', label='0')
 3  plt.scatter(X[y == 1][:, 0], X[y == 1][:, 1], color='r', label='1')
 4  plt.legend()
 5  x1_min, x1_max = X[:,0].min(), X[:,0].max(),
 6  x2_min, x2_max = X[:,1].min(), X[:,1].max(),
 7  xx1, xx2 = np.meshgrid(np.linspace(x1_min, x1_max), np.linspace(x2_min, x2_max))
 8  grid = np.c_[xx1.ravel(), xx2.ravel()]
 9  probs = model.predict_proba(grid)[:,1].reshape(xx1.shape)
10  plt.contour(xx1, xx2, probs, [0.5], linewidths=1, colors='black');
```

● 輸出結果：分隔線非常準確。

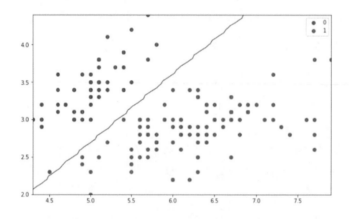

最大概似法 (MLE) 的解法可參考 Kaggle 的『Logistic Regression from scratch - Python』[5]，該文使用 MLE 取代交叉熵，同樣以梯度下降法求解，有興趣的讀者可仔細研究其程式邏輯。

6-1-2　羅吉斯迴歸實作

從第一章的 01_04_iris_classification.ipynb 及後續的範例，我們已經多次使用羅吉斯迴歸實作，讀者可再回頭參閱相關程式。以下我們再另找其他的實例演練。

⇒ **範例 3.** 以羅吉斯迴歸實作員工流失預測。

程式：06_03_logistic_regression_attrition.ipynb，修改自『Logistic Regression Case Study: Statistical Analysis in Python』[6]。

1. 載入相關套件。

```
1  from sklearn import datasets, preprocessing
2  from sklearn.model_selection import train_test_split
3  from sklearn.metrics import accuracy_score
```

2. 載入資料集：資料集為 Kaggle 網站的 IBM 員工流失資料 [7]。

```
1  df =pd.read_csv('./data/WA_Fn-UseC_-HR-Employee-Attrition.csv')
2  df.head()
```

● 輸出結果：第二欄 Attrition 為目標變數 (Y)。

	Age	Attrition	Business Travel	DailyRate	Department	DistanceFromHome	Education	EducationField	EmployeeCount	EmployeeNumber
0	41	Yes	Travel_Rarely	1102	Sales	1	2	Life Sciences	1	1
1	49	No	Travel_Frequently	279	Research & Development	8	1	Life Sciences	1	2
2	37	Yes	Travel_Rarely	1373	Research & Development	2	2	Other	1	4
3	33	No	Travel_Frequently	1392	Research & Development	3	4	Life Sciences	1	5
4	27	No	Travel_Rarely	591	Research & Development	2	1	Medical	1	7

3. 資料清理、EDA：檢查遺失值、資料彙總資訊、描述統計量，均無需清理。

```
1  df.isna().sum()
```

4. 各類別資料筆數統計。

```
1  # y 各類別資料筆數統計
2  import seaborn as sns
3  sns.countplot(x=df['Attrition'])
```

● 輸出結果：流失為 237 筆，未流失為 1233 筆，資料有不平衡的現象。

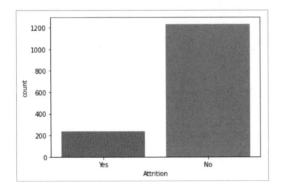

5. 檢查與時間有關欄位的相關性：設定關聯度上限為 0.4。

```
1  import matplotlib.pyplot as plt
2  import numpy as np
3
4  # 設定關聯度上限為 0.4
5  max_corr = 0.4
6  time_params=['Age','TotalWorkingYears','YearsAtCompany','YearsInCurrentRole',
7              'YearsSinceLastPromotion','YearsWithCurrManager']
8  # 計算關聯度
9  corr_df=df[time_params].corr().round(2)
10
11 # 繪製熱力圖
12 plt.figure(figsize=(8,5))
13 mask = np.zeros_like(corr_df)
14 mask[np.triu_indices_from(mask)] = True
15 with sns.axes_style("white"):
16     f, ax = plt.subplots(figsize=(7, 5))
17     ax = sns.heatmap(corr_df, mask=mask,vmax=max_corr, square=True,
18                      annot=True, cmap="YlGnBu");
```

- 輸出結果：除了年齡 (Age)，其他變數關聯度都超過上限 0.4。

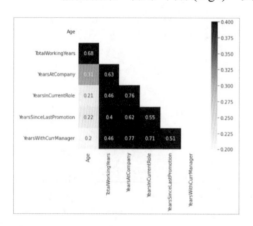

6. 刪除大部份欄位，只保留『公司年資』(YearsAtCompany) 欄位。

```
1  # 刪除欄位
2  df.drop({'TotalWorkingYears','YearsInCurrentRole','YearsSinceLastPromotion',
3          'YearsWithCurrManager'}, axis=1, inplace=True)
```

7. 檢查與薪資 (Salary) 有關欄位的相關性：設定關聯度上限為 0.4。

```
1  salary_params=['DailyRate','HourlyRate','MonthlyIncome','MonthlyRate',
2                'PercentSalaryHike','StockOptionLevel']
3  # 計算關聯度
4  corr_df=df[salary_params].corr().round(2)
```

```
5
6   # 繪製熱力圖
7   plt.figure(figsize=(8,5))
8   mask = np.zeros_like(corr_df)
9   mask[np.triu_indices_from(mask)] = True
10  with sns.axes_style("white"):
11      f, ax = plt.subplots(figsize=(7, 5))
12      ax = sns.heatmap(corr_df, mask=mask,vmax=max_corr, square=True,
13                       annot=True, cmap="YlGnBu");
```

● 輸出結果：變數關聯度都很低，不作特別處理。

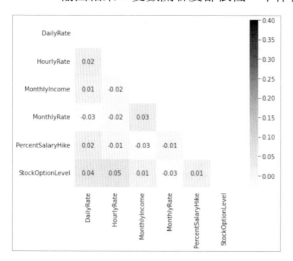

8.　找出所有類別變數，並顯示其類別。

```
1   df.select_dtypes('object').head()
2   print('Levels of categories: ')
3   for key in df.select_dtypes('object').keys():
4       print(key ,':' ,df[key].unique())
```

● 輸出結果：

```
Levels of categories:
Attrition : ['Yes' 'No']
BusinessTravel : ['Travel_Rarely' 'Travel_Frequently' 'Non-Travel']
Department : ['Sales' 'Research & Development' 'Human Resources']
EducationField : ['Life Sciences' 'Other' 'Medical' 'Marketing' 'Technical Degree'
 'Human Resources']
Gender : ['Female' 'Male']
JobRole : ['Sales Executive' 'Research Scientist' 'Laboratory Technician'
 'Manufacturing Director' 'Healthcare Representative' 'Manager'
 'Sales Representative' 'Research Director' 'Human Resources']
MaritalStatus : ['Single' 'Married' 'Divorced']
Over18 : ['Y']
OverTime : ['Yes' 'No']
```

9. 進行 One-hot encoding：使用 get_dummies。

```
1  df2 = pd.get_dummies(df,columns=df.select_dtypes('object').keys(),
2                    prefix=df.select_dtypes('object').keys())
3  df2.keys()
```

● 輸出結果：欄位後會自動加類別。

```
Index(['Age', 'DailyRate', 'DistanceFromHome', 'Education', 'EmployeeCount',
       'EmployeeNumber', 'EnvironmentSatisfaction', 'HourlyRate',
       'JobInvolvement', 'JobLevel', 'JobSatisfaction', 'MonthlyIncome',
       'MonthlyRate', 'NumCompaniesWorked', 'PercentSalaryHike',
       'PerformanceRating', 'RelationshipSatisfaction', 'StandardHours',
       'StockOptionLevel', 'TrainingTimesLastYear', 'WorkLifeBalance',
       'YearsAtCompany', 'Attrition_No', 'Attrition_Yes',
       'BusinessTravel_Non-Travel', 'BusinessTravel_Travel_Frequently',
       'BusinessTravel_Travel_Rarely', 'Department_Human Resources',
       'Department_Research & Development', 'Department_Sales',
       'EducationField_Human Resources', 'EducationField_Life Sciences',
       'EducationField_Marketing', 'EducationField_Medical',
       'EducationField_Other', 'EducationField_Technical Degree',
       'Gender_Female', 'Gender_Male', 'JobRole_Healthcare Representative',
       'JobRole_Human Resources', 'JobRole_Laboratory Technician',
       'JobRole_Manager', 'JobRole_Manufacturing Director',
       'JobRole_Research Director', 'JobRole_Research Scientist',
       'JobRole_Sales Executive', 'JobRole_Sales Representative',
       'MaritalStatus_Divorced', 'MaritalStatus_Married',
       'MaritalStatus_Single', 'Over18_Y', 'OverTime_No', 'OverTime_Yes'],
      dtype='object')
```

10. 刪除 One-hot encoding 的第一個類別欄位 (base category)，因為它就是其他欄位的反面，這種手法可減少特徵個數。

```
1  df2.drop({'Attrition_No','BusinessTravel_Non-Travel','Department_Human Resources',
2            'EducationField_Human Resources','Gender_Female', 'MaritalStatus_Single',
3            'OverTime_No'}, axis=1,inplace=True)
4  cont_vars=df2.select_dtypes('int').keys()
5  dummies= df2.select_dtypes('uint8').keys().drop('Attrition_Yes') # 刪除目標變數(Y)
6  dummies
```

● 輸出結果：欄位名稱後面會加上類別。

```
Index(['BusinessTravel_Travel_Frequently', 'BusinessTravel_Travel_Rarely',
       'Department_Research & Development', 'Department_Sales',
       'EducationField_Life Sciences', 'EducationField_Marketing',
       'EducationField_Medical', 'EducationField_Other',
       'EducationField_Technical Degree', 'Gender_Male',
       'JobRole_Healthcare Representative', 'JobRole_Human Resources',
       'JobRole_Laboratory Technician', 'JobRole_Manager',
       'JobRole_Manufacturing Director', 'JobRole_Research Director',
       'JobRole_Research Scientist', 'JobRole_Sales Executive',
       'JobRole_Sales Representative', 'MaritalStatus_Divorced',
       'MaritalStatus_Married', 'Over18_Y', 'OverTime_Yes'],
      dtype='object')
```

11. 指定特徵 (X) 及目標變數 (Y)。

```
1  X = df2.drop('Attrition_Yes', axis=1)
2  y = df2['Attrition_Yes']
```

12. 進行資料分割、特徵縮放：與前相同不再贅述。

13. 模型訓練：選擇羅吉斯迴歸 (LogisticRegression)。

```
1  from sklearn.linear_model import LogisticRegression
2  clf = LogisticRegression()
3  clf.fit(X_train_std, y_train)
```

14. 模型評分。

```
1  # 計算準確率
2  y_pred = clf.predict(X_test_std)
3  print(f'{accuracy_score(y_test, y_pred)*100:.2f}%')
```

● 輸出結果：91.14%，準確率相當高。

15. statsmodels 羅吉斯迴歸類別為 Logit：它提供更完整的報告及更細緻的後續處理方式。

```
1  import statsmodels.api as sm
2
3  model=sm.Logit(y_train, X_train)
4  result=model.fit()
5  print(result.summary())
```

● 部份輸出結果：

```
Warning: Maximum number of iterations has been exceeded.
         Current function value: inf
         Iterations: 35
                       Logit Regression Results
==============================================================================
Dep. Variable:         Attrition_Yes   No. Observations:            1176
Model:                         Logit   Df Residuals:                1134
Method:                          MLE   Df Model:                      41
Date:                Mon, 02 Jan 2023  Pseudo R-squ.:                inf
Time:                       17:50:04   Log-Likelihood:              -inf
converged:                     False   LL-Null:                   0.0000
Covariance Type:           nonrobust   LLR p-value:                1.000
==============================================================================
```

```
                         coef    std err        z     P>|z|     [0.025     0.975]
-------------------------------------------------------------------------------------
Age                    -0.0480      0.014    -3.387    0.001     -0.076     -0.020
DailyRate              -0.0003      0.000    -1.392    0.164     -0.001      0.000
DistanceFromHome        0.0361      0.012     3.035    0.002      0.013      0.059
Education               0.0912      0.096     0.950    0.342     -0.097      0.280
EmployeeCount          -0.0186   9.52e+06  -1.95e-09    1.000   -1.87e+07   1.87e+07
EmployeeNumber       -1.813e-05      0.000    -0.110    0.913     -0.000      0.000
EnvironmentSatisfaction -0.4539      0.089    -5.119    0.000     -0.628     -0.280
HourlyRate             -0.0021      0.005    -0.427    0.669     -0.012      0.007
JobInvolvement         -0.6282      0.138    -4.555    0.000     -0.898     -0.358
JobLevel                0.1025      0.324     0.316    0.752     -0.533      0.738
JobSatisfaction        -0.3284      0.087    -3.770    0.000     -0.499     -0.158
MonthlyIncome        -2.154e-05   8.59e-05    -0.251    0.802     -0.000      0.000
MonthlyRate           9.023e-06   1.35e-05     0.666    0.505   -1.75e-05   3.56e-05
NumCompaniesWorked      0.1705      0.041     4.117    0.000      0.089      0.252
PercentSalaryHike      -0.0150      0.042    -0.355    0.723     -0.098      0.068
```

16. 顯示權重資訊。

```
1  stat_df=pd.DataFrame({'coefficients':result.params, 'p-value': result.pvalues,
2                'odds_ratio': np.exp(result.params)})
3  stat_df
```

● 部份輸出結果：

	coefficients	p-value	odds_ratio
Age	-0.048007	7.054524e-04	9.531270e-01
DailyRate	-0.000339	1.639429e-01	9.996612e-01
DistanceFromHome	0.036055	2.401740e-03	1.036713e+00
Education	0.091243	3.422700e-01	1.095535e+00
EmployeeCount	-0.018550	1.000000e+00	9.816208e-01
EmployeeNumber	-0.000018	9.125469e-01	9.999819e-01
EnvironmentSatisfaction	-0.453897	3.065622e-07	6.351479e-01
HourlyRate	-0.002071	6.691536e-01	9.979316e-01
JobInvolvement	-0.628173	5.235039e-06	5.335658e-01
JobLevel	0.102543	7.518654e-01	1.107985e+00
JobSatisfaction	-0.328427	1.629872e-04	7.200556e-01

17. 篩選重要的特徵變數：通常 p value < 0.05 表示該特徵效果顯著。

```
1  significant_params=stat_df[stat_df['p-value']<=0.05].index
2  significant_params
```

● 輸出結果：重要的特徵變數如下。

```
Index(['Age', 'DistanceFromHome', 'EnvironmentSatisfaction', 'JobInvolvement',
       'JobSatisfaction', 'NumCompaniesWorked', 'RelationshipSatisfaction',
       'StockOptionLevel', 'BusinessTravel_Travel_Frequently',
       'BusinessTravel_Travel_Rarely', 'OverTime_Yes'],
      dtype='object')
```

18. 勝負比 (Odds) 排名。

```
1  stat_df.loc[significant_params].sort_values('odds_ratio', ascending=False)['odds_ratio']
```

- 輸出結果：勝負比是 p/(1-p)，也就是會流失與不會流失的比例，愈高表愈可能離職，例如常出差的員工 (BusinessTravel_Travel_Frequently) 比不出差的員工離職機率高達 6.8 倍，就算偶而出差的員工 (BusinessTravel_Travel_Rarely) 離職機率也高達 2.9 倍，故出差是員工流失的重要因素，得到此重要資訊後，人資部門就可以採取補救措施。

```
BusinessTravel_Travel_Frequently    6.829312
OverTime_Yes                        6.647937
BusinessTravel_Travel_Rarely        2.920240
NumCompaniesWorked                  1.185867
DistanceFromHome                    1.036713
Age                                 0.953127
RelationshipSatisfaction            0.794538
JobSatisfaction                     0.720056
EnvironmentSatisfaction             0.635148
StockOptionLevel                    0.619935
JobInvolvement                      0.533566
Name: odds_ratio, dtype: float64
```

19. 最後底定的模型：只保留重要的特徵變數。

```
1  y=df2['Attrition_Yes']
2  X=df2[significant_params]
3
4  X_train, X_test, y_train, y_test = train_test_split(X, y, test_size=0.2)
5  model=sm.Logit(y_train,X_train)
6  result=model.fit()
7  print(result.summary())
```

- 輸出結果：其中 RelationshipSatisfaction 變數 p value > 0.05，可考慮把它刪除，再訓練一次模型。

```
Optimization terminated successfully.
        Current function value: inf
        Iterations 7
                    Logit Regression Results
==============================================================================
Dep. Variable:          Attrition_Yes   No. Observations:           1176
Model:                          Logit   Df Residuals:               1165
Method:                           MLE   Df Model:                     10
Date:                Mon, 02 Jan 2023   Pseudo R-squ.:               inf
Time:                        18:20:43   Log-Likelihood:              -inf
converged:                       True   LL-Null:                  0.0000
Covariance Type:            nonrobust   LLR p-value:               1.000
==============================================================================
```

```
                                     coef    std err        z     P>|z|     [0.025     0.975]
-----------------------------------------------------------------------------------------------
Age                               -0.0454      0.009   -4.790     0.000     -0.064     -0.027
DistanceFromHome                   0.0453      0.010    4.378     0.000      0.025      0.066
EnvironmentSatisfaction           -0.2946      0.077   -3.818     0.000     -0.446     -0.143
JobInvolvement                    -0.4095      0.112   -3.644     0.000     -0.630     -0.189
JobSatisfaction                   -0.2094      0.074   -2.835     0.005     -0.354     -0.065
NumCompaniesWorked                 0.1452      0.035    4.116     0.000      0.076      0.214
RelationshipSatisfaction          -0.0808      0.079   -1.022     0.307     -0.236      0.074
StockOptionLevel                  -0.4192      0.111   -3.776     0.000     -0.637     -0.202
BusinessTravel_Travel_Frequently   2.0142      0.397    5.068     0.000      1.235      2.793
BusinessTravel_Travel_Rarely       1.3608      0.368    3.702     0.000      0.640      2.081
OverTime_Yes                       1.6415      0.182    9.024     0.000      1.285      1.998
===============================================================================================
```

原文後面還有一些效能衡量指標的計算，我們會在後續章節專章介紹。另外，原文並未採用特徵縮放，讀者可試試看，結果是否有差異，機器學習訓練的模型會與資料有很大的關聯，因此，建議讀者在正式專案進行時應多方實驗，才能得到理想的模型。

Scikit-learn 羅吉斯迴歸類別的重要參數如下：

1. penalty：即 Regularization，可設定 l1、l2、elasticnet、None，預設為 l2。

2. C：Regularization 強度的倒數，即 C 愈大，Regularization 強度愈小，預設為 1。

3. fit_intercept：模型是否要含偏差項。

4. class_weight：類別權重，可矯正不平衡的資料集，例如 06_02_logistic_regression_attrition.ipynb，若指定 balanced，可依資料類別筆數的倒數，指定權重，即可平衡資料。

5. solver：羅吉斯迴歸求解的演算法，包括 lbfgs、liblinear、newton-cg、newton-cholesky、sag、saga，預設為 lbfgs，常會無法收斂，須加大訓練執行週期。

   ● liblinear 適用小的資料集，sag、saga 在大的資料集計算較迅速。

   ● liblinear 僅適用 one-versus-rest 方案，一個分類器只辨識一個類別，故 K 個類別需要 K 個分類器，效率不彰。one-versus-rest 會在 8-3-1 章節詳細說明，也可以參閱『維基百科 Multiclass classification』[8]。

- newton-cholesky 適用資料筆數遠大於特徵個數的資料集，記憶體使用量與特徵個數平方成正比。

- 與 penalty 搭配僅限下列組合：

  - lbfgs - [l2, None]
  - liblinear - [l1, l2]
  - newton-cg - [l2, None]
  - newton-cholesky - [l2, None]
  - sag - [l2, None]
  - saga - [elasticnet, l1, l2, None]

- 各個演算法的詳細說明，可參考 Scikit-learn 網頁說明 [9]。

6. max_iter：最大訓練執行週期，超過設定值即提前結束訓練，預設為 100。

7. multi_class：多分類時採 auto(自動)、ovr(one-versus-rest)、multinomial (多項分配，即 Softmax)，預設為 auto。

8. n_jobs：CPU 平行處理的個數，多分類且為 one-versus-rest 時，可採用，設為 -1 表使用所有的核。

9. 其他參數與方法請詳閱 Scikit-learn 網頁說明 [10]。

6-1-3　羅吉斯迴歸的優缺點

羅吉斯迴歸是線性迴歸的延伸，所以它的優缺點如下。

優點：

1. 簡單、易於解釋：公式一目了然。

2. 高維資料 (擁有大量的特徵) 訓練也很迅速。

3. 過度擬合矯正：如果是高維資料造成過度擬合，可加參數，使用 L1/L2 Regularization。

缺點：

1. 訓練常出現無法收斂，應加長訓練週期。

2. 適用線性分離：若資料為非線性，效果可能不好，可參閱程式 06_04_
   logistic_regression_with_nonlinear_data.ipynb，圓形的隨機資料集準確率
   只有 48.80%，比亂猜還糟糕。

6-2　最近鄰 (K nearest neighbor)

最近鄰 (K nearest neighbor, 以下簡稱 KNN) 演算法是一個相對簡單的演算法，
它屬於無母數 (Non-parametric) 模型，亦即它未假設資料需服從特定機率分
配，所以，適用範圍很廣。

6-2-1 最近鄰演算法原理

最近鄰顧名思義就是找尋最靠近預測點的最近 K 個樣本，再依多數決
(Majority voting)，以擁有最多樣本點的類別作為預測值。

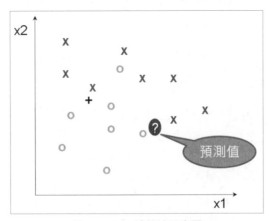

圖 6.4　KNN 演算法示意圖

K 可以在類別內的參數設定，一般會設為奇數，以免多數決時，出現同票的
情況。

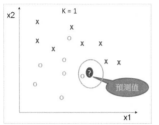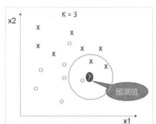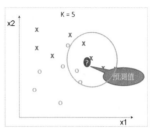

圖 6.5　KNN 示意圖，K 值分別為 1、3、5

預測點與最近鄰的距離如何定義呢？一般是採用 Minkowski 距離，公式如下：

$$\sqrt[n]{x_1{}^n + x_2{}^n + \cdots + x_k{}^n}$$

n 預設值為 2，上述公式即變成常見的歐幾里得距離 (Euclidean distance)。

6-2-2　最近鄰演算法實作

» **範例 4.** 以最近鄰演算法實作鳶尾花 (Iris) 品種的辨識。

程式：06_05_knn_iris.ipynb，直接修改 01_04_iris_classification.ipynb 測試。

1. 大部份程式碼都不需更改，換掉演算法即可。

```
1  from sklearn.neighbors import KNeighborsClassifier
2  clf = KNeighborsClassifier(n_neighbors=5)
```

- n_neighbors 參數即前述的 K，預設值為 5。

2. 模型評分結果為 90.0%，比羅吉斯迴歸低一點，可修改 n_neighbors 參數，再作模型訓練與評分，一般而言，n_neighbors 愈大，樣本佔母體的比例愈大，準確度應愈高。

3. 可取得最近鄰的距離與索引值：測試第一筆資料。

```
1  clf.kneighbors(X_test[0:1])
```

- 輸出結果：與最近鄰 5 個點的距離，並顯示其在訓練樣本的索引值。

```
(array([[3.50184652, 3.72391144, 4.56347666, 4.97314051, 5.015572  ]]),
 array([[ 21,  82,  23, 107,    3]], dtype=int64))
```

4. 也可設定距離為加權值：距離愈近權值愈大，影響預測值愈重大。

```
2  clf = KNeighborsClassifier(n_neighbors=5, weights='distance')
```

5. kneighbors 方法可直接找出最近鄰。

6. KNN 演算法還有許多參數與方法，可詳閱 Scikit-learn 網頁說明 [10]。

6-2-3　商品推薦

KNN 演算法除了分類外，還可用於商品推薦，因為它是尋找最近的樣本點，換個角度講，那些樣本點就是預測點的相似商品。一般電商網站銷售的商品種類成千上萬，客戶數量也高達數萬，甚至達百萬人以上，要推薦給客戶相似或有興趣的商品，使用人工歸類或制定規則並不容易，因此常會使用機器學習演算法進行即時推薦，其中常用的演算法是『協同過濾』 (Collaborative filtering)，它利用過去使用者的購買記錄，找出相似的使用者 (USER-USER similarity) 或相似的商品 (ITEM-ITEM similarity)，再依他們的偏好推薦商品給正在選購商品的使用者。

如下圖，要對客戶 A 推薦商品，先找到購買行為相似的客戶，例如客戶 A 曾經購買兩樣商品，找到客戶 B 也買過這兩樣商品，因此，兩者購買行為相似，而客戶 B 還買過其他商品，所以，系統就推薦這些商品給客戶 A。

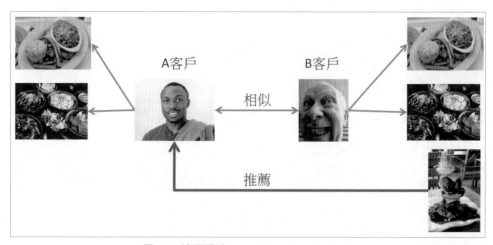

圖 6.6　協同過濾 (Collaborative filtering)

為方便比較，通常會先將購買記錄轉換為 User-Item matrix，如下圖，I_1、I_2、…、I_m 是商品，U_1、U_2、…、U_n 是客戶。User-Item Matrix 大部份的格子都會是空值，因為，一個使用者只會購買少數類別的品項，使用線性代數計算這種稀疏矩陣 (Sparse matrix) 會很沒效率，因此，會先使用特徵轉換 (Eigen transform) 或奇異值分解 (Singular value decomposition, SVD) 簡化矩陣，再作計算，以下就以 KNN、SVD 結合協同過濾，實作商品推薦。

USER-ITEM Matrix

	I_1	I_2		I_j		I_{m-1}	I_m
U_1			...		...		
U_2			...		...		
	.	.	.	.	.	.	.
	.	.	.	.	.	.	.
	.	.	.	.	.	.	.
U_i			...	A_{ij}	...		
	.	.	.	.	.	.	.
	.	.	.	.	.	.	.
	.	.	.	.	.	.	.
U_{n-1}			...		...		
U_n			...		...		

圖 6.7 User-Item matrix 示意圖，記錄每一使用者曾購買哪些商品

》範例 5. 以 KNN、奇異值分解 (SVD) 演算法結合『協同過濾』實作書籍推薦。

程式：06_06_knn_book recommender.ipynb，程式修改自『Building A Book Recommender System – The Basics, KNN and Matrix Factorization』[11]。

1. 載入相關套件。

```
1  import pandas as pd
2  import numpy as np
3  import matplotlib.pyplot as plt
```

2. 載入 3 個資料集，分別為書籍、讀者及評價檔，主要使用評價檔，結合書籍檔可顯示書名，結合讀者檔可依地區及年齡分析。

```
1  # 書籍資料
2  books = pd.read_csv('./data/BX-Books.csv', sep=';', on_bad_lines='skip',
3                      low_memory=False, encoding="latin-1")
4  books.columns = ['ISBN', 'bookTitle', 'bookAuthor', 'yearOfPublication', 'publisher',
5                   'imageUrlS', 'imageUrlM', 'imageUrlL']
6
7  # 讀者資料
8  users = pd.read_csv('./data/BX-Users.csv', sep=';', on_bad_lines='skip',
9                      encoding="latin-1")
10 users.columns = ['userID', 'Location', 'Age']
11
12 # 評價資料
13 ratings = pd.read_csv('./data/BX-Book-Ratings.csv', sep=';', on_bad_lines='skip',
14                      encoding="latin-1")
15 ratings.columns = ['userID', 'ISBN', 'bookRating']
```

3. 資料探索與分析：程式碼不在此贅述，只說明探索結果。

● 大部份書籍都未被評價。

● 最多人評價的書籍平均得分並沒有相對比較高。

● 為確保統計顯著性，只保留讀者評分超過 200 次者，書籍評分超過 50 次者。

4. 將購買記錄轉換為 User-Item matrix：使用 Pandas 的 pivot 函數可輕易完成。

```
1  ratings_pivot = ratings.pivot(index='userID', columns='ISBN').bookRating
2  userID = ratings_pivot.index
3  ISBN = ratings_pivot.columns
4  print(ratings_pivot.shape)
5  ratings_pivot.head()
```

● 輸出結果：列為『讀者』，行是『書籍』。

ISBN userID	0330299891	0375404120	0586045007	9022906116	9032803328	9044922564
254	NaN	NaN	NaN	NaN	NaN	NaN
2276	NaN	NaN	NaN	NaN	NaN	NaN
2766	NaN	NaN	NaN	NaN	NaN	NaN
2977	NaN	NaN	NaN	NaN	NaN	NaN
3363	NaN	NaN	NaN	NaN	NaN	NaN

5. 尋找關聯度高的書籍：這是最簡單的商品推薦方式，先計算書籍評價的
   平均得分。

```
1  average_rating = pd.DataFrame(ratings.groupby('ISBN')['bookRating'].mean())
2  average_rating['ratingCount'] = pd.DataFrame(ratings.groupby('ISBN')['bookRating'].count())
3  average_rating.sort_values('ratingCount', ascending=False).head()
```

● 輸出結果：前 5 名。

ISBN	bookRating	ratingCount
0971880107	0.435616	365
0316666343	3.198529	272
0060928336	1.909502	221
0440214041	1.885321	218
0385504209	3.170507	217

6. 任選一本書 0316666343，計算與其他書籍的相關係數，且只保留評價的
   平均得分 >=300 的相關書籍。corrwith 可計算一筆資料與其他資料的相
   關係數。

```
1  test_book = '0316666343'
2  bones_ratings = ratings_pivot[test_book]
3  # 計算與其他書籍的相關係數
4  similar_to_bones = ratings_pivot.corrwith(bones_ratings)
5  corr_bones = pd.DataFrame(similar_to_bones, columns=['pearsonR'])
6  corr_bones.dropna(inplace=True)
7
8  # 結合書籍評價的平均得分
9  corr_summary = corr_bones.join(average_rating['ratingCount'])
10
11 # 只保留評價的平均得分>=300
12 high_corr_book = corr_summary[corr_summary['ratingCount']>=300] \
13         .sort_values('pearsonR', ascending=False).head(10)
14 high_corr_book
```

● 輸出結果：前 10 名，第 1 名一定是自己。

ISBN	pearsonR	ratingCount
0316666343	1.000000	1295
0312291639	0.471872	354
0316601950	0.434248	568
0446610038	0.429712	391
0446672211	0.421478	585
0385265700	0.351635	319
0345342968	0.316922	321
0060930535	0.309860	494
0375707972	0.308145	354
0684872153	0.272480	326

7. 扣除自己，取前 9 名的書籍資料。

```
1  # 取得書名
2  books_corr_to_bones = pd.DataFrame(high_corr_book.index[1:],
3                                index=np.arange(9), columns=['ISBN'])
4  corr_books = pd.merge(books_corr_to_bones, books, on='ISBN')
5  corr_books
```

● 輸出結果：可比較書名是否相似，看起來蠻合理的。

	ISBN	bookTitle	bookAuthor	yearOfPublication	publisher	imageUrlS
0	0312291639	The Nanny Diaries: A Novel	Emma McLaughlin	2003	St. Martin's Griffin	http://images.amazon.com/images/P/0312291639.0...
1	0316601950	The Pilot's Wife : A Novel	Anita Shreve	1999	Back Bay Books	http://images.amazon.com/images/P/0316601950.0...
2	0446610038	1st to Die: A Novel	James Patterson	2002	Warner Vision	http://images.amazon.com/images/P/0446610038.0...
3	0446672211	Where the Heart Is (Oprah's Book Club (Paperba...	Billie Letts	1998	Warner Books	http://images.amazon.com/images/P/0446672211.0...
4	0385265700	The Book of Ruth (Oprah's Book Club (Paperback))	Jane Hamilton	1990	Anchor	http://images.amazon.com/images/P/0385265700.0...

8. 使用 KNN 演算法：先合併評價表及書籍基本資料。

```
1  # 合併評價表及書籍基本資料
2  combine_book_rating = pd.merge(ratings, books, on='ISBN')
3  columns = ['yearOfPublication', 'publisher', 'bookAuthor', 'imageUrlS',
4             'imageUrlM', 'imageUrlL']
5  combine_book_rating = combine_book_rating.drop(columns, axis=1)
6  combine_book_rating.head()
```

9. 只分析熱門書籍：只篩選書籍有超過 50 次的評分。

```
1  # 篩選有超過50次評分的書籍
2  popularity_threshold = 50
3  rating_popular_book = rating_with_totalRatingCount.query(
4      'totalRatingCount >= @popularity_threshold')
5  rating_popular_book.head()
```

10. 合併熱門書籍及讀者基本資料，只使用美國及加拿大資料。

```
1  # 合併熱門書籍及讀者基本資料
2  combined = rating_popular_book.merge(users, left_on = 'userID',
3                                       right_on = 'userID', how = 'left')
4
5  # 只考慮美國及加拿大讀者
6  us_canada_user_rating = combined[combined['Location'] \
7                          .str.contains("usa|canada")]
8  us_canada_user_rating=us_canada_user_rating.drop('Age', axis=1)
9  us_canada_user_rating.head()
```

11. KNN 模型訓練：注意，第 10 行 csr_matrix 可壓縮稀疏矩陣，加速矩陣
運算。

```
1  from scipy.sparse import csr_matrix
2  from sklearn.neighbors import NearestNeighbors
3
4  # 去除重複值
5  us_canada_user_rating = us_canada_user_rating.drop_duplicates(['userID', 'bookTitle'])
6  # 產生商品與讀者的樞紐分析表，會有很多 null value，均以0替代
7  us_canada_user_rating_pivot = us_canada_user_rating.pivot(index = 'bookTitle',
8                                columns = 'userID', values = 'bookRating').fillna(0)
9  # csr_matrix：壓縮稀疏矩陣，加速矩陣計算
10 us_canada_user_rating_matrix = csr_matrix(us_canada_user_rating_pivot.values)
11
12 # 找出相似商品，X為每一個讀者的評分
13 model_knn = NearestNeighbors(metric = 'cosine', algorithm = 'brute')
14 model_knn.fit(us_canada_user_rating_matrix)
```

12. 隨機抽取一件商品測試：第 3 行使用 kneighbors 方法可直接找出最近鄰。

```
1   # 隨機抽取一件商品作預測
2   query_index = np.random.choice(us_canada_user_rating_pivot.shape[0])
3   distances, indices = model_knn.kneighbors(np.array(
4       us_canada_user_rating_pivot.iloc[query_index, :])
5           .reshape(1, -1), n_neighbors = 6)
6
7   # 顯示最相似的前5名商品，並顯示距離(相似性)
8   for i in range(0, len(distances.flatten())):
9       if i == 0: # 第一筆是自己
10          print(f'{us_canada_user_rating_pivot.index[query_index]} 的推薦:')
11      else:
12          print(f'{i}: {us_canada_user_rating_pivot.index[indices.flatten()[i]]}' + \
13                  f', 距離: {distances.flatten()[i]:.2f}:')
```

- 輸出結果：可比較書名是否相似。

```
Full Tilt (Janet Evanovich's Full Series) 的推薦:
1: Full House (Janet Evanovich's Full Series), 距離: 0.61:
2: Beach House, 距離: 0.65:
3: The Next Accident, 距離: 0.66:
4: Faking It, 距離: 0.68:
5: Nerd in Shining Armor, 距離: 0.69:
```

13. SVD 矩陣分解 (Matrix Factorization)：類似特徵轉換，但特徵轉換只適用於方陣，SVD 則無此限制，SVD 可將 User-Item matrix 簡化，並取前幾名作為推薦名單。以下圖簡單說明，User-Item matrix 可透過 SVD，轉換成三個矩陣：U ∑ V。

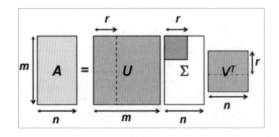

圖 6.7 SVD 示意圖，圖片來源：線代啟示錄奇異值分解 (SVD)[12]

再取前 r 名，即如下圖，矩陣就變小很多。

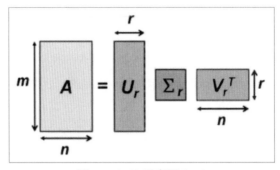

圖 6.8　SVD 示意圖 (二)

SVD 細節可參閱『線代啟示錄奇異值分解』[12] 說明。

14. 篩選部份資料分析，並轉換成 User-Item matrix。

```
1  # User-Item Matrix
2  us_canada_user_rating_pivot2 = us_canada_user_rating.pivot(
3      index = 'userID', columns = 'bookTitle', values = 'bookRating').fillna(0)
4  us_canada_user_rating_pivot2.head()
```

15. 將 User-Item matrix 轉置：列為書籍，行是讀者。

```
1  X = us_canada_user_rating_pivot2.values.T
2  X.shape
```

- 輸出結果：(746, 734)，表 746 本書籍，734 個讀者。

16. 使用 TruncatedSVD 降維至 12 個特徵 (讀者)。

```
1  # 萃取 12 個特徵
2  import sklearn
3  from sklearn.decomposition import TruncatedSVD
4
5  SVD = TruncatedSVD(n_components=12, random_state=17)
6  matrix = SVD.fit_transform(X)
7  matrix.shape
```

- 輸出結果：(746, 12)。

17. 依據 12 個特徵計算所有書籍的相關係數。

```
1  # 依據 12 個特徵計算相關係數
2  corr = np.corrcoef(matrix)
3  corr.shape
```

- 輸出結果：(746, 746)。

18. 測試：以 The Green Mile 這本書為例，找出這本書與其他書籍的關聯度。

```
1  # 取得 "The Green Mile" 書籍索引值
2  us_canada_book_list = list(us_canada_user_rating_pivot2.columns)
3  coffey_hands = us_canada_book_list.index("The Green Mile")
4  print("The Green Mile 書籍索引值:", coffey_hands)
5
6  # 依照索引值找出與其他書的相關係數
7  corr_coffey_hands  = corr[coffey_hands]
8  corr_coffey_hands
```

● 輸出結果：

```
The Green Mile 書籍索引值: 574

array([ 4.57506362e-01,  1.79638549e-01,  3.51122156e-01,  1.74309110e-01,
        5.27127814e-02,  3.56559079e-01,  5.74622207e-01,  2.35176949e-01,
        7.46193147e-02,  1.78793452e-01,  3.31512246e-01,  3.62801917e-01,
        1.70950100e-01, -2.07806863e-01, -2.17499804e-02, -1.16203501e-01,
        2.68289301e-01,  4.45544751e-01,  3.81921422e-01,  4.07682381e-01,
        4.30650836e-01,  5.16970279e-01,  1.04741649e-01,  9.36820714e-02,
        1.36732221e-02,  6.50714067e-01,  3.17588221e-01,  6.04925347e-01,
        1.41782812e-01,  2.41190943e-01,  2.60590937e-01,  2.91841726e-01,
        1.68842053e-01,  5.44502080e-01,  1.13941890e-01,  5.89212549e-01,
        6.18716181e-01,  4.46343794e-01,  5.39406651e-01,  7.61482954e-01,
        2.94367282e-01,  3.59907476e-01,  6.58322587e-01, -3.19750313e-04,
```

19. 篩選相關係數 > 80% 的書籍。

```
1  # 列出相關係數 > 80% 的書籍
2  us_canada_book_title = us_canada_user_rating_pivot2.columns
3  list(us_canada_book_title[(corr_coffey_hands >= 0.8)])
```

● 輸出結果：列出與 The Green Mile 關聯度高的書籍。

```
['Cujo',
 'It',
 'Pet Sematary',
 'Skeleton Crew',
 'The Green Mile',
 'The Talisman']
```

以上我們介紹了三種演算法，進行商品推薦，包括關聯度 (Corr)、KNN、SVD，處理程序還蠻複雜的，還好有善心人士為推薦開發一個套件 scikit-surprise 或直接稱為 Surprise，涵蓋多種演算法，可參閱 Surprise 文件說明 [13]。

Movielens 100k	RMSE	MAE	Time
SVD	0.934	0.737	0:00:06
SVD++ (cache_ratings=False)	0.919	0.721	0:01:39
SVD++ (cache_ratings=True)	0.919	0.721	0:01:22
NMF	0.963	0.758	0:00:06
Slope One	0.946	0.743	0:00:09
k-NN	0.98	0.774	0:00:08
Centered k-NN	0.951	0.749	0:00:09
k-NN Baseline	0.931	0.733	0:00:13
Co-Clustering	0.963	0.753	0:00:06
Baseline	0.944	0.748	0:00:02
Random	1.518	1.219	0:00:01

圖 6.9　Surprise 提供各式的演算法，以上是使用影評資料 (Movielens 100k) 所測試的結果 (Benchmark)

Surprise 安裝指令如下：

pip install surprise

» **範例 6.** 以 KNN 演算法實作電影推薦，資料集為 MovieLens 100K，可參閱 MovieLens 說明 [14]。

程式：06_07_surprise_test.ipynb。

1.　載入相關套件。

```
1  from surprise import SVD, KNNBasic
2  from surprise import Dataset
3  from surprise import accuracy
4  from surprise.model_selection import train_test_split
```

2.　載入影評資料集，它有多種檔案大小，這裡使用 100KB 大小的檔案。

```
1  # 載入內建 movielens-100k 資料集
2  data = Dataset.load_builtin('ml-100k')
3  print('user id\titem id\trating\ttimestamp')
4  data.raw_ratings[:10]
```

● 共 4 個欄位：觀眾代碼、電影代碼、評分、時間戳記，只會用到前 3 個欄位。

```
user id item id rating  timestamp

[('196', '242', 3.0, '881250949'),
 ('186', '302', 3.0, '891717742'),
 ('22', '377', 1.0, '878887116'),
 ('244', '51', 2.0, '880606923'),
 ('166', '346', 1.0, '886397596'),
 ('298', '474', 4.0, '884182806'),
 ('115', '265', 2.0, '881171488'),
 ('253', '465', 5.0, '891628467'),
 ('305', '451', 3.0, '886324817'),
 ('6', '86', 3.0, '883603013')]
```

3. 資料分割。

```
1  # 切分為訓練及測試資料，測試資料佔 25%
2  trainset, testset = train_test_split(data, test_size=.25)
```

4. 模型訓練。

```
1  # 使用 KNN 演算法
2  model = KNNBasic()
3
4  # 訓練
5  model.fit(trainset)
```

5. 模型評分。

```
1  # 測試
2  predictions = model.test(testset)
3
4  # 計算 RMSE
5  accuracy.rmse(predictions);
```

- 輸出結果：RMSE=0.9874。

6. 使用 SVD 比較效能。

```
1  model = SVD()
2  model.fit(trainset)
3  predictions = model.test(testset)
4  accuracy.rmse(predictions);
```

- 輸出結果：RMSE=0.9405，比 KNN 稍好。

6-2-4 KNN 優缺點

優點：

1. 邏輯簡單、易於解釋：不使用 Scikit 功能，自行開發也很簡單，參閱 06_08_knn_from_scratch_iris.ipynb[15]。

2. 實現 KNN 只需要兩個參數，K 值和距離函數。

3. 距離函數不一定要是歐幾里得距離 (Euclidean distance)，可以是其他距離，如下圖的迷宮，若考慮的是行走的 數，不是直線距離，就可以採用曼哈頓距離 (Manhattan distance) 計算。其他還有 Hamming 距離、Jaccard 距離、夾角 (Cosine similarity)…，都可以應用到自然語言、影像等領域。

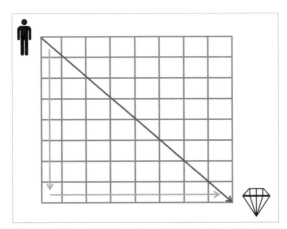

圖 6.10 曼哈頓距離 vs. 歐幾里得距離，曼哈頓距離是 數，歐幾里得距離是直線距離

缺點：

1. 若是大量資料或高維資料，計算會非常耗時，因為預測時必須每一點都與所有訓練樣本算一次距離，並對距離排序，才能找到最近鄰。

2. 不適用於類別 (定性) 特徵，因為類別特徵很難定義距離，如編碼不當，預測可能會失準。

6-3　單純貝氏分類法 (Naïve Bayes Classifier)

單純貝氏分類法 (Naïve bayes classifier) 是依據貝氏定理 (Bayes theorem) 衍生的分類演算法，因此，我們先來研究貝氏定理。

6-3-1 貝氏定理原理

貝氏定理是一條件機率 (Conditional probability)，它與聯合機率 (Joint probability) 的關係如下：

$$P(Y \cap X) = P(Y|X) * P(X) \qquad \text{--- (1)}$$

其中，

$P(Y \cap X)$ 為聯合機率，表 X、Y 同時發生的機率。

$P(Y|X)$ 為條件機率，表當 X 已經發生的情況下，Y 發生的機率。

$P(X)$ 為 X 發生的機率。

公式 (1) 表示 X、Y 同時發生的機率就等於 X 先發生為 $P(X)$，Y 再發生為 $P(Y|X)$，兩事件獨立，故相乘。反之，Y 先發生，相對的下列公式也成立。

$$P(Y \cap X) = P(X|Y) * P(Y) \qquad \text{--- (2)}$$

(1)、(2) 合併，

$$P(Y|X) * P(X) = P(X|Y) * P(Y)$$

➡ $P(Y|X) = P(X|Y) * P(Y) / P(X)$ --- (3)

公式 (3) 就是所謂的貝氏定理。

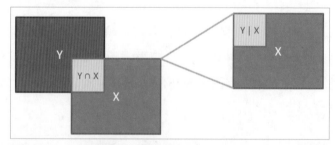

圖 6.11 聯合機率 vs. 條件機率，聯合機率是 X/Y 重疊的部分，條件機率是在 X 的面積下，X/Y 重疊部分佔的比例。

貝氏定理公式組成的各項機率都另有名稱，如下圖：

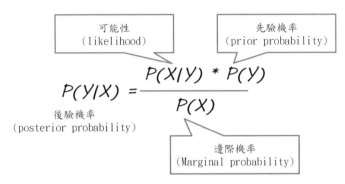

圖 6.12　貝氏定理公式中各項機率的名稱

1. 先驗機率 (prior probability)：未知 X 情況下，Y 發生的機率。

2. 後驗機率 (posterior probability)：已知 X 發生情況下，Y 發生的機率。

3. 可能性 (likelihood)：已知 Y 發生情況下，X 發生的機率。

4. 邊際機率 (Marginal probability)：沒有任何資訊情況下，X 發生的機率。
   通常此機率是未知的，會以 P(X|Y)*P(Y) + P(X|~Y)*P(~Y) 來估計，~Y
   表『非 Y』，公式即『已知 Y 發生，X 會發生的機率』+『已知 Y 未發生，
   X 會發生的機率』，貝氏定理公式變成：

$$P(Y|X) = \frac{P(X|Y) * P(Y)}{P(X|Y) * P(Y) + P(X|~Y) * P(~Y)}$$

以上公式主要就是要顯現『在先驗機率的基礎上，納入新事件的資訊後，算
出來的機率稱為後驗機率』，因為有額外的資訊，後驗機率會比先驗機率來
的大，也就是比較準。『會算貝氏定理的人生是彩色的』[16] 一文舉了一個
非常棒的例子，說明不懂貝氏定理會發生『基率謬誤』(Base rate fallacy)，
摘要如下：

1. 命題：每逢有人因車禍不幸橫死，當記者報導死者是孝子，我們常唏噓
   說為何橫死的都是好人？因為依據統計，橫死的好人佔 92%。

2. 已知資訊：
- 每 100 人中只有 1 人（1%）是十惡不赦的「壞人」，其餘 99 人（99%）都是「好人」。
- 有 90% 的壞人遭車禍橫死，而只有 10% 的好人車禍橫死。

3. 破題：依據貝式定理計算

P(好人 | 橫死) = P(橫死 | 好人) * P(好人) / P(橫死) = 10% * 99% / (10% * 99% + 90% * 1%) = (0.1 * 0.99) / (0.1 * 0.99 + 0.9 * 0.01) = 0.9167 ≒ 0.92。

4. 結論就是因為 99% 是好人，所以，發生車禍橫死的好人數目也會比較多。

以上只有 X/Y 兩個變數，若是三個或以上的變數公式為何？

- 如果有三個變數，聯合機率如下：

$$P(A \cap B \cap C) = P((A \cap B) \cap C)$$
$$= P(C|A \cap B) * P(A \cap B)$$
$$= P(C|A \cap B) * P(B|A) * P(A)$$
$$= P(A) * P(B|A) * P(C|A \cap B)$$

- 如果有四個變數，聯合機率依此類推。

$$P(A \cap B \cap C \cap D) = P(A) * P(B|A) * P(C|A \cap B) * P(D|A \cap B \cap C)$$

» **範例 7.** 已知明天預報天氣，決定是否出門打網球，範例來自『Understanding Naïve Bayes algorithm』[17]。

1. 歷史資訊：
- 三個特徵 (X)：天氣 (Outlook)、溫度 (Temperature)、風速 (Windy)。
- Y：打網球與否 (Yes/No)。

Day	OUTLOOK	TEMPERATURE	WINDY	CLASS (PLAY = YES PLAY = NO)
1	Sunny	Hot	Weak	No
2	Overcast	Hot	Weak	Yes
3	Sunny	Hot	Strong	No
4	Rain	Cool	Strong	No
5	Rain	Cool	Weak	Yes
6	Rain	Mild	Weak	Yes
7	Overcast	Cool	Strong	Yes
8	Sunny	Mild	Weak	No
9	Sunny	Cool	Weak	Yes
10	Rain	Mild	Weak	Yes
11	Sunny	Mild	Strong	Yes
12	Overcast	Mild	Strong	Yes
13	Overcast	Hot	Weak	Yes
14	Rain	Mild	Strong	No

2. 計算 P(Outlook | Y)。

	Yes	No	P(Outlook|yes)	P(Outlook|No)
Overcast	4	0	4/9	0/5
Rain	3	2	3/9	2/5
Sunny	2	3	2/9	3/5
	Total yes = 9	Total no = 5		

3. 計算 P(Temperature| Y)。

	Yes	No	P(Temperature|yes)	P(Temperature |No)
Hot	2	2	2/9	2/5
Mild	4	2	4/9	2/5
Cool	3	1	3/9	1/5
	Total yes = 9	Total no = 5		

4. 計算 P(Windy | Y)。

	Yes	No	P(Windy |yes)	P(Windy |No)
Weak	6	2	6/9	2/5
Strong	3	3	3/9	3/5
	Total yes = 9	Total no = 5		

5. 問題：已知晴天 (Sunny)、溫度涼爽 (Cool)、風強 (Strong) ➡ 要打網球嗎？

   計算要打網球及不打網球的機率公式如下：

   $$P(class = Yes|X') = \frac{P(outlook = sunny|class = yes) * P(temperature = cool|class = yes) * P(windy = strong|class = yes) * P(class = yes)}{P(X')}$$

   $$P(class = No|X') = \frac{P(outlook = sunny|class = No) * P(temperature = cool|class = No) * P(windy = strong|class = No) * P(class = No)}{P(X')}$$

6. 計算分母 $P(X')$ 如下：根據 $P(X) = P(X|Y)*P(Y) + P(X|\sim Y)*P(\sim Y)$

   $P(X') = [P(class = yes)* P(outlook=sunny|class=yes)* P(temperature=cool|class=yes)* P(windy=strong|class=yes)] +$

   $[P(class = no)* P(outlook=sunny|class=no)* P(temperature=cool|class=no)* P(windy=strong|class=no)]$

   $$P(X') = \left(\frac{9}{14} * \frac{2}{9} * \frac{3}{9} * \frac{3}{9}\right) + \left(\frac{5}{14} * \frac{3}{5} * \frac{1}{5} * \frac{3}{5}\right) = 0.0408$$

7. 計算要打網球及不打網球的機率：

   $$P(class = Yes|X') = \frac{(9/14 * 2/9 * 3/9 * 3/9)}{0.0408} = 0.387$$

   $$P(class = No|X') = \frac{(5/14 * 3/5 * 1/5 * 3/5)}{0.0408} = 0.613$$

8. 結論：不打網球的機率 (0.613) > 要打網球的機率 (0.387)，決定明天不出門打網球。

➤➤ **範例 8.** 以貝氏定理玩 Monty Hall 遊戲，這個遊戲在台灣的綜藝節目也常出現，遊戲中共有三道門，其中一道門後面是汽車，另外兩道門後面是山羊，主持人 Monty Hall 要來賓挑選一道門，但先不要打開。來賓挑定後，主持人打開另外兩道門之一，顯示門後是一隻山羊，這時主持人問來賓要換選另一道沒開的門，還是維持原來選定的門。

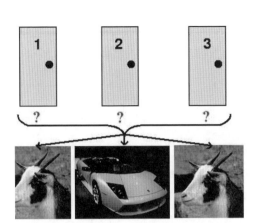

圖 6.13 Monty Hall 遊戲，圖片來源：『會算貝氏定理的人生是彩色的』[16]

當時號稱全世界 IQ 最高的專欄作家 Marilyn vos Savant 主張一定要換門，因為來賓猜對的機率是 1/3，故其他兩道門有車的機率是 2/3，現在主持人打開兩道門其中一道，而且不是車，故剩下的那一道門有車的機率就是 2/3。當時很多讀者不相信 Marilyn 的解釋，包括數學教授，他們認為還沒開的兩道門猜中汽車的機率應該一樣，換門並沒有用。以下，我們就用貝氏定理相關概念證明，讀者可以先想一想，再看以下答案。

解答：以下畫面來自『How to Develop an Intuition for Probability With Worked Examples』[18]。

1. 車跟羊有下列三種排列方法，來賓猜對機率都是 1/3，假設來賓猜第 1 道門。

```
1 Door 1 | Door 2 | Door 3 | Unconditional Probability
2 Goat     Goat     Car      1/3
3 Goat     Car      Goat     1/3
4 Car      Goat     Goat     1/3
```

2. 主持人開一扇後面是羊的門，例如第 2 道門，只有第 1、3 種排法才可以開第 2 扇門，故第 1、3 種排法猜中車子的條件機率各是 1/2，第 2 種排法主持人無法開第 2 扇門，故條件機率是 0。

```
1 Door 1 | Door 2 | Door 3 | Uncon. | Cond.
2 Goat     Goat     Car      1/3      1/2
3 Goat     Car      Goat     1/3      0
4 Car      Goat     Goat     1/3      1/2
```

3.　換 (Switch) 與不換 (Stay) 的結果：換的話，猜中機率為 2/3(第 1、2 種排法)，不換的話，猜中機率為 1/3(第 3 種排法)。

```
1 Door 1 | Door 2 | Door 3 | Stay | Switch
2 Goat     Goat     Car      Goat   Car
3 Goat     Car      Goat     Goat   Car
4 Car      Goat     Goat     Car    Goat
```

4.　依此類推，來賓猜第 2 或 3 道門，結果也是一樣。

5.　換一種解法，改用聯合機率證明。假設來賓選第 1 道門，主持人打開第 3 道門。

　　● 如第 1 道門是車 (1/3)，且主持人打開第 3 道門 (只有 2、3 可以開)：

　　P(door1= 車 and door3=open) = 1/3 * 1/2 = 1/6

　　● 如第 2 道門是車 (1/3)，且主持人打開第 3 道門 (唯一選擇)：

　　P(door2= 車 and door3=open) = 1/3 * 1 = 1/3

　　➡ 1/3 > 1/6，要換至第 2 道門。

6.　另一種狀況：假設來賓還是選第 1 道門，主持人打開第 2 道門。

P(door1= 車 and door2=open) = 1/3 * 1/2 = 1/6

P(door3= 車 and door2=open) = 1/3 * 1 = 1/3

➡ 1/3 > 1/6，要換至第 3 道門。

7.　同理可證，其他排列組合，結果也是一樣，都是要換，很有趣吧。

6-3-2 單純貝氏分類器原理

1.　根據貝氏定理 $P(Y|X) = P(X|Y) * P(Y) / P(X)$，假設 X 有多個特徵，則公式變成：

$$P(Y|X_1, X_2, X_3, \cdots X_n) = P(X_1, X_2, X_3, \cdots X_n |Y) * P(Y) / P(X_1, X_2, X_3, \cdots X_n)$$

2.　預測時主要是比較各類別的機率，分母 P(X) 與 Y 無關，不管是計算哪一類的機率，都是常數，可省略，故只需分子：

$$P(X_1, X_2, X_3, \cdots X_n |Y) * P(Y) = P(Y, X_1, X_2, X_3, \cdots X_n) \text{ --- 聯合機率}$$

3. 根據連鎖法則，聯合機率可轉換為：

P(Y) * P(X_1| Y) * P(X_2| Y, X_1) * P(X_3| Y, X_1, X_2) * ⋯ * P(X_n| Y, X_1, X_2, ⋯X_{n-1})

4. 單純 (Naïve) 或翻譯為『樸素』，是假設個特徵是互相獨立的 (與線性迴歸相同假設)，故 P(X_i| Y, X_j) = P(X_i| Y) ，聯合機率可進一步轉換為：

P(Y) * P(X_1| Y) * P(X_2| Y) * P(X_3| Y) * ⋯ * P(X_n| Y)

➡ P(Y) * $\prod_{i=1}^{n}$ P(X_i| Y)

其中 Π 為連乘符號。

再加縮放因子 Z(Softmax 函數)，轉換成機率：

➡ $\frac{1}{Z}$ P(Y) * $\prod_{i=1}^{n}$ P(X_i| Y)

5. 單純貝氏分類器可寫成以下公式：

$$\underset{y}{\text{argmax}}\ P(Y = y) * \prod_{i=1}^{n} P(X_i| Y = y)$$

其中 argmax 是找到機率最大的類別索引值。

6. Scikit-learn 支援多種單純貝氏分類器，即假設 P(X_i| Y=y) 為不同的機率分配，例如高斯 (Gaussian) 單純貝氏分類器就是假設 P(X_i| Y=y) 符合高斯機率分配，亦即常態分配。另外還有伯努利分配 (Bernoulli)、多項分配 (Multinomial)，伯努利是二項分配的特例，例如擲硬幣，只有正面跟反面，若可擲很多次，即稱為二項分配，而擲骰子屬多分類，有 6 種，則稱為多項分配。

相關理論說明可詳閱『 維基百科單純貝氏分類器 』[19]。

6-3-3 單純貝氏分類器實作

>> **範例 9.** 自行開發高斯單純貝氏分類器,並進行鳶尾花品種的辨識。

程式:06_09_naive_bayes_from_scratch.ipynb,程式修改自『Implementing Naive Bayes Algorithm from Scratch』[20]。

1. 載入相關套件。

```
1  from sklearn import datasets
2  from sklearn.model_selection import train_test_split
3  from sklearn.metrics import accuracy_score
4  import numpy as np
```

2. Naïve Bayes 演算法類別:依照貝氏定理公式撰寫程式

$P(y|X) = P(X|y) * P(y) / P(X)$

並計算 P(X),使用常態分配的機率 (pdf)。

```
1  # 貝氏定理 P(y|X) = P(X|y) * P(y) / P(X)
2  class NaiveBayesClassifier():
3      # 計算常態分配的機率(pdf) : P(X)
4      def gaussian_density(self, class_idx, x):
5          '''
6          常態分配 pdf 公式:
7          (1/√2pi*σ) * exp((-1/2)*((x-μ)^2)/(2*σ²))
8          '''
9          mean = self.mean[class_idx]
10         var = self.var[class_idx]
11         numerator = np.exp((-1/2)*((x-mean)**2) / (2 * var))
12         denominator = np.sqrt(2 * np.pi * var)
13         prob = numerator / denominator
14         return prob
```

```
16     # 計算後驗機率 P(y|X)
17     def calc_posterior(self, x):
18         posteriors = []
19
20         # 計算每一類的後驗機率 P(y|X)
21         for i in range(self.count):
22             # 使用 log 比較穩定
23             prior = np.log(self.prior[i])
24             conditional = np.sum(np.log(self.gaussian_density(i, x)))
25             posterior = prior + conditional
26             posteriors.append(posterior)
27
28         # 傳回最大機率的類別
29         return self.classes[np.argmax(posteriors)]
```

```
31     # 訓練
32     def fit(self, features, target):
33         self.classes = np.unique(target)
34         self.count = len(self.classes)
35         self.feature_nums = features.shape[1]
36         self.rows = features.shape[0]
37
38         # 計算每個特徵的平均數、變異數
39         data = np.concatenate((target.reshape(-1, 1), features), axis=1)
40         self.mean = np.array([np.mean(data[data[:,0]==i, 1:], axis=0)
41                             for i in self.classes])
42         self.var = np.array([np.var(data[data[:,0]==i, 1:], axis=0)
43                             for i in self.classes])
44         # 計算先驗機率 P(y)
45         self.prior = np.array([target[target==i].shape[0]
46                             for i in self.classes]) / self.rows
47
48     # 預測
49     def predict(self, features):
50         preds = [self.calc_posterior(f) for f in features]
51         return preds
```

3. 載入資料集。

```
1  X, y = datasets.load_iris(return_X_y=True)
```

4. 資料分割。

```
1  X_train, X_test, y_train, y_test = train_test_split(X, y, test_size=.2)
```

5. 選擇演算法。

```
1  clf = NaiveBayesClassifier()
```

6. 模型訓練：單純貝氏分類器不需特徵縮放，請參閱『Naive Bayes Classifier: Essential Things to Know』[21]。

7. 模型評分。

```
1  # 計算準確率
2  y_pred = clf.predict(X_test)
3  print(f'{accuracy_score(y_test, y_pred)*100:.2f}%')
```

● 輸出結果：準確率 =96.67%。

>> 範例 10. 以 Scikit-learn 的單純貝氏分類器進行鳶尾花品種的辨識。

程式：06_10_Scikit-learn_naive_bayes.ipynb。

1. 載入相關套件。

```
1  from sklearn import datasets, preprocessing
2  from sklearn.model_selection import train_test_split
3  from sklearn.metrics import accuracy_score
```

2. 載入資料集。

```
1  X, y = datasets.load_iris(return_X_y=True)
```

3. 資料分割。

```
1  X_train, X_test, y_train, y_test = train_test_split(X, y, test_size=.2)
```

4. 模型訓練：使用高斯單純貝氏分類器。

```
1  from sklearn.naive_bayes import GaussianNB
2
3  clf = GaussianNB()
4  clf.fit(X_train, y_train)
```

5. 模型評分。

```
1  # 計算準確率
2  y_pred = clf.predict(X_test)
3  print(f'{accuracy_score(y_test, y_pred)*100:.2f}%')
```

● 輸出結果：準確率 =93.33%。

6. 使用伯努利單純貝氏分類器。

```
1  from sklearn.naive_bayes import BernoulliNB
2
3  clf = BernoulliNB()
4  clf.fit(X_train, y_train)
5
6  # 計算準確率
7  y_pred = clf.predict(X_test)
8  print(f'{accuracy_score(y_test, y_pred)*100:.2f}%')
```

● 輸出結果：準確率 =20%，因為 X 不可能是二分類的變數。

7. 使用多項單純貝氏分類器。

```
1  from sklearn.naive_bayes import MultinomialNB
2
3  clf = MultinomialNB()
4  clf.fit(X_train, y_train)
5
6  # 計算準確率
7  y_pred = clf.predict(X_test)
8  print(f'{accuracy_score(y_test, y_pred)*100:.2f}%')
```

● 輸出結果：準確率 =93.33%，與高斯單純貝氏分類器差不多或稍低，因為鳶尾花特徵 (X) 比較可能符合常態分配。

» **範例 11.** 以單純貝氏分類器進行垃圾信分類。

程　式： 06_11_naive_bayes_spam.ipynb， 修 改 04_20_spam_classification_with_tfidf，將羅吉斯迴歸換成高斯單純貝氏分類器。

```
1  from sklearn.naive_bayes import GaussianNB
2
3  clf = GaussianNB()
4  clf.fit(X_train, y_train)
```

● 結果：準確率 =89.51%，比羅吉斯迴歸低，但實際測試簡短的例句卻比較準，例如『Thanks for your subscription to Ringtone UK your mobile will be charged』判斷為垃圾信，在訓練資料中完整的句子『Thanks for your subscription to Ringtone UK your mobile will be charged for 5/month Please confirm by replying YES or NO. If you reply NO you will not be charged』確實是垃圾信。

6-3-4 單純貝氏分類器優缺點

優點：

1. 訓練與預測速度都很快：因為單純使用數學公式求解，不需優化求解，常被當作標竿 (Baseline)，如果其他演算法準確率沒有比單純貝氏分類器高，那使用單純貝氏分類器就夠了。

2. 容易解釋。

3. 沒有太多參數需要調校。

缺點：

1.　單純貝氏分類器假設 $P(X_i| Y=y)$ 符合高斯機率分配或其他分配，不一定成立。

6-4　本章小結

本章列舉三種分類演算法，包括羅吉斯迴歸、最近鄰 (KNN) 及單純貝氏分類器，各有優缺點及假設，在使用時可依資料集特性，選擇適當演算法，若無偏好，也可以每一種都試試看，找出最佳模型及最佳參數組合，後面會專章介紹參數調校。

下一章繼續介紹其他的分類演算法，包括支援向量機、決策樹及隨機森林等。

6-5　延伸練習

1.　請參閱『Building A Logistic Regression in Python, Step by Step』[22]，繼續完成行銷活動的目標客戶篩選。

2.　修改 06_06_knn_book_recommender.ipynb，應用 Surprise 套件進行書籍推薦。

參考資料 (References)

[1]　深度學習：最佳入門邁向 AI 專題實戰 (https://www.tenlong.com.tw/products/9789860776263?list_name=b-r7-zh_tw)

[2]　優化雙雄 -- 最小平方法 (OLS) vs. 最大概似法 (MLE), Part 2 (https://ithelp.ithome.com.tw/articles/10231807)

[3]　Probability concepts explained: Maximum likelihood estimation (https://towardsdatascience.com/probability-concepts-explained-maximum-likelihood-estimation-c7b4342fdbb1)

[4]　Logistic Regression from scratch in Python (https://medium.com/@martinpella/logistic-regression-from-scratch-in-python-124c5636b8ac)

[5]   Jepp Bautista, Logistic Regression from scratch - Python (https://www.kaggle.com/code/jagannathrk/logistic-regression-from-scratch-python)

[6]   Sambhaji Pawale, Logistic Regression Case Study: Statistical Analysis in Python (https://medium.com/swlh/logistic-regression-case-study-statistical-analysis-in-python-d5e3f4efbb30)

[7]   IBM Employee Attrition (https://www.kaggle.com/pavansubhasht/ibm-hr-analytics-attrition-dataset/download)

[8]   維基百科 Multiclass classification (https://en.wikipedia.org/wiki/Multiclass_classification)

[9]   Scikit-learn 羅吉斯迴歸網頁說明 (https://scikit-learn.org/stable/modules/generated/sklearn.linear_model.LogisticRegression.html)

[10]   Scikit-learn KNN 演算法網頁說明 (https://scikit-learn.org/stable/modules/generated/sklearn.neighbors.KNeighborsClassifier.html)

[11]   Susan Li, Building A Book Recommender System – The Basics, KNN and Matrix Factorization (https://datascienceplus.com/building-a-book-recommender-system-the-basics-knn-and-matrix-factorization/)

[12]   線代啟示錄奇異值分解 (SVD) (https://ccjou.wordpress.com/2009/09/01/ 奇異值分解 -svd/)

[13]   Surprise 文件說明 (https://surprise.readthedocs.io/en/stable/getting_started.html)

[14]   MovieLens 100K 說明 (https://files.grouplens.org/datasets/movielens/ml-100k-README.txt)

[15]   Turner Luke, Create a K-Nearest Neighbors Algorithm from Scratch in Python (https://towardsdatascience.com/create-your-own-k-nearest-neighbors-algorithm-in-python-eb7093fc6339)

[16]   林澤民 , 會算貝氏定理的人生是彩色的 (https://pansci.asia/archives/155071)

[17]   Vaibhav Jayaswal, Understanding Naïve Bayes algorithm (https://towardsdatascience.com/understanding-na%C3%AFve-bayes-algorithm-f9816f6f74c0)

[18]   Jason Brownlee, How to Develop an Intuition for Probability With Worked Examples (https://machinelearningmastery.com/how-to-develop-an-intuition-for-probability-with-worked-examples/)

[19] 維基百科單純貝氏分類器 (https://zh.wikipedia.org/zh-tw/ 朴素　叶斯分　器)

[20] Luliia Stanina, Implementing Naive Bayes Algorithm from Scratch (https://machinelearningmastery.com/naive-bayes-classifier-scratch-python/)

[21] Praveen Pareek, Naive Bayes Classifier: Essential Things to Know (https://medium.datadriveninvestor.com/naive-bayes-classifier-essential-things-to-know-c0d7d30b2954)

[22] Susan Li, Building A Logistic Regression in Python, Step by Step (https://towardsdatascience.com/building-a-logistic-regression-in-python-step-by-step-becd4d56c9c8)

分類(Classification) 演算法(二)

本章繼續探討其他分類演算法，包括支援向量機 (SVM)、決策樹 (Decision Tree) 及隨機森林 (Random forest) 等。

7-1　支援向量機 (Support Vector Machine)

支援向量機 (Support Vector Machine，以下簡稱 SVM)，希望找到一完美的超平面（Hyperplane），使分離的間隔 (Margin) 愈寬愈好，以圖 7.1 左圖為例，3 條虛線都可以完美分離兩類的資料，哪一條比較好呢？SVM 以間隔寬度作為評判標準，再觀察圖 7.1 右圖，SVM 使用兩類資料較靠近中間的點，稱為支援向量 (Support vectors)，依據這些點找到最大寬度的間隔，間隔中間的虛線即為超平面。下圖是兩個特徵構成 2 度空間，如果三個特徵就構成 3 度空間，因此，分隔線就會變成一個平面，若更多的特徵，那就分隔線就會變成超平面（Hyperplane）。

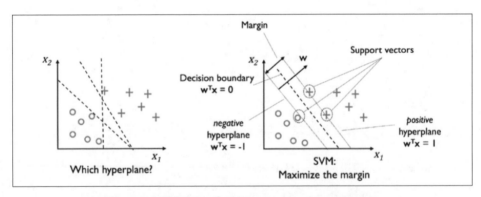

圖 7.1 支援向量機 (Support Vector Machine，SVM) 概念，
圖片來源：Python Machine Learning[1]

7-1-1 支援向量機原理

● 　支援向量機也屬於線性分離，因此我們可以假設分隔線為：

$w^T x + b = 0$

- 間隔兩旁的線可定義為：

$w^T x_{pos} + b = 1$ ----- (1)

$w^T x_{neg} + b = -1$ ----- (2)

- 如果是圖 7.1 中的 +，即 y=1，則

$w^T x_{pos} + b >= 1$

- 反之如果是圖 7.1 中的 o，即 y=-1，則

$w^T x_{neg} + b <= -1$

- 間隔 (Margin) 寬度等於 (1) - (2)：

$w^T(x_{pos} - w^T x_{neg}) = 2$ ----- (3)

- w 向量大小公式如下：

$$||w|| = \sqrt{\sum_{j=1}^{m} w_j^2}$$

- 對公式 (3) 進行正規化 (Normalization)：

$$\frac{w^T(x_{pos} - x_{neg})}{||w||} = \frac{2}{||w||}$$

- 間隔愈大愈好：

最大化目標函數： $\frac{w^T(x_{pos} - x_{neg})}{||w||}$ 也就是 $\frac{2}{||w||}$

限制條件 (Subject to, st)：

$w^T x_{pos} + b >= 1$ if y=1

$w^T x_{neg} + b <= -1$ if y=-1

● 　可以改為最小化，限制條件合而為一：

最小化目標函數： $\frac{\|w\|}{2}$ ：

限制條件：

$y(w^Tx + b) >= 1$

得到線性規劃的定義後，我們就可以使用二次規劃 (Quadratic Programming) 求解，台大教授林智仁開發 LIBSVM 函數庫 [2][3] 獲得許多人引用，包括 Scikit-learn[4]，真的是台灣之光啊。LIBSVM 函數庫是以 C++ 及 Java 開發的，提供 Python、R、Matlab…等 API，特別的是它並不是使用梯度下降法，而是採用另外的解法，函數庫可至台大 LIBSVM 網頁 [5] 下載。

7-1-2 支援向量機實作

>> **範例 1.** 自行開發支援向量機，並進行鳶尾花品種的辨識。

程式：07_01_svm_from_scratch.ipynb，程式修改自『Implementing Support Vector Machine From Scratch』[6]，採用梯度下降法。

1. 　載入相關套件。

```
1  from sklearn import datasets
2  from sklearn.model_selection import train_test_split
3  from sklearn.metrics import accuracy_score
4  import numpy as np
```

2. 　SVM 演算法類別。

```
1  class SVM:
2      def __init__(self, learning_rate=1e-3, lambda_param=1e-2, n_iters=1000):
3          self.lr = learning_rate
4          self.lambda_param = lambda_param
5          self.n_iters = n_iters
6          self.w = None
7          self.b = None
8
9      # 初始化權重、偏差
10     def _init_weights_bias(self, X):
11         n_features = X.shape[1]
12         self.w = np.zeros(n_features)
13         self.b = 0
```

```
14
15      # 類別代碼：-1, 1
16      def _get_cls_map(self, y):
17          return np.where(y <= 0, -1, 1)
18
19      # 限制條件：y(wx + b) >= 1
20      def _satisfy_constraint(self, x, idx):
21          linear_model = np.dot(x, self.w) + self.b
22          return self.cls_map[idx] * linear_model >= 1
```

```
24      # 反向傳導
25      def _get_gradients(self, constrain, x, idx):
26          if constrain:
27              dw = self.lambda_param * self.w
28              db = 0
29              return dw, db
30
31          dw = self.lambda_param * self.w - np.dot(self.cls_map[idx], x)
32          db = - self.cls_map[idx]
33          return dw, db
34
35      # 更新權重、偏差
36      def _update_weights_bias(self, dw, db):
37          self.w -= self.lr * dw
38          self.b -= self.lr * db
39
40      # 訓練
41      def fit(self, X, y):
42          self._init_weights_bias(X)
43          self.cls_map = self._get_cls_map(y)
44
45          for _ in range(self.n_iters):
46              for idx, x in enumerate(X):
47                  constrain = self._satisfy_constraint(x, idx)
48                  dw, db = self._get_gradients(constrain, x, idx)
49                  self._update_weights_bias(dw, db)
```

```
51      #預測
52      def predict(self, X):
53          estimate = np.dot(X, self.w) + self.b
54          prediction = np.sign(estimate)
55          return np.where(prediction == -1, 0, 1)
```

3. 載入資料集。

```
1  X, y = datasets.load_iris(return_X_y=True)
```

4. 資料分割。

```
1  X_train, X_test, y_train, y_test = train_test_split(X, y, test_size=.2)
```

5. 特徵縮放。

```
1  from sklearn.preprocessing import StandardScaler
2
3  scaler = StandardScaler()
4  X_train_std = scaler.fit_transform(X_train)
5  X_test_std = scaler.transform(X_test)
```

6. 選擇演算法。

```
1  clf = SVM()
```

7. 模型訓練。

```
1  clf.fit(X_train_std, y_train)
```

8. 模型評分。

```
1  # 計算準確率
2  y_pred = clf.predict(X_test_std)
3  print(f'{accuracy_score(y_test, y_pred)*100:.2f}%')
```

- 輸出結果：準確率 =63.33%，偏低，在類別初始化時改變預設參數值也無效。不過，我們只是希望瞭解 SVM 原理而已，真的要修改 SVM，應該從 LIBSVM 著手。

7-1-3　Scikit-learn SVM

Scikit-learn SVM 同時支援迴歸 (SVR) 與分類 (SVC)，我們先以 SVC 進行鳶尾花分類，了解相關用法。

>> **範例 2.** 以 Scikit-learn SVM 進行鳶尾花品種的辨識。

程式：07_02_Scikit-learn_svm.ipynb，與前一程式差異只有模型訓練使用的演算法。

1. 模型訓練：使用 SVC。

```
1  from sklearn.svm import SVC
2
3  clf = SVC()
4  clf.fit(X_train_std, y_train)
```

2. 模型評分：準確率 =93.33%，比自行開發支援向量機準確很多。

Scikit-learn SVC 同時支援線性與非線性分離，因此，重要參數與羅吉斯迴歸、Kernel PCA 類似，再說明如下：

1. C：Regularization 強度的倒數，即 C 愈大，Regularization 強度愈小，預設為 1，C 愈大，表愈不能容忍錯誤，即懲罰項強度愈小，使切割的 margin 愈窄。

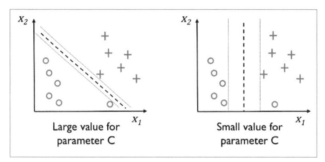

圖 7.2 Regularization 強度的影響，圖片來源：Python Machine Learning[1]

2. kernel(核)：提供 linear(線性)、poly(多項式)、rbf(半徑為基礎)、sigmoid(羅吉斯迴歸)、cosine(餘弦)、預先計算的 (precomputed)，預設為 linear，等同於 PCA，預先計算的 (precomputed) 是指我們可以自訂核函數。

3. degree：poly 的次方，預設值為 3。

4. gamma：kernel 係數，適用於 poly、rbf、sigmoid 3 種 kernel，如果未設定或為 None，gamma = 1 / 特徵個數，一般而言，Gamma 越小會考慮較大範圍的樣本點，模型會較簡化，反之較大的 Gamma 值，只考慮較近的點，模型較複雜，容易過度擬合 (Overfitting)，詳細說明可參閱『SVM Gamma Parameter』[7]。

5. class_weight：類別權重，可矯正不平衡的資料集，例如 06_02_logistic_regression_attrition.ipynb，若指定 balanced，會依類別筆數的倒數，指定權重，即可平衡資料。

6.　probability：SVC 為 加 速 訓 練， 預 設 不 計 算 預 測 機 率， 須 設 定 probability=True，才能呼叫 predict_proba 函數。

模型訓練後可取得的重要屬性或方法如下：

1.　support_vectors_：取得支援向量。

2.　support_：取得支援向量索引值。

3.　predict_log_proba(x)：取得加 Log 的預測機率，會是比較穩定的結果。

4.　其他參數及屬性請參考 Scikit-learn SVC 說明網頁 [8]。

Scikit-learn 共有三種類別支援線性分離的 SVM，比較如下：

1.　LinearSVC：使用 liblinear 而非 LIBSVM 函數庫，專注在線性分離，執行效能較佳，並可設定正則化的懲罰項 (penalty)、損失函數等，適合大資料集。

2.　SVC(kernel="linear")：SVC 可同時處理線性分離及非線性分離，執行效能較差。

3.　SGDClassifier：使用梯度下降法求解，適合記憶體有限的環境。

≫ **範例 3.** 利用 sample_weight 矯正不平衡的資料集。

程式：07_03_svm_sample_weight.ipynb，程式修改自『Scikit-learn SVM: Weighted samples』[9]。

1.　載入相關套件。

```
1  import numpy as np
2  import matplotlib.pyplot as plt
3  from sklearn import svm
```

2.　生成 20 筆隨機資料：分為兩類，前 10 筆特別加 1，以作區別。

```
1  np.random.seed(0)
2  # 20筆資料，前10筆+1
3  X = np.r_[np.random.randn(10, 2) + [1, 1], np.random.randn(10, 2)]
4  # y 前10筆為1，後10筆為-1
5  y = [1] * 10 + [-1] * 10
6  X, y
```

3. 指定不同權重：初始權重為隨機亂數，後 5 筆權重再乘以 5，第 10 筆權重乘以 15，塑造為離群值。

```
1  # 初始權重為隨機亂數
2  modified_weight = abs(np.random.randn(len(X)))
3
4  # 後5筆權重乘以 5
5  modified_weight[15:] *= 5
6  # 第10筆權重乘以 15
7  modified_weight[9] *= 15
8  modified_weight
```

4. 未加權的模型訓練。

```
1  clf_no_weights = svm.SVC(gamma=1)
2  clf_no_weights.fit(X, y)
```

5. 加權的模型訓練：sample_weight 指定每一樣本的權重，較稀有的類別樣本指定較大的權重，以平衡資料集。

```
1  clf_weights = svm.SVC(gamma=1)
2  clf_weights.fit(X, y, sample_weight=modified_weight)
```

6. 決策邊界函數：使用等高線繪製決策邊界，其中第 5 行 decision_function 回傳樣本 X 與超平面的距離。

```
1  def plot_decision_function(classifier, sample_weight, axis, title):
2      # plot the decision function
3      xx, yy = np.meshgrid(np.linspace(-4, 5, 500), np.linspace(-4, 5, 500))
4
5      Z = classifier.decision_function(np.c_[xx.ravel(), yy.ravel()])
6      Z = Z.reshape(xx.shape)
7
8      # plot the line, the points, and the nearest vectors to the plane
9      axis.contourf(xx, yy, Z, alpha=0.75, cmap=plt.cm.bone)
10     axis.scatter(
11         X[:, 0],
12         X[:, 1],
13         c=y,
14         s=100 * sample_weight,
15         alpha=0.9,
16         cmap=plt.cm.bone,
17         edgecolors="black",
18     )
19
20     axis.axis("off")
21     axis.set_title(title)
```

7.　繪圖比較兩個模型。

```
1  plt.rcParams['font.sans-serif'] = ['Arial Unicode MS']
2  plt.rcParams['axes.unicode_minus'] = False
3
4  fig, axes = plt.subplots(1, 2, figsize=(14, 6))
5
6  # 權重全部為 1
7  constant_weight = np.ones(len(X))
8  plot_decision_function(
9      clf_no_weights, constant_weight, axes[0], "無加權的模型"
10 )
11
12 # 權重全部為 1
13 plot_decision_function(clf_weights, modified_weight, axes[1], "加權的模型")
```

● 輸出結果：左圖為未加權的模型，決策邊界相對單純，右圖為加權的
模型，對離群值特別加重權值 (比較大的點)，決策邊界會受到離群
值重大影響。

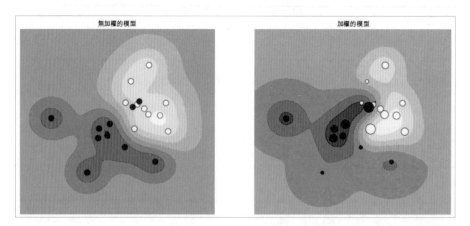

本例在模型訓練時使用 sample_weight 在每個樣本點加權，也可以使用 SVC
類別參數 class_weight 在目標變數上，給予各類別不同的權重，可參閱
『Scikit-learn SVM: Separating hyperplane for unbalanced classes』[10]。

7-1-4　非線性分離 SVM

非線性分離 SVM 的作法與 Kernel PCA 類似，均是將 X 乘以非線性的核
(Kernel)，再進行線性分離。以下我們舉一件簡單範例說明用法。

範例 4. 非線性分離 SVM 測試。

程式：07_04_svm_kernels.ipynb，程式修改自 Scikit-learn SVM-Kernels[11]。

1. 載入相關套件。

```
1  import numpy as np
2  import matplotlib.pyplot as plt
3  from sklearn import svm
```

2. 生成隨機資料：16 筆資料，分兩類。

```
1  # 16筆資料，分兩類
2  X = np.c_[
3      (0.4, -0.7),
4      (-1.5, -1),
5      (-1.4, -0.9),
6      (-1.3, -1.2),
7      (-1.1, -0.2),
8      (-1.2, -0.4),
9      (-0.5, 1.2),
10     (-1.5, 2.1),
11     (1, 1),
12     (1.3, 0.8),
13     (1.2, 0.5),
14     (0.2, -2),
15     (0.5, -2.4),
16     (0.2, -2.3),
17     (0, -2.7),
18     (1.3, 2.1),
19 ].T
20 Y = [0] * 8 + [1] * 8
```

3. 繪圖比較三種 kernels 模型。

```
1  plt.figure(figsize=(12, 4))
2  plt.subplot(1, 3, 1)
3  for fignum, kernel in enumerate(["linear", "poly", "rbf"]):
4      clf = svm.SVC(kernel=kernel, gamma=2)
5      clf.fit(X, Y)
6
7      plt.subplot(1, 3, fignum+1)
8      plt.scatter(
9          clf.support_vectors_[:, 0],
10         clf.support_vectors_[:, 1],
11         s=80,
12         facecolors="none",
13         zorder=10,
14         edgecolors="r",
15     )
```

```
16    colors=np.array(['yellow', 'lightgreen'])
17    plt.scatter(X[:, 0], X[:, 1], c=colors[Y], zorder=10, cmap=plt.cm.Paired)
18
19    x_min, x_max, y_min, y_max = -3, 3, -3, 3
20    XX, YY = np.mgrid[x_min:x_max:200j, y_min:y_max:200j]
21    Z = clf.decision_function(np.c_[XX.ravel(), YY.ravel()])
22    Z = Z.reshape(XX.shape)
23    plt.pcolormesh(XX, YY, Z > 0, cmap=plt.cm.Paired)
24    plt.contour(
25        XX,
26        YY,
27        Z,
28        colors=["k", "k", "k"],
29        linestyles=["--", "-", "--"],
30        levels=[-0.5, 0, 0.5],
31    )
32
33    plt.xlim(x_min, x_max);plt.ylim(y_min, y_max)
34    plt.xticks(());plt.yticks(())
```

● 輸出結果：左圖為線性模型，中圖為多項式模型，模型較複雜，右圖為半徑為基礎的模型，模型更複雜，請參閱範例程式，樣本點加紅框為支援向量，對決策邊界有重大影響。

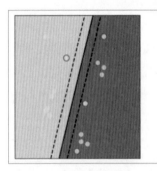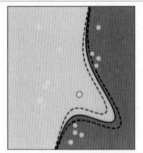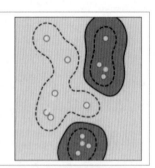

7-1-5　SVM 迴歸

許多分類演算法也支援迴歸，包括 SVM、決策數、隨機森林…等，與一般線性迴歸不同的是，他們支援非線性迴歸，另外，SVM 只考慮支援向量，故不會受離群值 (Outliers) 影響，Scikit-learn SVM 迴歸類別名稱為 SVR。

≫ 範例 5. Scikit-learn SVR 測試。

程式：07_05_svr_kernels.ipynb，將 05_02_linear_regression_boston 稍作修改。

1.   只要修改第 5 步驟『選擇演算法』。

```
1  from sklearn.svm import SVR
2  model = SVR(kernel="linear")
```

- 輸出結果：R^2=70% 左右，比線性迴歸高一點。

- kernel 預設值為 rbf，R^2 也差不多。

2.   取得偏差項及權重。

```
1  # 取得偏差項及權重
2  model.intercept_, model.coef_
```

- 如果 kernel 為非線性，無法取得權重，只有 kernel="linear"，才可以取得權重。

SVR 重要參數與 SVC 類似，可詳閱 Scikit-learn SVR 說明 [12]。

與 SVC 一樣，有 3 個線性迴歸類別：

1.   SVR(kernel="linear")：因為採用 LIBSVM，模型訓練時間與資料量平方成正比，故不適用 10,000 筆以上的資料集。

2.   LinearSVR：採用 liblinear，執行速度較快，並可選用正則化及損失函數較有彈性，也適用大資料集。

3.   SGDRegressor：使用梯度下降法求解，適合記憶體有限的環境。

7-1-6 SVM 人臉辨識

≫ **範例 6.** SVM 人臉辨識，這是 Scikit-learn 提供的範例 [13]，資料集含名人的圖像，並有標註姓名。

程式：07_06_svm_faces recognition.ipynb。

1.   載入相關套件。

```
1  from time import time
2  import matplotlib.pyplot as plt
3  from sklearn.model_selection import train_test_split
4  from sklearn.datasets import fetch_lfw_people
5  from sklearn.metrics import classification_report
6  from sklearn.metrics import ConfusionMatrixDisplay
7  from sklearn.decomposition import PCA
```

2. 載入人臉資料集。

```
1  lfw_people = fetch_lfw_people(min_faces_per_person=70, resize=0.4)
2  n_samples, h, w = lfw_people.images.shape
3
4  X = lfw_people.data
5  n_features = X.shape[1]
6  y = lfw_people.target
7  target_names = lfw_people.target_names
8  n_classes = target_names.shape[0]
9
10 print("Total dataset size:")
11 print(f"n_samples: {n_samples}")
12 print(f"n_features: {n_features}")
13 print(f"n_classes: {n_classes}")
```

● 輸出結果：

n_samples: 1288

n_features: 1850

n_classes: 7

3. 資料分割。

```
1  X_train, X_test, y_train, y_test = train_test_split(X, y, test_size=.2)
```

4. 特徵縮放。

```
1  from sklearn.preprocessing import StandardScaler
2
3  scaler = StandardScaler()
4  X_train_std = scaler.fit_transform(X_train)
5  X_test_std = scaler.transform(X_test)
```

5. 使用 PCA 萃取 150 個特徵：因為圖片有 1850 個像素 (特徵)，怕 SVM
無法承受，故先進行特徵萃取。

```
1  n_components = 150
2
3  t0 = time()
4  pca = PCA(n_components=n_components, svd_solver="randomized",
5            whiten=True).fit(X_train)
6
7  X_train_pca = pca.transform(X_train)
8  X_test_pca = pca.transform(X_test)
9  print(f"轉換耗時: {(time() - t0):.3f}s")
```

- 輸出結果：轉換耗時：0.183 秒，以很短的特徵萃取時間，節省模型訓練時間，也是一個很實用的技巧。

6. 模型訓練：class_weight=balanced 可矯正資料不平衡的現象。

```
1  from sklearn.svm import SVC
2
3  clf = SVC(kernel="rbf", class_weight="balanced")
4  clf.fit(X_train_pca, y_train)
```

7. 模型評分。

```
1  # 計算準確率
2  from sklearn.metrics import accuracy_score
3
4  y_pred = clf.predict(X_test_pca)
5  print(f'{accuracy_score(y_test, y_pred)*100:.2f}%')
```

- 輸出結果：準確率 =76.74%，辨識正確率雖不高，但模型訓練時間很短，不失為簡便的解決方案。

8. 分類報告：除準確率外，也提供精確率 (Precision)、召回率 (Recall)、F1 score，後續章節會有詳細介紹。

```
1  y_pred = clf.predict(X_test_pca)
2  print(classification_report(y_test, y_pred, target_names=target_names))
```

- 輸出結果：先只觀察精確率 (precision)，可以看到每一個名人的辨識率均不同。

	precision	recall	f1-score	support
Ariel Sharon	1.00	0.53	0.69	17
Colin Powell	0.84	0.75	0.79	36
Donald Rumsfeld	0.95	0.62	0.75	29
George W Bush	0.73	0.97	0.83	111
Gerhard Schroeder	0.75	0.48	0.59	25
Hugo Chavez	0.75	0.50	0.60	12
Tony Blair	0.69	0.64	0.67	28
accuracy			0.77	258
macro avg	0.82	0.64	0.70	258
weighted avg	0.79	0.77	0.76	258

9. 混淆矩陣圖。

```
1  ConfusionMatrixDisplay.from_estimator(
2      clf, X_test_pca, y_test, display_labels=target_names,
3      xticks_rotation="30"
4  );
```

● 輸出結果：非對角線是辨識錯誤的筆數，可以觀察某個名人被辨識程
其他人的筆數，如果有個格子筆數特別大，表示兩者難以分辨，可再
進行處理。

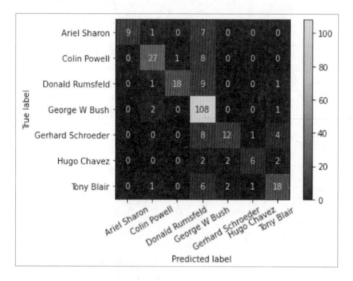

10. 結合圖像與預測結果驗證。

```
1   def plot_gallery(images, titles, h, w, n_row=3, n_col=4):
2       """Helper function to plot a gallery of portraits"""
3       plt.figure(figsize=(1.8 * n_col, 2.4 * n_row))
4       plt.subplots_adjust(bottom=0, left=0.01, right=0.99, top=0.90, hspace=0.35)
5       for i in range(n_row * n_col):
6           plt.subplot(n_row, n_col, i + 1)
7           plt.imshow(images[i].reshape((h, w)), cmap=plt.cm.gray)
8           plt.title(titles[i], size=12)
9           plt.xticks(())
10          plt.yticks(())
11
12  def title(y_pred, y_test, target_names, i):
13      pred_name = target_names[y_pred[i]].rsplit(" ", 1)[-1]
14      true_name = target_names[y_test[i]].rsplit(" ", 1)[-1]
15      return f"predicted: {pred_name}\ntrue:      {true_name}"
16
```

```
17
18  prediction_titles = [
19      title(y_pred, y_test, target_names, i) for i in range(y_pred.shape[0])
20  ]
21
22  plot_gallery(X_test, prediction_titles, h, w, n_row=6, n_col=4)
```

- 輸出結果： 預測與真實姓名不一致時，表辨識錯誤，圖像為真實的資料。

7-1-7 SVM 優缺點

優點：

1. 只考慮支援向量，故不會受離群值 (Outliers) 影響。

2. 同時支援分類與迴歸，也同時支援線性與非線性分離。

3. 只用少數的支持向量，是精簡的模型，記憶體使用量很省。

4. 高維的資料表現良好：除神經網路外，比其他演算法表現好。

5. 多樣的核函數配合，可適應多種形態的資料。

缺點：

1.　當資料筆數很大時，效能較差，至少需掃描 N^2 資料，最差為 N^3。

2.　可調校的參數很多，意謂必須以進行效能調校尋求最佳參數值，當樣本數很大時，執行成本較昂貴。

3.　預設不會產生各類別機率，除非參數 probability=True，但會影響執行速度。

7-2　決策樹 (Decision Tree)

決策樹 (Decision Tree) 是企業最常見的演算法，因為簡單易懂，而且可以生成決策圖，當作第一線人員的 SOP(標準作業程序)，例如下圖。另外，決策樹家族的演算法也很多元，其中 XGBoost、LGBM 被號稱為 Kaggle AI 競賽的神器。

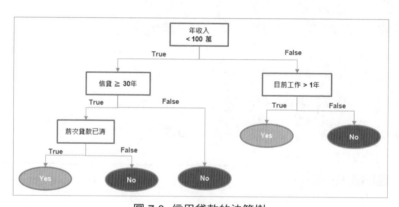

圖 7.3　信用貸款的決策樹

如上圖，決策樹是一棵倒立的樹，透過一連串的條件判斷 (節點)，最終結合多個條件作出決策或分類。例如信用貸款，承辦人員依決策樹詢問客戶：

1.　年收入是否小於 100 萬？

2.　如果是，再詢問還款期限是否要大於或等於 30 年？

3.　如果是，再詢問之前貸款是否已清？

4. 如果是，最後作出決策『核准信用貸款』。

5. 以上是決策樹最左方由上而下的路徑，依照其他路徑也會作出各式各樣的決策。決策樹會依條件重要性由上而下排列，因此，非常適合給第一線人員當作 SOP，最下面的節點為決策，我們稱之為葉節點 (Leaf node)。

7-2-1　決策樹原理

1. 決策樹如何產生節點 (條件)?

主要是依據資訊增益 (Information gain) 的概念產生的，如果一個條件能增加最多的資訊量，那它就被優先放在上面的節點。

2. 資訊量又如何定義呢 ?

主要有三種指標，都代表資訊混亂的程度，當指標可以降低的越多，就表示資訊增益越大。

- 熵 (Entropy)：源自分子混亂程度的衡量。
- Gini 不純度 (Gini Impurity)：如果節點都屬同一類，表示節點是純的，反之，就是不純。
- 分類錯誤率 (Classification Error)：分類錯誤的比例。

3. 資訊增益 (Information gain) 如何計算 ?

類似條件機率的概念，在上一層節點成立的條件下，進行再次的分割，其增加的資訊量即資訊增益，公式如下：

資訊增益 = 上一層節點資訊量 - (下一層左右兩節點資訊量的平均數)

7-2-1-1　熵 (Entropy)

熵 (Entropy) 的公式如下：

$$I_H(t) = -\sum_{i=1}^{c} p(i|t) \log_2 p(i|t)$$

主要是源自於資訊量需要多少位元 (bit) 儲存，例如天氣只有晴天、雨天兩種狀態，只需要 1 個位元，但如果將天氣細分為 8 種狀態 (晴天、多雲、小雨、颱風…)，那就需要 $\log_2(8) = 3$ 個位元，

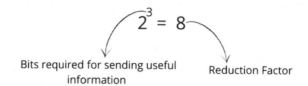

圖 7.4　Reduction factor，圖片來源：『Entropy, Cross-Entropy, and KL-Divergence Explained!』[14]

若事件發生的機率不相等時，例如晴天發生機率為 0.75，雨天發生機率為 0.25，則需要 0.81 bits，計算如下：

75%*log(1/0.75) bits + 25% * log(1/0.25) bits

= -75%*log(0.75) bits - 25% * log(0.25) bits

= 0.81 bits

其中 1/0.75、1/0.25 是要還原的 Reduction factor，又 log(1/x) = -log(x)，故公式須帶負號。

以 Python 程式碼驗算：

1.　import math;0.75 * math.log2(1.0/0.75) + 0.25 * math.log2(1.0/0.25)

2.　輸出結果：0.8112。

這就是 Entropy 公式的由來，公式中的 c：類別個數，p：發生機率。更詳細的說明可參閱『Entropy, Cross-Entropy, and KL-Divergence Explained!』[14]。另外『Data Science Interview Deep Dive: Cross-Entropy Loss』[15] 一文有很棒的圖例說明，從 Surprisal ➡ Entropy ➡ Cross-entropy ➡ Cross-Entropy Loss Function，一路說明 Entropy 相關術語的意義。例如，在山上看到一隻鳥與看到一隻貓熊，後者的驚訝程度應遠大於前者，表後者的資訊量比較大。另外，作者以四張圖說明 Surprisal、Entropy、Cross-entropy、Cross-Entropy Loss

Function 公式，也是一絕。

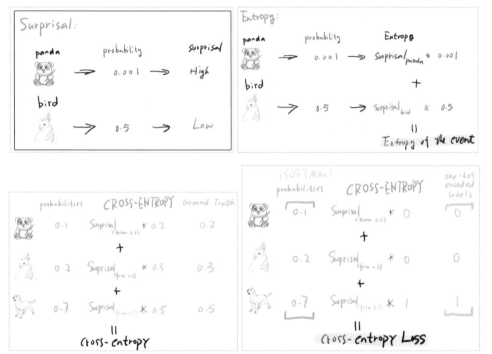

圖 7.5 Surprisal、Entropy、Cross-entropy、Cross-Entropy Loss Function 公式，
圖片來源：Data Science Interview Deep Dive: Cross-Entropy Loss[15]

7-2-1-2　Gini 不純度 (Gini Impurity)

Gini 不純度 (Gini Impurity) 根據『維基百科 Gini impurity』[16] 定義，表示
一個隨機樣本在集合中被分錯的可能性，公式為這個樣本被選中的機率乘以
它被分錯的機率。

$$I_G(t) = \sum_{i=1}^{c} p(i|t)(1 - p(i|t)) = 1 - \sum_{i=1}^{c} p(i|t)^2$$

1. 『Decision Trees: As You Should Have Learned Them 』[17] 一文有很棒的
    圖例說明。假設根據球的大小及重量來猜球的顏色 (因書為黑白印刷，
    分不清顏色，可參考原文)。

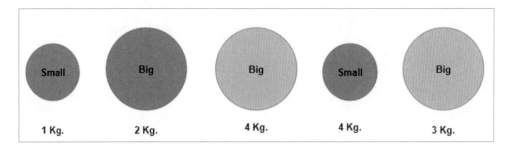

2. 隨機抽樣到一顆球：抽到綠球的機率是 2/5=0.4。

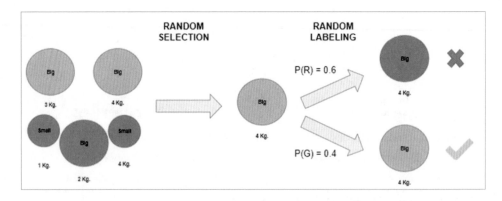

3. 計算 Gini 不純度：抽到紅球的機率是 3/5=0.6，猜錯的機率是 2/5=0.4，
    又抽到綠球的機率是 2/5=0.4，猜錯的機率是 3/5=0.6，所以，Gini 不純
    度為 0.48。

$$P1(R) * P2(G) + P1(G) * P2(R) = 0.6 * 0.4 + 0.4 * 0.6 = 0.48$$

即

$$\sum_{i=1}^{c} p(i|t)(1 - p(i|t))$$

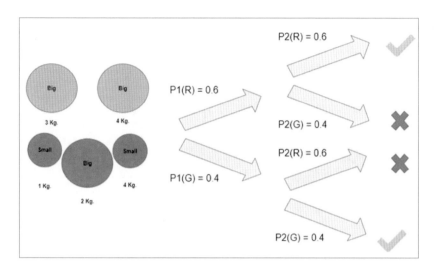

4. 依照上述公式，我們可以評估條件 X<=3.5Kg 及 X>3.5Kg 的 Gini 不純度，
   計算如下，最後得到 Gini 不純度 =0.467：

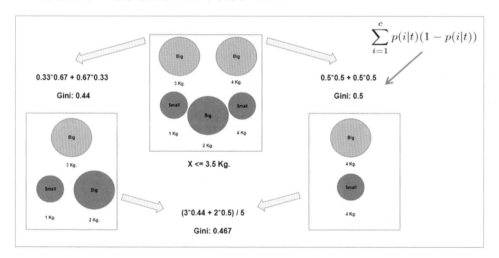

5. 再評估條件 X<=2.5Kg 及 X>2.5Kg 的 Gini 不純度，計算如下，最後得
   到 Gini 不純度 = 0.266，比上一條件 (0.467) 好。

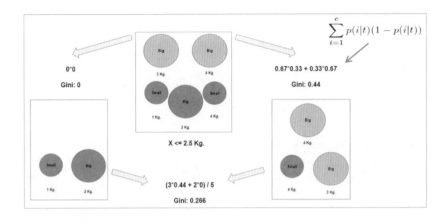

7-2-1-3 分類誤差率 (Misclassification Error)

分類錯誤率 (Misclassification Error) 公式為:

$$I_E = 1 - \max\left\{p\left(i\,|\,t\right)\right\}$$

以上圖而言,X<=2.5Kg 的錯誤機率 =0,X>2.5Kg 的錯誤機率 =1/3,故分類錯誤率 = 1-max(0, 1/3) = 2/3。

分類錯誤率較不常使用。

不管是哪一種資訊量,當 p=0.5 時,不純度最高,也就是兩類出現機率相等,很難分辨是哪一類,三種資訊量的機率密度函數 (pdf) 如下圖。

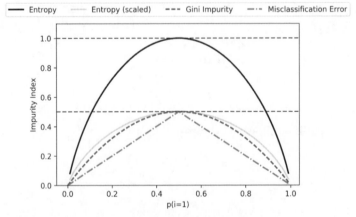

圖 7.6 三種資訊量的機率密度函數 (pdf)

7-2-1-4 資訊增益 (Information Gain)

資訊增益 = 上一層節點資訊量 - (下一層左右兩節點資訊量的平均數)

1.   假設有 A、B 兩方案如下，(30, 10) 表 c1 類別有 30 個，c1 類別有 10 個。

2.   以熵為基礎，計算資訊增益如下：

$$I_H\left(D_p\right) = -\left(0.5 \ \log_2\left(0.5\right) + 0.5 \ \log_2\left(0.5\right)\right) = 1$$

$$A : I_H\left(D_{left}\right) = -\left(\frac{3}{4}\log_2\left(\frac{3}{4}\right) + \frac{1}{4}\log_2\left(\frac{1}{4}\right)\right) = 0.81$$

$$A : I_H\left(D_{right}\right) = -\left(\frac{1}{4}\log_2\left(\frac{1}{4}\right) + \frac{3}{4}\log_2\left(\frac{3}{4}\right)\right) = 0.81$$

$$A : IG_H = 1 - \frac{4}{8}0.81 - \frac{4}{8}0.81 = 0.19$$

$$B : I_H\left(D_{left}\right) = -\left(\frac{2}{6}\log_2 + \left(\frac{2}{6}\right) + \frac{4}{6}\log_2 + \left(\frac{4}{6}\right)\right) = 0.92$$

$$B : I_H\left(D_{right}\right) = 0$$

$$B : IG_H = 1 - \frac{6}{8}0.92 - 0 = 0.31$$

A 方案資訊增益為 0.19，B 方案資訊增益為 0.31，故會選擇 B 方案。

3.   以 Gini 不純度為基礎，計算資訊增益如下：

$$I_G\left(D_p\right) = 1 - \left(0.5^2 + 0.5^2\right) = 0.5$$

$$A : I_G\left(D_{left}\right) = 1 - \left(\left(\frac{3}{4}\right)^2 + \left(\frac{1}{4}\right)^2\right) = \frac{3}{8} = 0.375$$

$$A : I_G\left(D_{right}\right) = 1 - \left(\left(\frac{1}{4}\right)^2 + \left(\frac{3}{4}\right)^2\right) = \frac{3}{8} = 0.375$$

$$A : I_G = 0.5 - \frac{4}{8}0.375 - \frac{4}{8}0.375 = 0.125$$

$$B : I_G\left(D_{left}\right) = 1 - \left(\left(\frac{2}{6}\right)^2 + \left(\frac{4}{6}\right)^2\right) = \frac{4}{9} = 0.\overline{4}$$

$$B : I_G\left(D_{right}\right) = 1 - \left(1^2 + 0^2\right) = 0$$

$$B : IG_G = 0.5 - \frac{6}{8}0.\overline{4} - 0 = 0.1\overline{\overline{6}}$$

A 方案資訊增益為 0.125，B 方案資訊增益為 0.16，故也會選擇 B 方案。

7-2-2　自行開發決策樹演算法

決策樹實作有多種演算法，包括 ID3、C4.5、CART。

1.　ID3：採用熵的資訊增益。

2.　C4.5：若某個特徵的每個值剛好可以識別一筆資料，例如身份證字號，那切出來的節點都是純的，會造成過度擬合，故 C4.5 改採資訊增益率 (Gain Ratio)，也支援剪枝 (Tree Pruning)，避免過度擬合。

3.　CART：引進 Gini，且同時支援分類與迴歸。

如需更深入的比較，可參閱『決策樹（上）——ID3、C4.5、CART』[18]。

» **範例 7.** 自行開發 ID3 演算法的決策樹，程式修改自『Implementing Decision Tree From Scratch in Python』[19]。

程式：07_07_decision_tree_from_scratch.ipynb。

1.　載入相關套件。

```
1  from sklearn import datasets
2  from sklearn.model_selection import train_test_split
3  from sklearn.metrics import accuracy_score
4  import numpy as np
5  import math
```

2. 計算熵 (entropy)。

```
1   # 熵公式
2   def entropy_func(c, n):
3       return -(c*1.0/n)*math.log(c*1.0/n, 2)
4       # gini
5       # return 1-(c*1.0/n)**2
6
7   # 依特徵值切割成兩類，分別計算熵，再加總
8   def entropy_cal(c1, c2):
9       if c1== 0 or c2 == 0:
10          return 0
11      return entropy_func(c1, c1+c2) + entropy_func(c2, c1+c2)
12
13  # 視每個特徵都是類別變數，依每個類別切割，分別計算熵
14  def entropy_of_one_division(division):
15      s = 0
16      n = len(division)
17      classes = set(division)
18      # 計算每一類別的熵，再加總
19      for c in classes:
20          n_c = sum(division==c)
21          e = n_c*1.0/n * entropy_cal(sum(division==c), sum(division!=c))
22          s += e
23      return s, n
24
25  # 依分割條件計算熵
26  def get_entropy(y_predict, y_real):
27      if len(y_predict) != len(y_real):
28          print('They have to be the same length')
29          return None
30      n = len(y_real)
31      # 左節點
32      s_true, n_true = entropy_of_one_division(y_real[y_predict])
33      # 右節點
34      s_false, n_false = entropy_of_one_division(y_real[~y_predict])
35      # 左、右節點加權總和
36      s = n_true*1.0/n * s_true + n_false*1.0/n * s_false
37      return s
```

- entropy_func(第 2~5 行)：依公式計算熵，如果要使用 Gini，只要改用第 5 行即可。

- entropy_cal(第 8~11 行)：依特徵值切割成兩類，分別計算熵，再加總。

- entropy_of_one_division (第 14~23 行)：視每個特徵都是類別變數，依每個類別切割，分別計算熵。

- get_entropy (第 26~37 行)：依條件切割成左右兩個節點，分別計算熵，再加總。

- 【get_entropy】呼叫【entropy_of_one_division】呼叫【entropy_cal】

呼叫【entropy_func】，是一個很棒的程式設計技巧，先設計大架構，再逐步撰寫細節，也可以反過來，先測試細節，再逐步擴大測試整體。

3.　決策樹演算法類別。

```python
1   class DecisionTreeClassifier(object):
2       def __init__(self, max_depth=3):
3           self.depth = 0
4           self.max_depth = max_depth
5
6       # 訓練
7       def fit(self, x, y, par_node={}, depth=0):
8           if par_node is None:
9               return None
10          elif len(y) == 0:
11              return None
12          elif self.all_same(y):
13              return {'val':float(y[0])}
14          elif depth >= self.max_depth:
15              return None
16          else:
17              # 計算資訊增益
18              col, cutoff, entropy = self.find_best_split_of_all(x, y)
19              y_left = y[x[:, col] < cutoff]
20              y_right = y[x[:, col] >= cutoff]
21              par_node = {'col': feature_names[col], 'index_col':int(col),
22                          'cutoff':float(cutoff),
23                          'val': float(np.round(np.mean(y)))}
24              par_node['left'] = self.fit(x[x[:, col] < cutoff], y_left, {}, depth+1)
25              par_node['right'] = self.fit(x[x[:, col] >= cutoff], y_right, {}, depth+1)
26              self.depth += 1
27              self.trees = par_node
28              return par_node
```

```python
30      # 根據所有特徵找到最佳切割條件
31      def find_best_split_of_all(self, x, y):
32          col = None
33          min_entropy = 1
34          cutoff = None
35          for i, c in enumerate(x.T):
36              entropy, cur_cutoff = self.find_best_split(c, y)
37              if entropy == 0:    # 找到最佳切割條件
38                  return i, cur_cutoff, entropy
39              elif entropy <= min_entropy:
40                  min_entropy = entropy
41                  col = i
42                  cutoff = cur_cutoff
43          return col, cutoff, min_entropy
44
45      # 根據一個特徵找到最佳切割條件
46      def find_best_split(self, col, y):
47          min_entropy = 10
48          n = len(y)
49          for value in set(col):
50              y_predict = col < value
51              my_entropy = get_entropy(y_predict, y)
52              if my_entropy <= min_entropy:
```

```
53              min_entropy = my_entropy
54              cutoff = value
55      return min_entropy, cutoff
56
57  # 檢查是否節點中所有樣本均屬同一類
58  def all_same(self, items):
59      return all(x == items[0] for x in items)
```

- find_best_split (第 47~56 行)：根據某一個特徵找到最佳切割條件，就是針對每一個特徵值，呼叫 get_entropy，找到最大值。

- find_best_split_of_all (第 32~44 行)：比較所有特徵，呼叫 find_best_split，找到最佳切割條件。

- fit (第 7~29 行)：採遞迴 (Recursive) 方式，依資訊增量不斷切割，直到全部為純的節點或到達最大限制層數為止。資訊增量計算則是呼叫 find_best_split_of_all。

- 同上一段設計，fit 呼叫 find_best_split_of_all 呼叫 find_best_split 呼叫 get_entropy。

```
61  # 預測
62  def predict(self, x):
63      tree = self.trees
64      results = np.array([0]*len(x))
65      for i, c in enumerate(x):
66          results[i] = self._get_prediction(c)
67      return results
68
69  # 預測一筆
70  def _get_prediction(self, row):
71      cur_layer = self.trees
72      while cur_layer is not None and cur_layer.get('cutoff'):
73          if row[cur_layer['index_col']] < cur_layer['cutoff']:
74              cur_layer = cur_layer['left']
75          else:
76              cur_layer = cur_layer['right']
77      else:
78          return cur_layer.get('val') if cur_layer is not None else None
```

4. 載入資料集測試：決策樹顯示分割條件需要特徵名稱，因為鳶尾花資料量不足，演算法不是很穩定，準確率差異很大，故改用葡萄酒資料集。

```
1  ds = datasets.load_wine()
2  feature_names = ds.feature_names
3  X, y = ds.data, ds.target
```

5. 資料分割。

```
1  X_train, X_test, y_train, y_test = train_test_split(X, y, test_size=.2)
```

6. 選擇決策樹演算法，模型訓練：注意，決策樹訓練前不需要特徵縮放，因為縮放後，分割條件的臨界值就無法辨識了。

```
1  import json
2
3  clf = DecisionTreeClassifier()
4  output = clf.fit(X_train, y_train)
5  # output
6  print(json.dumps(output, indent=4))
```

- 輸出結果：轉為 Json 格式，可縮排，顯示決策樹比較整齊。

```
{
    "col": "petal width (cm)",
    "index_col": 3,
    "cutoff": 1.0,
    "val": 1.0,
    "left": {
        "val": 0.0
    },
    "right": {
        "col": "petal length (cm)",
        "index_col": 2,
        "cutoff": 4.8,
        "val": 2.0,
        "left": {
            "val": 1.0
        },
        "right": {
            "col": "petal length (cm)",
            "index_col": 2,
            "cutoff": 5.1,
            "val": 2.0,
            "left": null,
            "right": {
                "val": 2.0
            }
        }
    }
}
```

7. 模型評分。

```
1  # 計算準確率
2  y_pred = clf.predict(X_test)
3  print(f'{accuracy_score(y_test, y_pred)*100:.2f}%')
```

- 輸出結果：90%，資料量不足，演算法不是很穩定，準確率差異很大。

7-2-3 Scikit-learn 決策樹演算法

Scikit-learn 決策樹採用 CART(Classification And Regression Tree) 演算法，可同時支援分類 (DecisionTreeClassifier) 及迴歸 (DecisionTreeRegressor)。

▶▶ **範例 8. 以 Scikit-learn 決策樹演算法進行葡萄酒分類。**

程式：07_08_scikit-learn_decision_tree.ipynb。

1. 與 07_07_decision_tree_from_scratch.ipynb 幾乎相同，只需修改模型訓練程式碼。

```
1  from sklearn.tree import DecisionTreeClassifier
2
3  clf = DecisionTreeClassifier() #criterion='entropy')
4  clf.fit(X_train, y_train)
```

- 輸出結果：90% 左右，比自行開發的決策樹穩定很多。
- 預設是採用 Gini，要改用熵，第三行可改寫為：

clf = DecisionTreeClassifier(criterion='entropy')

2. Scikit-learn 決策樹提供繪圖功能，可將結果繪製成樹狀圖。

```
1  import matplotlib.pyplot as plt
2
3  from sklearn.tree import plot_tree
4  plt.figure(figsize=(14,10))
5  plot_tree(clf, feature_names=feature_names)
```

- 輸出結果：

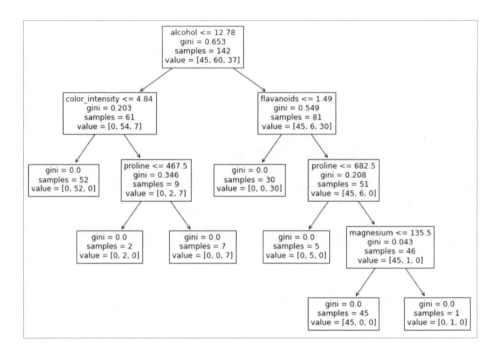

3. 可使用 graphviz 工具軟體繪製彩色圖形。安裝指令如下：

● 安裝 graphviz 工具軟體 (https://graphviz.org/download/)，Mac 可參考相關網頁。

● 將安裝路徑的 bin 加入環境變數 Path 中 (C:\Program Files (x86)\Graphviz2.XX\bin)。

● 安裝套件：pip install graphviz pydotplus

● export_graphviz 函數：將樹狀資料轉成 dot 格式，dot 格式是一種以文字描述向量圖的規範。

● graph_from_dot_data 函數：將 dot 格式轉成樹狀圖。

● graph.write_png 函數：將樹狀圖存檔。

```
 1  from pydotplus import graph_from_dot_data
 2  from sklearn.tree import export_graphviz
 3
 4  dot_data = export_graphviz(clf,
 5                             filled=True,
 6                             rounded=True,
 7                             class_names=ds.target_names,
 8                             feature_names=ds.feature_names,
 9                             out_file=None)
10  graph = graph_from_dot_data(dot_data)
11  graph.write_png('wine_tree.png')
```

4. 顯示樹狀圖檔。

```
 1  from IPython.display import Image
 2  Image(filename='wine_tree.png', width=500)
```

● 輸出結果：

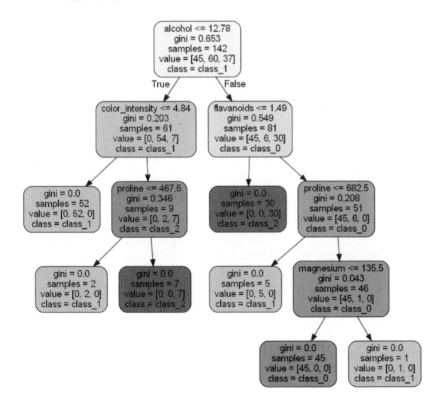

- 每個節點都會顯示 Gini 或熵值，讀者可依據公式，驗算看看，例如下圖。

```
gini = 0.168
samples = 54
value = [0, 49, 5]
class = versicolor
```

$$I_G(t) = \sum_{i=1}^{c} p(i|t)(1 - p(i|t)) = 1 - \sum_{i=1}^{c} p(i|t)^2$$

$$1 - (0/54)^2 - (49/54)^2 - (5/54)^2 \approx 0.168$$

5. 如果想要自行表達樹狀圖，或要取得分割條件，作進一步處理，可使用下列程式碼取得，可詳閱『Scikit-learn Understanding the decision tree structure』[20]。

```
1  n_nodes = clf.tree_.node_count
2  children_left = clf.tree_.children_left
3  children_right = clf.tree_.children_right
4  feature = clf.tree_.feature
5  threshold = clf.tree_.threshold
6
7  node_depth = np.zeros(shape=n_nodes, dtype=np.int64)
8  is_leaves = np.zeros(shape=n_nodes, dtype=bool)
9  stack = [(0, -1)]  # seed is the root node id and its parent depth
10 while len(stack) > 0:
11     node_id, parent_depth = stack.pop()
12     node_depth[node_id] = parent_depth + 1
13
14     # If we have a test node
15     if (children_left[node_id] != children_right[node_id]):
16         stack.append((children_left[node_id], parent_depth + 1))
17         stack.append((children_right[node_id], parent_depth + 1))
18     else:
19         is_leaves[node_id] = True
20
21 print(f"樹狀圖共有{n_nodes}個節點:")
22 for i in range(n_nodes):
23     depth = node_depth[i] * '\t'
24     if is_leaves[i]:
25         print(f"{depth}node={i} leaf node.")
26     else:
27         print(f"{depth}node={i} child node: go to node {children_left[i]} if X[:, " \
28             + f"{feature[i]}] <= {threshold[i]} else to node {children_right[i]}.")
29 print()
```

- 輸出結果：

```
樹狀圖共有13個節點:
node=0 child node: go to node 1 if X[:, 0] <= 12.78000020980835 else to node 6.
    node=1 child node: go to node 2 if X[:, 9] <= 4.8399999141693115 else to node 3.
        node=2 leaf node.
        node=3 child node: go to node 4 if X[:, 12] <= 467.5 else to node 5.
            node=4 leaf node.
            node=5 leaf node.
    node=6 child node: go to node 7 if X[:, 6] <= 1.4900000095367432 else to node 8.
        node=7 leaf node.
        node=8 child node: go to node 9 if X[:, 12] <= 682.5 else to node 10.
            node=9 leaf node.
            node=10 child node: go to node 11 if X[:, 4] <= 135.5 else to node 12.
                node=11 leaf node.
                node=12 leaf node.
```

不管自行開發或 Scikit-learn 決策樹，都是全部依據訓練資料建構樹狀圖，因此，很容易過度擬合，從自行開發的決策樹可以觀察到，包括準確率差異很大，甚至出錯，因此，Scikit-learn 提供剪枝 (Tree Pruning) 功能，可以提早結束訓練，不要過度分割，以下是剪枝相關參數：

1. max_depth：最大層數，不含葉節點，例如上例，共 4 層。

2. min_samples_split：小於設定值，即不可進一步分割。

3. min_samples_leaf：葉節點不得小於設定值。

4. min_weight_fraction_leaf：葉節點的資料比例不得小於設定值。

5. max_leaf_nodes：葉節點總數不得大於設定值。

6. 更多參數及方法請參閱 Scikit-learn 決策樹說明 [21]。

7-2-4 迴歸樹 (Regression Tree)

CART 演算法的決策樹也支援迴歸，它求解的方式採最小平方法 (OLS)。

仿照 MSE 定義損失函數如下：

$$\min_{a,s} \left[\min_{c_1} \sum_{x_i \in D_1} (y_i - c_1)^2 + \min_{c_2} \sum_{x_i \in D_2} (y_i - c_2)^2 \right]$$

再使用最小平方法，估計權值，但因決策樹是逐步切割，依每個切割條件求最佳解，因此，得到的迴歸線不會是直線或平滑曲線，而是階梯狀的線，如下圖，以下列範例說明。

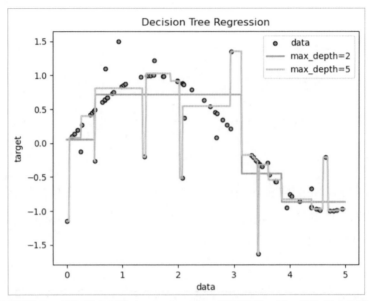

圖 7.7 迴歸樹，一條為最大層數 (max_depth)=2 的迴歸線，另一條為最大層數 (max_
depth)=5 的迴歸線

»　範例 9. Scikit-learn 迴歸樹測試。

程式： 07_09_scikit-learn_decision_tree_regression.ipynb。

1. 　載入相關套件。

```
1  import numpy as np
2  from sklearn.tree import DecisionTreeRegressor
3  import matplotlib.pyplot as plt
```

2. 　生成隨機資料：X 只有一個特徵，便於繪圖。

```
1  rng = np.random.RandomState(1)
2  X = np.sort(5 * rng.rand(80, 1), axis=0)
3  y = np.sin(X).ravel()
4  y[::5] += 3 * (0.5 - rng.rand(16))
```

3. 　訓練兩個模型：最大層數 (max_depth) 為 2、5。

```
1  regr_1 = DecisionTreeRegressor(max_depth=2)
2  regr_1.fit(X, y)
3  regr_2 = DecisionTreeRegressor(max_depth=5)
4  regr_2.fit(X, y)
```

4. 預測 3 個點：0.0, 5.0, 0.01。

```
1  X_test = np.arange(0.0, 5.0, 0.01)[:, np.newaxis]
2  y_1 = regr_1.predict(X_test)
3  y_2 = regr_2.predict(X_test)
```

5. 模型繪圖。

```
1  plt.scatter(X, y, s=20, edgecolor="black", c="darkorange", label="data")
2  plt.plot(X_test, y_1, color="cornflowerblue", label="max_depth=2", linewidth=2)
3  plt.plot(X_test, y_2, color="yellowgreen", label="max_depth=5", linewidth=2)
4  plt.xlabel("data")
5  plt.ylabel("target")
6  plt.title("Decision Tree Regression")
7  plt.legend();
```

● 輸出結果：最大層數 5 的模型會比較複雜，即較可能過度擬合。

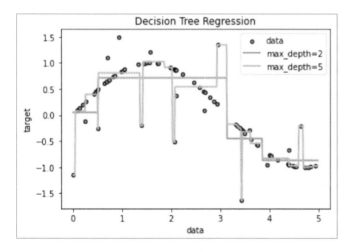

» **範例 10.** 使用 Scikit-learn 迴歸樹預測房價。

程式：07_10_decision_tree_regression_boston.ipynb，修 改 自 05_02_ linear_ regression_boston.ipynb，單純將演算法置換為迴歸樹，R^2 評估值與線性迴歸差不多。

```
1  from sklearn.tree import DecisionTreeRegressor
2  model = DecisionTreeRegressor()
```

相關參數及方法與決策樹分類相似，可參閱 Scikit-learn 迴歸樹說明 [22]。

7-2-5　多輸出 (Multi-output) 的迴歸樹實作

多輸出 (Multi-output) 也稱為 Multi-label，可以一次預測多個目標變數 (Y)，之前我們都只預測一個目標變數，其實 Scikit-learn 許多迴歸演算法都支援預測多個目標變數，以下就以人臉上半部為 X 預測人臉下半部 (Y)。

❯❯ **範例 11.** 使用 Scikit-learn 各種迴歸演算法預測人臉下半部。

程式：07_11_decision_tree_multioutput_face_completion.ipynb，程式修改自『Face completion with a multi-output estimators』[23]。

1. 載入相關套件：引進各種迴歸演算法。

```
1  import numpy as np
2  import matplotlib.pyplot as plt
3  from sklearn.datasets import fetch_olivetti_faces
4  from sklearn.utils.validation import check_random_state
5  from sklearn.tree import DecisionTreeRegressor
6  from sklearn.neighbors import KNeighborsRegressor
7  from sklearn.linear_model import LinearRegression
8  from sklearn.linear_model import RidgeCV
```

2. 載入人臉資料集。

```
1  data, targets = fetch_olivetti_faces(return_X_y=True)
```

3. 資料分割：前 30 人的資料作為訓練資料，之後為測試資料。

```
1  train = data[targets < 30]
2  test = data[targets >= 30]
```

4. 模型訓練：資料集原本的 Y 用不到，改用後半部的特徵 (人臉下半部) 作為 Y，第 7~12 行定義各種迴歸演算法。

```
1   n_pixels = data.shape[1]
2   # 人臉上半部為 X，人臉下半部為 Y
3   X_train = train[:, : (n_pixels + 1) // 2]
4   y_train = train[:, n_pixels // 2 :]
5
6   # 使用各種迴歸演算法
7   ESTIMATORS = {
8       "迴歸樹": DecisionTreeRegressor(),
9       "KNN": KNeighborsRegressor(),
10      "Linear regression": LinearRegression(),
11      "Ridge": RidgeCV(),
```

```
12  }
13
14  # 訓練
15  for name, estimator in ESTIMATORS.items():
16      estimator.fit(X_train, y_train)
```

5. 只測試 5 筆資料，方便繪製測試結果，可視需要修改。

```
1   n_faces = 5
2   rng = check_random_state(4)
3   face_ids = rng.randint(test.shape[0], size=(n_faces,))
4   test = test[face_ids, :]
5
6   X_test = test[:, : (n_pixels + 1) // 2]
7   y_test = test[:, n_pixels // 2 :]
8
9   # 預測
10  y_test_predict = dict()
11  for name, estimator in ESTIMATORS.items():
12      y_test_predict[name] = estimator.predict(X_test)
```

6. 依照各種迴歸演算法測試結果，繪製人臉。

```
1   # 修正中文亂碼
2   plt.rcParams['font.sans-serif'] = ['Arial Unicode MS']
3   plt.rcParams['axes.unicode_minus'] = False
4
5   # 設定圖片寬/高
6   image_shape = (64, 64)
7
8   n_cols = 1 + len(ESTIMATORS)
9   plt.figure(figsize=(2.0 * n_cols, 2.26 * n_faces))
10  plt.suptitle("預測人臉下半部", size=16)
```

```
12  # 繪圖
13  for i in range(n_faces):
14      true_face = np.hstack((X_test[i], y_test[i]))
15
16      if i>0:
17          sub = plt.subplot(n_faces, n_cols, i * n_cols + 1)
18      else:
19          sub = plt.subplot(n_faces, n_cols, i * n_cols + 1, title="true faces")
20
21      sub.axis("off")
22      sub.imshow(
23          true_face.reshape(image_shape), cmap=plt.cm.gray, interpolation="nearest"
24      )
25
26      # 依照各種迴歸演算法繪製人臉
27      for j, est in enumerate(sorted(ESTIMATORS)):
28          completed_face = np.hstack((X_test[i], y_test_predict[est][i]))
29
30          if i:
```

```
31                  sub = plt.subplot(n_faces, n_cols, i * n_cols + 2 + j)
32
33          else:
34                  sub = plt.subplot(n_faces, n_cols, i * n_cols + 2 + j, title=est)
35
36          sub.axis("off")
37          sub.imshow(
38                  completed_face.reshape(image_shape),
39                  cmap=plt.cm.gray,
40                  interpolation="nearest",
41          )
```

- 輸出結果：第一行為真實資料，其他行為預測結果，可以明顯看出迴歸樹比其他演算法測試結果較好，而線性迴歸最差，因為人臉資料顯然不是線性資料。

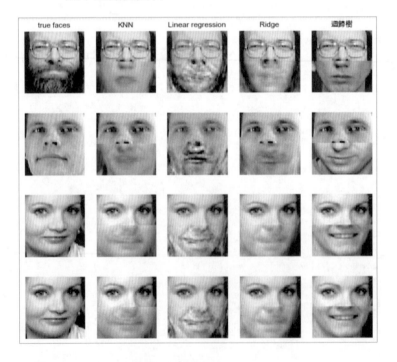

7-2-6 決策樹演算法優缺點

優點：

1. 直覺、易於瞭解與解釋：可繪製決策圖，協助說明與 SOP 製作。

2. 不受離群值及遺失值影響。

3. 只需少量資料，即可訓練模型。

4. 不需特徵縮放。

5. 屬於無母數演算法 (Non-parametric algorithm)，對特徵機率分配無任何假設，不需估計權重。

6. 可同時支援線性 / 非線性模型、分類 / 迴歸。

7. 計算最多用到 log，不需複雜運算。

缺點：

1. 易過度擬合 (Overfitting)：可用剪枝或特徵選取減輕過度擬合。

2. 適用於特徵是類別變數，反之，如果是連續型變數且訓練資料量很大時，要找到最佳切割條件會耗時較久。

3. 如果特徵是高基數 (High cardinality) 變數，即類別非常多，該特徵會被多次切割，造成決策數層數過大，解決辦法是使用分組 (Binning)，把基數變少。

4. 不平衡的樣本 (Imbalanced Dataset) 會使分割偏向擁有多數樣本的類別：可使用 SMOTE、Class Weighting 等技巧矯正此缺點。

7-2-7 其他決策樹演算法

Scikit-Learn 使用 CART(Classification And Regression Tree) 演算法，每一次切割只分兩個節點，雖然一個特徵可切割多次，還是不太方便，例如鐵達尼號資料集的上船港口 (Embark town) 欄位，它有三個類別，使用決策樹時，當然會想一次分為三個節點，這時 CART 就沒轍了，還好 CHAID(Chi-squared Automatic Interaction Detection) 演算法支援切割成 3 個或以上的節點，有興趣的讀者可參考 CHAID 套件說明 [24]。

7-3 隨機森林 (Random Forest)

隨機森林 (Random forest) 是用隨機選取部份資料的方式建立多棵決策樹，每一棵樹都會有自己的預測結果，之後再進行多數決，決定最後的預測結果。以下圖為例，有 3 棵決策樹，其中 2 棵預測 B、1 棵預測 A，採多數決，決定預測結果為 B。

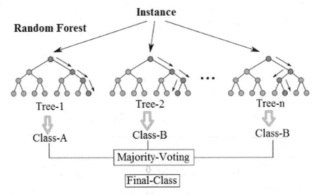

圖 7.8 隨機森林 (Random forest) 示意圖，圖片來源：Random Forest and how it works[25]

隨機森林如何使用隨機選取部份的資料建立多棵決策樹呢？

隨機森林屬於 Bagging 整體學習演算法 (Ensemble learning)，後面會專章討論，目前就只要瞭解 Scikit-Learn 的用法，它幾乎與決策樹用法相同，只是多了一個參數 n_estimators，設定要建立幾棵樹而已。若參數 bootstrap=False，則會使用所有訓練資料建構每一棵樹，反之，採 Bagging 方式。

>> 範例 12. 以 Scikit-learn 隨機森林演算法進行葡萄酒分類。

程式：07_12_scikit-learn_random_forest.ipynb。

1. 與 07_08_scikit-learn_decision_tree 幾乎相同，只需修改模型訓練程式碼。

```
1  from sklearn.ensemble import RandomForestClassifier
2
3  clf = RandomForestClassifier(n_estimators=50)
4  clf.fit(X_train, y_train)
```

● 輸出結果：100%，果然比決策樹準確。

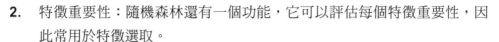

2. 特徵重要性：隨機森林還有一個功能，它可以評估每個特徵重要性，因此常用於特徵選取。

```
1  clf.feature_importances_
```

● 輸出結果：顯示每個特徵重要性。

```
array([0.11894804, 0.03067214, 0.01366207, 0.03799881, 0.01757851,
       0.0497035 , 0.11313541, 0.01315321, 0.04779067, 0.16694325,
       0.11444429, 0.12982919, 0.14614092])
```

3. 繪圖：依特徵重要性降冪排序繪圖。

```
1  import matplotlib.pyplot as plt
2  import pandas as pd
3  import seaborn as sns
4
5  plt.figure(figsize=(10,6))
6  df = pd.DataFrame({'feature_names':feature_names,
7                     'feature_importance':clf.feature_importances_})
8  df.sort_values(by=['feature_importance'], ascending=False, inplace=True)
9  sns.barplot(x=df['feature_importance'], y=df['feature_names']);
```

● 輸出結果：proline 是最重要的特徵。

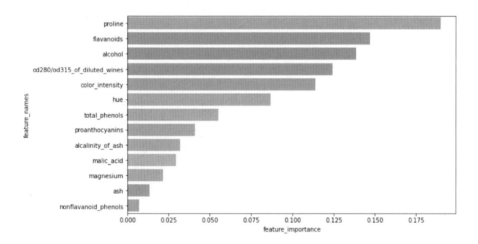

4. 也可以使用 Permutation importance 演算法評估特徵重要性：它是將一個特徵的資料打亂後，訓練模型，觀察對準確率的影響，影響愈大，表示該特徵愈重要。

```
1  from sklearn.inspection import permutation_importance
2
3  result = permutation_importance(
4      clf, X_test, y_test, n_repeats=10, random_state=42, n_jobs=2
5  )
6
7  sorted_importances_idx = result.importances_mean.argsort()
8  importances = pd.DataFrame(
9      result.importances[sorted_importances_idx].T,
10     columns=np.array(feature_names)[sorted_importances_idx],
11 )
12
13 ax = importances.plot.box(vert=False, whis=10, figsize=(10,6))
14 ax.set_title("Permutation Importances (test set)")
15 ax.axvline(x=0, color="k", linestyle="--")
16 ax.set_xlabel("Decrease in accuracy score")
17 ax.figure.tight_layout()
```

● 輸出結果：proline 是最重要的特徵，其他與隨機森林略有差異。

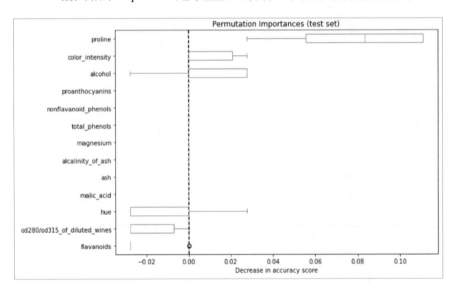

7-4 ExtraTreesClassifier

ExtraTreesClassifier 常常與隨機森林一起被提到，它也是用隨機選取部份資料的方式建立多棵決策樹，不過它不是採多數決，而是取所有模型的平均數作為預測結果，用法幾乎與隨機森林相同，也都支援分類與迴歸，可參閱 Scikit-learn ExtraTreesClassifier 說明 [26]。

7-5 本章小結

透過這兩章的介紹，我們大致已掌握常用的分類演算法，他們有各自的優缺點，可針對資料屬性選擇適當的演算法，但也有許多人不分場域，同時使用多個演算法訓練模型比較，找尋最佳模型與最佳參數，例如雲端大廠力推的 AutoML 工具，筆者並不贊同，大部分的結果都會是決策樹相關的演算法雀屏中選，因為，他們很容易過度擬合，準確率自然比較高。

資料不平衡 (Imbalanced data) 或有些特殊狀況，準確率並不足評估模型的效能，我們必須尋求其他效能衡量指標彌補缺陷，因此，下一章我們會探討效能評估與調校，這是非常重要的章節，要學習如何正確的評估模型優劣。

另外，分類演算法並不一定只執行一次，也可以整合多個演算法或模型，進行整體評估或逐步改善，這種方式稱為整體學習 (Ensemble Learning)，我們會在效能評估與調校後再補充說明。

7-6 延伸練習

1. 使用各種演算法進行鐵達尼號的生存預測，觀察哪一種演算法準確率最高，或試著找尋較佳的參數組合。

2. 安裝並使用 CHAID 演算法，進行鐵達尼號的生存預測，嘗試對上船港口 (embarked) 切割成 3 個節點。

3. 利用隨機森林找出乳癌診斷的特徵重要性，依序排列，並使用前幾名特徵重新建模，觀察簡化模型與完整模型的差異。

參考資料 (References)

[1] Sebastian Raschka and Vahid Mirjalili, Python Machine Learning, Packt (https://www.packtpub.com/product/python-machine-learning-third-edition/9781789955750)

[2]   L'eon Bottou and 林智仁 , Support Vector Machine Solvers (https://leon.bottou.org/publications/pdf/lin-2006.pdf)

[3]   Chih-Chung Chang and Chih-Jen Lin, LIBSVM: A Library for Support Vector Machines (https://www.csie.ntu.edu.tw/~cjlin/papers/libsvm.pdf)

[4]   Scikit-learn SVM Implementation details (https://scikit-learn.org/stable/modules/svm.html#implementation-details)

[5]   台大 LIBSVM 網頁 (https://www.csie.ntu.edu.tw/~cjlin/libsvm/)

[6]   Marvin Lanhenke, Implementing Support Vector Machine From Scratch (https://machinelearningmastery.com/naive-bayes-classifier-scratch-python/)

[7]   SVM Gamma Parameter (https://www.youtube.com/watch?v=m2a2K4lprQw)

[8]   Scikit-learn SVC 說 明 網 頁 (https://scikit-learn.org/stable/modules/generated/sklearn.svm.SVC.html)

[9]   Scikit-learn SVM: Weighted samples (https://scikit-learn.org/stable/auto_examples/svm/plot_weighted_samples.html#sphx-glr-auto-examples-svm-plot-weighted-samples-py)

[10]   Scikit-learn SVM: Separating hyperplane for unbalanced classes (https://scikit-learn.org/stable/auto_examples/svm/plot_separating_hyperplane_unbalanced.html#sphx-glr-auto-examples-svm-plot-separating-hyperplane-unbalanced-py)

[11]   Scikit-learn SVM-Kernels (https://scikit-learn.org/stable/auto_examples/svm/plot_svm_kernels.html#sphx-glr-auto-examples-svm-plot-svm-kernels-py)

[12]   Scikit-learn SVR 說 明 網 頁 (https://scikit-learn.org/stable/modules/generated/sklearn.svm.SVR.html#sklearn.svm.SVR)

[13]   Scikit-learn 人 臉 辨 識 範 例 (https://scikit-learn.org/stable/auto_examples/applications/plot_face_recognition.html#sphx-glr-auto-examples-applications-plot-face-recognition-py)

[14]   Aakarsh Yelisetty, "Entropy, Cross-Entropy, and KL-Divergence Explained!" (https://medium.com/towards-data-science/entropy-cross-entropy-and-kl-divergence-explained-b09cdae917a)

[15]   Michael Li, Data Science Interview Deep Dive: Cross-Entropy Loss (https://medium.com/towards-data-science/data-science-interview-deep-dive-cross-entropy-loss-b10355eb4ace)

[16] 維 基 百 科 Gini impurity (https://en.wikipedia.org/wiki/Decision_tree_learning#Gini_impurity)

[17] Mauricio Letelier, Decision Trees: As You Should Have Learned Them (https://medium.com/towards-data-science/decision-trees-as-you-should-have-learned-them-99862469493e)

[18] 阿 澤 , 決 策 樹 (上) ——ID3、C4.5、CART (https://zhuanlan.zhihu.com/p/85731206)

[19] TinaGongting, Implementing Decision Tree From Scratch in Python (https://medium.com/@penggongting/implementing-decision-tree-from-scratch-in-python-c732e7c69aea)

[20] Scikit-learn Understanding the decision tree structure (https://scikit-learn.org/stable/auto_examples/tree/plot_unveil_tree_structure.html)

[21] Scikit-learn 決策樹說明 (https://scikit-learn.org/stable/modules/generated/sklearn.tree.DecisionTreeClassifier.html#sklearn.tree.DecisionTreeClassifier)

[22] Scikit-learn 迴歸樹說明 (https://scikit-learn.org/stable/modules/generated/sklearn.tree.DecisionTreeRegressor.html#sklearn.tree.DecisionTreeRegressor)

[23] Scikit-learn, Face completion with a multi-output estimators (https://scikit-learn.org/stable/auto_examples/miscellaneous/plot_multioutput_face_completion.html)

[24] CHAID 套件說明 (https://github.com/Rambatino/CHAID)

[25] i-king-of-ml, Random Forest and how it works (https://medium.com/@rdhawan201455/random-forest-and-how-it-works-67f408e43a43)

[26] Scikit-learn ExtraTreesClassifier 說 明 (https://scikit-learn.org/stable/modules/generated/sklearn.ensemble.ExtraTreesClassifier.html#sklearn.ensemble.ExtraTreesClassifier)

第 **8** 章

模型效能評估
與調校

模型效能評估與調校是機器學習流程的第 7、8 步驟，之前分類模型的效能評估，都是採用準確率，但在某些狀況是會有問題的，而且模型只測試一次，也有失公允，何種作法會比較嚴謹？另外，乳癌診斷預測都是以機率大於 0.5，即視為有病，為什麼不是其他值呢？種種的疑問都值得進一步探討。

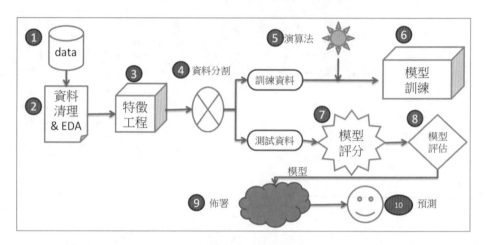

對照 Scikit-learn 的範圍，模型效能評估與調校屬於下圖畫框的部份。

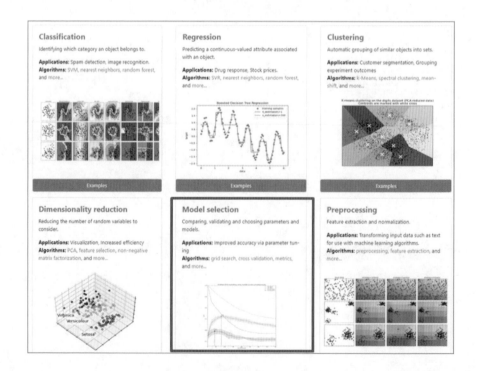

8-1 模型效能評估

之前模型評估都只測試一次，就驟下定論，有失公允，因為，資料分割是採隨機抽樣，每次得到的訓練資料都不一樣，測試的結果當然也不相同，要以哪一次為準呢？顯然我們必須使用更客觀的方式評估。

較客觀的模型效能評估方式有兩種：

1.　保留交叉驗證法 (Holdout cross validation)。
2.　K 折交叉驗證法 (K fold cross validation)。

8-1-1 保留交叉驗證法 (Holdout Cross Validation)

保留交叉驗證法是將訓練資料拆成兩份，一份仍用於訓練，另一份為驗證資料，在訓練過程中驗證效能，並與訓練效能相比較，資料集切割方式如下圖。

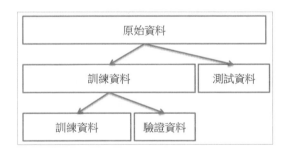

圖 8.1 保留交叉驗證法的資料切割方式

此種方式常見於神經網路，以 Tensorflow 套件首頁展示的程式碼為例。

▶▶ **範例 1.** 神經網路使用保留交叉驗證法之測試，神經網路不在本書範圍內，故僅作簡單說明。

程式：08_01_tensorflow_mnist.ipynb

1.　需先安裝 Tensorflow，指令如下：

pip install tensorflow

2. 載入 Tensorflow 套件。

```
1  import tensorflow as tf
```

3. 載入 MNIST 手寫阿拉伯數字資料集：資料已預先分割。

```
1  (x_train, y_train),(x_test, y_test) = tf.keras.datasets.mnist.load_data()
```

4. 特徵縮放：採證正規化處理，像素顏色 0~255，故

$(X - min) / (max - min) = (X - 0) / (255 - 0) = X / 255$。

```
1  # 特徵縮放至 (0, 1) 之間
2  x_train, x_test = x_train / 255.0, x_test / 255.0
```

5. 模型訓練：第 15 行訓練 (fit) 有一參數 validation_split=0.2，表示將資料
拆成兩份，一份用於訓練，另一份為驗證資料 (20%)，在訓練過程中驗
證效能。

```
1  # 建立模型
2  model = tf.keras.models.Sequential([
3    tf.keras.layers.Flatten(input_shape=(28, 28)),
4    tf.keras.layers.Dense(128, activation='relu'),
5    tf.keras.layers.Dropout(0.2),
6    tf.keras.layers.Dense(10, activation='softmax')
7  ])
8
9  # 設定優化器(optimizer)、損失函數(loss)、效能衡量指標(metrics)
10 model.compile(optimizer='adam',
11               loss='sparse_categorical_crossentropy',
12               metrics=['accuracy'])
13
14 # 模型訓練，epochs：執行週期，validation_split：驗證資料佔 20%
15 model.fit(x_train, y_train, epochs=5, validation_split=0.2)
```

- 輸出結果：訓練 5 個執行週期，每個週期都會顯示訓練損失 (loss) 及
準確度 (accuracy)，同時也會顯示驗證損失 (val_loss) 及準確度 (val_
accuracy)，可兩相比較，如果差異愈來愈大，表示訓練有異常，可能
是資料輸入格式或程式碼有錯誤，或是參數設定有問題。

```
Epoch 1/5
1500/1500 [==============================] - 3s 2ms/step - loss: 0.3226 - accuracy: 0.9065 - val_loss: 0.1586 - val_accuracy:
0.9548
Epoch 2/5
1500/1500 [==============================] - 2s 1ms/step - loss: 0.1548 - accuracy: 0.9539 - val_loss: 0.1149 - val_accuracy:
0.9658
Epoch 3/5
1500/1500 [==============================] - 2s 1ms/step - loss: 0.1166 - accuracy: 0.9650 - val_loss: 0.0968 - val_accuracy:
0.9719
Epoch 4/5
1500/1500 [==============================] - 2s 1ms/step - loss: 0.0927 - accuracy: 0.9719 - val_loss: 0.0973 - val_accuracy:
0.9722
Epoch 5/5
1500/1500 [==============================] - 2s 1ms/step - loss: 0.0802 - accuracy: 0.9752 - val_loss: 0.0825 - val_accuracy:
0.9760
```

8-1-2 K 折交叉驗證法 (K fold Cross Validation)

K 折交叉驗證法是機器學習較常用的方式，步驟如下：

1. 隨機將資料切割成 K 份，如下圖，K=5，即分成 5 份。

2. 第 1 次：第 1 份當作測試資料，剩下第 2/3/4/5 份當作訓練資料，訓練一個模型。

3. 第 2 次：第 2 份當作測試資料，剩下第 1/3/4/5 份當作訓練資料，再訓練一個模型。

4. 依此類推，共訓練 5 個模型，得到 5 個模型效能評估值。

5. 取平均值，視為模型評估最終的效能值。

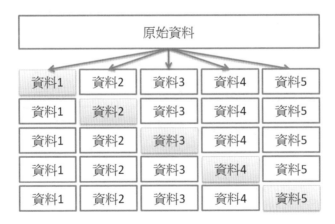

圖 8.2 K 折交叉驗證法

K 值如何選擇？

依專家建議，如果資料集不大，就選取較大的 K 值，可得到較多的模型，平均下來，會有較小的偏差(Bias),反之,資料集夠大,就不必選取過大的 K 值,減少模型的數量,縮短訓練時間,也避免產生高變異 (Variance)。

≫ 範例 2. K 折交叉驗證法測試，使用糖尿病指數資料集，適用迴歸。此資料集主要是依據病人屬性及檢驗數據預測糖尿病指數。

程式：08_02_k_fold_cross_validation.ipynb

1. 載入套件。

```
1 from sklearn import datasets
2 from sklearn.preprocessing import StandardScaler
3 from sklearn.model_selection import train_test_split
4 import numpy as np
```

2. 載入資料集。

```
1 X, y = datasets.load_diabetes(return_X_y=True)
```

3. 資料分割。

```
1 X_train, X_test, y_train, y_test = train_test_split(X, y, test_size=.2)
```

4. 特徵縮放。

```
1 scaler = StandardScaler()
2 X_train_std = scaler.fit_transform(X_train)
3 X_test_std = scaler.transform(X_test)
```

5. 模型訓練。

```
1 from sklearn.linear_model import LinearRegression
2
3 clf = LinearRegression()
4 clf.fit(X_train_std, y_train)
```

6. 模型評分。

```
1 print(f'R2={clf.score(X_test_std, y_test)}')
```

● 輸出結果：R^2=0.39，這是單次的評分。

7. K 折測試。

```
1  from sklearn.model_selection import KFold
2
3  kf = KFold(n_splits=5)
4  for i, (train_index, test_index) in enumerate(kf.split(X_train_std)):
5      print(f"Fold {i}:")
6      print(f"  Train: index={train_index}")
7      print(f"  Test:  index={test_index}")
```

● 部份輸出結果： KFold 會將資料切成 K 份，使用 split 函數，回傳回訓練資料 (K-1 份)、測試資料 (1 份) 的索引值。

```
Fold 0:
  Train: index=[ 71  72  73  74  75  76  77  78  79  80  81  82  83  84  85  86  87  88
  89  90  91  92  93  94  95  96  97  98  99 100 101 102 103 104 105 106
 107 108 109 110 111 112 113 114 115 116 117 118 119 120 121 122 123 124
 125 126 127 128 129 130 131 132 133 134 135 136 137 138 139 140 141 142
 143 144 145 146 147 148 149 150 151 152 153 154 155 156 157 158 159 160
 161 162 163 164 165 166 167 168 169 170 171 172 173 174 175 176 177 178
 179 180 181 182 183 184 185 186 187 188 189 190 191 192 193 194 195 196
 197 198 199 200 201 202 203 204 205 206 207 208 209 210 211 212 213 214
 215 216 217 218 219 220 221 222 223 224 225 226 227 228 229 230 231 232
 233 234 235 236 237 238 239 240 241 242 243 244 245 246 247 248 249 250
 251 252 253 254 255 256 257 258 259 260 261 262 263 264 265 266 267 268
 269 270 271 272 273 274 275 276 277 278 279 280 281 282 283 284 285 286
 287 288 289 290 291 292 293 294 295 296 297 298 299 300 301 302 303 304
 305 306 307 308 309 310 311 312 313 314 315 316 317 318 319 320 321 322
 323 324 325 326 327 328 329 330 331 332 333 334 335 336 337 338 339 340
 341 342 343 344 345 346 347 348 349 350 351 352]
  Test:  index=[ 0  1  2  3  4  5  6  7  8  9 10 11 12 13 14 15 16 17 18 19 20 21 22 23
 24 25 26 27 28 29 30 31 32 33 34 35 36 37 38 39 40 41 42 43 44 45 46 47
 48 49 50 51 52 53 54 55 56 57 58 59 60 61 62 63 64 65 66 67 68 69 70]
Fold 1:
  Train: index=[ 0  1  2  3  4  5  6  7  8  9 10 11 12 13 14 15 16 17
 18 19 20 21 22 23 24 25 26 27 28 29 30 31 32 33 34 35
 36 37 38 39 40 41 42 43 44 45 46 47 48 49 50 51 52 53
 54 55 56 57 58 59 60 61 62 63 64 65 66 67 68 69 70 142
 143 144 145 146 147 148 149 150 151 152 153 154 155 156 157 158 159 160
 161 162 163 164 165 166 167 168 169 170 171 172 173 174 175 176 177 178
 179 180 181 182 183 184 185 186 187 188 189 190 191 192 193 194 195 196
 197 198 199 200 201 202 203 204 205 206 207 208 209 210 211 212 213 214
```

● KFold 預設 K=5，shuffle=False(不隨機抽樣)。

● StratifiedKFold 類別是分層抽樣的 K Fold，每一折都是依 Y 的比例分割。

● 可詳閱 Scikit-learn KFold[1] 及 StratifiedKFold[2] 網頁。

8. K 折驗證：將資料分割成 K 折後，依圖 8.2 訓練 K 個模型，計算 R^2 平均值及標準差，以這兩個指標與其他參數或演算法訓練出來的模型作比較。

```
1   score = []
2   for i, (train_index, test_index) in enumerate(kf.split(X_train_std)):
3       X_new = X_train_std[train_index]
4       y_new = y_train[train_index]
5       clf.fit(X_new, y_new)
6       score_fold = clf.score(X_train_std[test_index], y_train[test_index])
7       score.append(score_fold)
8       print(f"Fold {i} 分數: {np.mean(score)}")
9   print(f"平均值: {np.mean(score)}")
10  print(f"標準差: {np.std(score)}")
```

● 輸出結果：

```
Fold 0 分數: 0.43673731016874817
Fold 1 分數: 0.45576239752365616
Fold 2 分數: 0.47730875182452875
Fold 3 分數: 0.4992872787789354
Fold 4 分數: 0.504623856651875
平均值: 0.504623856651875
標準差: 0.044442387947953646
```

9.　效能調校：第 13 行 GridSearchCV 可提供各種參數組合的測試，例如，我們提供正則化強度 30 種參數值，設定係數須為正數或不強迫 2 種組合，總共的參數組合就有 30x2=60 種，另外每個組合都會依 K 折交叉驗證測試，設定參數 cv=5，即交叉驗證 5 次，故總共訓練 60x5=300 個模型，以找尋最佳參數組合。

```
1   from sklearn.linear_model import Lasso
2   from sklearn.model_selection import GridSearchCV
3
4   lasso = Lasso(random_state=0, max_iter=10000)
5
6   # 正則化強度：3種選擇
7   alphas = np.logspace(-4, -0.5, 30)
8   # 強迫係數(權重)須為正數
9   positive = (True, False)
10  tuned_parameters = [{"alpha": alphas, 'positive':positive}]
11
12  # 效能調校
13  clf = GridSearchCV(lasso, tuned_parameters, cv=5, refit=False)
14  clf.fit(X, y)
15
16  scores_mean = clf.cv_results_["mean_test_score"]
17  scores_std = clf.cv_results_["std_test_score"]
18  print('平均分數:\n', scores_mean, '\n標準差:\n', scores_std)
```

● 輸出結果：60 種組合平均分數及標準差如下。

```
平均分數:
 [0.36551509 0.39637586 0.36551581 0.3965016  0.36551675 0.39666738
 0.36551799 0.39688582 0.36551963 0.39717347 0.36552179 0.39755201
 0.3655251  0.39804949 0.36552884 0.39870256 0.36553378 0.39955793
 0.36554026 0.40067546 0.36554878 0.4021307  0.36555993 0.40401645
 0.36557452 0.40595899 0.36559353 0.40831035 0.36561818 0.41123606
 0.36564995 0.41489643 0.36569055 0.41925847 0.36574181 0.421076
 0.36580539 0.42225255 0.36588218 0.42355228 0.36597111 0.4250005
 0.36606679 0.42670509 0.36615524 0.42957254 0.366194   0.43220384
 0.3659971  0.43298746 0.36553771 0.43133492 0.36458977 0.42655527
 0.36273773 0.41765955 0.35924783 0.4017055  0.35281083 0.37593936]
標準差:
 [0.07553345 0.11863614 0.07553116 0.11859595 0.07552813 0.11854307
 0.07552413 0.11847353 0.07551886 0.11838221 0.0755119  0.11826247
 0.07550202 0.11810592 0.07548989 0.11790171 0.07547386 0.11763653
 0.07545271 0.11729368 0.07542479 0.11685336 0.07538794 0.11629296
 0.0753393  0.11546655 0.07527512 0.11437021 0.07519045 0.11298083
 0.07507877 0.11129785 0.07493152 0.10947724 0.07473746 0.10803992
 0.07448187 0.10623187 0.07414551 0.10406309 0.07370333 0.10140152
 0.07312292 0.09800159 0.07236262 0.0937298  0.0713548  0.08903612
 0.06988137 0.08378049 0.06797972 0.07585317 0.06555103 0.0669953
 0.06250081 0.05612833 0.05878523 0.04655414 0.05452154 0.04981942]
```

10. 取得最高分：平均分數最高者為最佳參數組合。

```
1   np.max(clf.cv_results_["mean_test_score"])
```

● 輸出結果：0.4329。

11. 取得最佳參數組合。

```
1  # 取得最佳參數組合
2  clf.best_params_
```

- 輸出結果：{'alpha': 0.0788, 'positive': False}。

12. 以最佳參數組合重新訓練模型。

```
1  clf = Lasso(random_state=0, max_iter=10000, alpha=0.07880462815669913
2              , positive=False)
3  clf.fit(X_train_std, y_train)
4  clf.score(X_test_std, y_test)
```

- 輸出結果：分數 = 0.3928。

GridSearchCV 訓練模型 300 次，會花很長的時間，可使用參數 n_jobs，指定要使用 CPU 多處理器平行訓練的個數，有多種設定值：

1. None：一次只訓練 1 個模型，即順序執行。

2. -1：使用所有 CPU 處理器，盡可能平行訓練。

3. 其他值：指定平行訓練的個數。

8-1-3 管線 (Pipeline)

K 折交叉驗證法程式碼可以再進一步簡化，將重複執行的步驟合併成一個管線 (Pipeline)，之後直接針對管線訓練、評估及交叉驗證。

≫ **範例 3.** 管線測試。

程式：08_03_pipeline_cross_validation.ipynb

1. 載入套件。

```
1  import numpy as np
2  from sklearn import datasets
3  from sklearn.preprocessing import StandardScaler
4  from sklearn.model_selection import train_test_split
5  from sklearn.pipeline import make_pipeline
6  from sklearn.decomposition import PCA
7  from sklearn.linear_model import Lasso
8  from sklearn.metrics import r2_score
```

2. 載入資料集。

```
1  X, y = datasets.load_diabetes(return_X_y=True)
```

3. 資料分割。

```
1  X_train, X_test, y_train, y_test = train_test_split(X, y, test_size=.2)
```

4. 建立管線：內含特徵縮放、特徵萃取、模型訓練 3 個步驟 (Steps)。

```
1  pipe_lr = make_pipeline(StandardScaler(),
2                          PCA(n_components=5),
3                          Lasso(random_state=0, max_iter=10000))
4  pipe_lr.fit(X_train, y_train)
```

- 輸出結果：

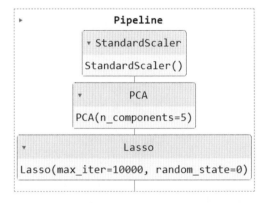

- StandardScaler、PCA 均需先訓練 (fit)，再轉換 (transform)，但使用管線時，只要呼叫 fit 即可，另外，測試資料需轉換 (transform)，模型預測及評估都會自動轉換，不必另外撰寫程式碼，使用上非常簡潔。

5. 管線結合 K 折交叉驗證：使用 cross_val_score 函數。

```
1  from sklearn.model_selection import cross_val_score
2
3  scores = cross_val_score(estimator=pipe_lr,
4                           X=X_test,
5                           y=y_test,
6                           cv=10,
7                           n_jobs=-1)
8  print(f'K折分數: %s' % scores)
9  print(f'平均值: {np.mean(scores):.3f}, 標準差: {np.std(scores):.3f}')
```

● 輸出結果：

```
K折分數: [ 0.49835011 -0.1414113   0.24826345  0.37295471  0.51573597  0.02635401
  0.17277211  0.71729214  0.37916185  0.10134832]
平均值: 0.289, 標準差: 0.245
```

6. 效能調校：管線結合 K 折交叉驗證、效能調校。

```
1  from sklearn.model_selection import GridSearchCV
2
3  # 正則化強度：3種選擇
4  alphas = np.logspace(-4, -0.5, 30)
5  # 強迫係數(權重) 須為正數
6  positive = (True, False)
7  tuned_parameters = [{"lasso__alpha": alphas, 'lasso__positive':positive}]
8
9  # 效能調校
10 clf = GridSearchCV(pipe_lr, tuned_parameters, cv=5, refit=False)
11 clf.fit(X, y)
12
13 scores_mean = clf.cv_results_["mean_test_score"]
14 scores_std = clf.cv_results_["std_test_score"]
15 print('平均分數:\n', scores_mean, '\n標準差:\n', scores_std)
```

● 輸出結果：

```
平均分數：
[0.47207195 0.4733645  0.47207199 0.47336459 0.47207203 0.47336471
 0.47207209 0.47336486 0.47207217 0.47336506 0.47207227 0.47336532
 0.4720724  0.47336567 0.47207258 0.47336614 0.47207282 0.47336675
 0.47207313 0.47336755 0.47207354 0.47336861 0.47207407 0.47337002
 0.47207479 0.47337187 0.47207573 0.47337431 0.47207697 0.47337754
 0.4720786  0.4733818  0.47208075 0.47338741 0.47208359 0.47339481
 0.47208732 0.47340457 0.47209222 0.47341742 0.47209865 0.47343434
 0.47210707 0.47345659 0.47211807 0.47348581 0.47213237 0.47352413
 0.47215089 0.47357424 0.47217468 0.47363958 0.47220496 0.47372441
 0.47224297 0.47383391 0.4722897  0.47397411 0.47234539 0.47415161]
標準差：
[0.05899342 0.06058938 0.05899334 0.06058934 0.05899322 0.06058928
 0.05899307 0.06058921 0.05899287 0.06058912 0.05899261 0.06058899
 0.05899226 0.06058883 0.05899181 0.06058861 0.0589912  0.06058832
 0.05899041 0.06058794 0.05898935 0.06058743 0.05898796 0.06058677
 0.05898613 0.06058589 0.0589837  0.06058473 0.0589805  0.06058319
 0.05897628 0.06058117 0.0589707  0.0605785  0.05896335 0.06057498
 0.05895363 0.06057032 0.05894082 0.06056418 0.05892391 0.06055607
 0.0589016  0.06054537 0.05887219 0.06053126 0.05883343 0.06051263
 0.05878236 0.06048807 0.05871514 0.0604557  0.05862674 0.06041303
 0.05851064 0.06035685 0.05835842 0.06028293 0.05815931 0.06018577]
```

7. 以最佳參數組合重新訓練：自 best_params_ 取得最佳參數，重新建立管線。

```
1  pipe_lr = make_pipeline(StandardScaler(),
2                          PCA(n_components=5),
3                          Lasso(random_state=0, max_iter=10000,
4                          alpha=clf.best_params_['lasso__alpha'],
5                          positive=clf.best_params_['lasso__positive']))
6  pipe_lr.fit(X_train, y_train)
7  pipe_lr.score(X_test, y_test)
```

● 輸出結果：0.4471126658437645。

使用 make_pipeline 建立管線，它會自動建立每一步驟的名稱，如要自訂步驟名稱，可使用另一類別 pipeline，用法如下：

```
1  from sklearn.pipeline import Pipeline
2
3  pipe_lr = Pipeline([('scaler', StandardScaler()),
4                      ('pca', PCA(n_components=5)),
5                      ('lasso', Lasso(random_state=0, max_iter=10000,
6                      alpha=clf.best_params_['lasso__alpha'],
7                      positive=clf.best_params_['lasso__positive']))])
8  pipe_lr.fit(X_train, y_train)
9  pipe_lr.score(X_test, y_test)
```

● StandardScaler 自訂名稱為 scaler。

● 管線詳細用法可參閱 Scikit-learn make_pipeline[3]、Pipeline[4]。

本節我們介紹很多內容，包括 K 折交叉驗證法、GridSearchCV、管線結合交叉驗證法 (cross_val_score)、『管線結合交叉驗證法、GridSearchCV』，在機器學習專案執行中可善用這些技巧，找尋模型最佳參數，再比較多個演算法找到最佳模型。

8-2　效能衡量指標 (Performance Metrics)

『維基百科 Precision and recall』[5] 介紹非常多的效能衡量指標 (Performance metrics)，如下圖。

	Predicted condition		Informedness, bookmaker informedness (BM) $= TPR + TNR - 1$	Prevalence threshold (PT) $= \dfrac{\sqrt{TPR \times FPR} - FPR}{TPR - FPR}$
Total population $= P + N$	Positive (PP)	Negative (PN)		
Actual condition Positive (P)	True positive (TP), hit	False negative (FN), type II error, miss, underestimation	True positive rate (TPR), recall, sensitivity (SEN), probability of detection, hit rate, power $= \frac{TP}{P} = 1 - FNR$	False negative rate (FNR), miss rate $= \frac{FN}{P} = 1 - TPR$
Negative (N)	False positive (FP), type I error, false alarm, overestimation	True negative (TN), correct rejection	False positive rate (FPR), probability of false alarm, fall-out $= \frac{FP}{N} = 1 - TNR$	True negative rate (TNR), specificity (SPC), selectivity $= \frac{TN}{N} = 1 - FPR$
Prevalence $= \frac{P}{P+N}$	Positive predictive value (PPV), precision $= \frac{TP}{PP} = 1 - FDR$	False omission rate (FOR) $= \frac{FN}{PN} = 1 - NPV$	Positive likelihood ratio (LR+) $= \frac{TPR}{FPR}$	Negative likelihood ratio (LR−) $= \frac{FNR}{TNR}$
Accuracy (ACC) $= \frac{TP+TN}{P+N}$	False discovery rate (FDR) $= \frac{FP}{PP} = 1 - PPV$	Negative predictive value (NPV) $= \frac{TN}{PN} = 1 - FOR$	Markedness (MK), deltaP (Δp) $= PPV + NPV - 1$	Diagnostic odds ratio (DOR) $= \frac{LR+}{LR-}$
Balanced accuracy (BA) $= \frac{TPR + TNR}{2}$	F_1 score $= \frac{2PPV \times TPR}{PPV + TPR} = \frac{2TP}{2TP + FP + FN}$	Fowlkes–Mallows index (FM) $= \sqrt{PPV \times TPR}$	Matthews correlation coefficient (MCC) $= \sqrt{TPR \times TNR \times PPV \times NPV} - \sqrt{FNR \times FPR \times FOR \times FDR}$	Threat score (TS), critical success index (CSI), Jaccard index $= \frac{TP}{TP + FN + FP}$

圖 8.3　混淆矩陣 (Confusion Matrix) 及相關效能衡量指標，資料來源：維基百科 Precision and recall[5]

除了準確率外，為什麼還需要其他效能衡量指標呢？舉兩個例子說明。

1. 醫療診斷：假設檢測出罹癌的人數佔總檢驗人數的 5%，有一天醫療診斷設備故障，無法檢測出任何人罹癌，請問該設備當天的準確率等於多少？

   準確率 = 1 - 錯誤率 = 1 - 5% = 95%

   設備故障準確率仍有 95%，答案合理嗎？可是它確實只有 5% 診斷錯誤啊。

2. 機場通關檢驗：美國一年有 800 萬個航空旅客出入境，經統計 2000 ～ 2017 年共有 19 個恐怖份子搭機，假設通關檢驗抓不到任何一個恐怖份子，請問該檢驗的準確率等於多少？

準確率 = 1 - 錯誤率 = 1 - 19/(800 萬 * 18 年) = 99.9999999%

抓不到任何恐怖份子，準確率仍高達 99.99%，答案合理嗎？可是準確率計算確實沒有錯啊。

從上面兩個例子，可以觀察到下列共同點：

1. 準確率有盲點。

2. 兩項資料都是不平衡資料 (Imbalanced Data)，罹癌的人數只佔總檢驗人數的 5%，恐怖份子更只佔通關人數的極少數。

因此，可以得到初步結論，在不平衡資料下，要使用其他效能衡量指標，才能正確評估模型效能。

那應該使用甚麼效能衡量指標呢？一樣以上面兩個實例說明：

1. 醫療診斷：檢測出罹癌的人數佔總檢驗人數的 5%，醫療診斷設備無法檢測出任何人罹癌 (0%)，故

精確率 (Precision) = 0% / 5% = 0%

即正確偵測罹癌的比例為 0%。

2. 機場通關檢驗：美國一年有 800 萬個航空旅客，經統計 2000 ～ 2017 年共有 19 個恐怖份子搭機，通關檢驗抓不到任何一個恐怖份子 (0)，請問該檢驗的效能等於多少？

召回率 (Recall) = 0 / 19 = 0%

即抓到恐怖份子的比例為 0%。

精確率(Precision)、召回率(Recall)較精準的定義為何呢？我們就以圖 8.3 逐步說明。

8-2-1 混淆矩陣 (Confusion Matrix)

先看圖的左上角的混淆矩陣 (Confusion matrix)，如下圖：

		預測結果 (Prediction)	
		預測為陽性(PP)	預測為陰性(PN)
真實狀況 (Ground)	真實為陽性(P)	TP	FN (型 II 誤差)
	真實為陰性(N)	FP (型 I 誤差)	TN

圖 8.4 混淆矩陣 (Confusion Matrix)

注意，要以預測的角度看混淆矩陣 (Confusion matrix)：

- TP：預測為陽性 (P)，預測正確 (T)。
- TN：預測為陰性 (N)，預測正確 (T)。
- FP：預測為陽性 (P)，預測錯誤 (F)，稱為型 I 誤差，或 α 誤差。
- FN：預測為陰性 (N)，預測錯誤 (F)，稱為型 II 誤差，或 β 誤差。
- 先看第 2 個字母，再看第 1 個字母。

以下作一個簡單測驗，考考讀者是否觀念已清楚掌握。

》 **範例 4.** 假設有 8 筆資料分別為 [0, 0, 0, 1, 1, 1, 1, 1]，模型預測結果為 [0, 1, 0, 1, 0, 1, 0, 1]，請先以人工計算混淆矩陣，再撰寫程式計算 / 繪製混淆矩陣，可參閱 Scikit-learn 支援計算混淆矩陣的函數 [6] 及繪製功能 [7]。

程式：08_04_confusion_matrix.ipynb

1. 載入資料。

```
1 y_true = [0, 0, 0, 1, 1, 1, 1, 1]
2 y_pred = [0, 1, 0, 1, 0, 1, 0, 1]
```

2. 計算混淆矩陣。

```
1 from sklearn.metrics import confusion_matrix
2 confusion_matrix(y_true, y_pred)
```

● 輸出結果：注意，Scikit-learn 混淆矩陣顯示會依數值升冪排序，故陰性 / 假 (False) 會排在陽性 / 真 (True) 前面，因為 False 是 0，True 是 1。

```
[[2, 1],
 [2, 3]]
```

3. 要依圖 8.4 順序顯示，可加 labels 參數指定顯示順序。

```
1  # 依圖8.4順序顯示
2  from sklearn.metrics import confusion_matrix
3  confusion_matrix(y_true, y_pred, labels=[1, 0])
```

● 輸出結果：

```
[[3, 2],
 [1, 2]]
```

4. 取得混淆矩陣的 4 個格子的值。

```
1  # 取得混淆矩陣的4個格子
2  tn, fp, fn, tp = confusion_matrix(y_true, y_pred).ravel()
3  tn, fp, fn, tp
```

● 輸出結果：(2, 1, 2, 3)。

5. 繪製混淆矩陣。

```
1   from sklearn.metrics import confusion_matrix, ConfusionMatrixDisplay
2   import matplotlib.pyplot as plt
3
4   # 修正中文亂碼
5   plt.rcParams['font.sans-serif'] = ['Arial Unicode MS']
6   plt.rcParams['axes.unicode_minus'] = False
7
8   ConfusionMatrixDisplay.from_predictions(y_true, y_pred,
9                            labels=[1, 0],
10                           display_labels=['真', '偽']);
```

● 輸出結果：ConfusionMatrixDisplay 可加參數 display_labels，自訂標註 (Label)。

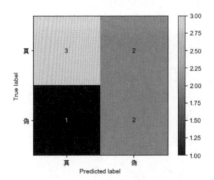

6. 方法 2：ConfusionMatrixDisplay 內含參數『confusion_matrix』。

```
1  # 方法 2
2  cm = confusion_matrix(y_true, y_pred, labels=[1, 0])
3  disp = ConfusionMatrixDisplay(confusion_matrix=cm,
4                                display_labels=['真', '偽'])
5  disp.plot();
```

7. 方法 3：利用 Matplotlib 的 matshow，比較可以控制顯示的細節。

```
1  # 方法 3
2  fig, ax = plt.subplots(figsize=(5, 5))
3
4  # 顯示矩陣
5  ax.matshow(cm, cmap=plt.cm.Blues, alpha=0.3)
6
7  # 按 [1, 0] 順序
8  for i in range(cm.shape[0]-1, -1, -1):
9      for j in range(cm.shape[1]-1, -1, -1):
10         ax.text(x=j, y=i, s=cm[i, j], va='center', ha='center')
11
12 # 置換刻度
13 ax.set_xticks(range(cm.shape[0]), labels=['真', '偽'], fontsize=14)
14 ax.set_yticks(range(cm.shape[1]), labels=['真', '偽'], fontsize=14)
15
16 # 設定標籤
17 plt.xlabel('Predicted label', fontsize=16)
18 plt.ylabel('True label', fontsize=16);
```

● 輸出結果：

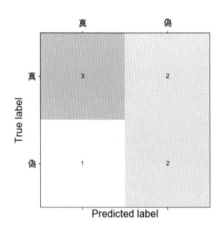

>> **範例 5.** 上例是二分類,只有真 (1)、偽 (0),若是多分類,混淆矩陣要如何顯示。

程式:08_05_confusion_matrix_multiple-categories.ipynb

1. 載入資料:資料為三分類 [0, 1, 2]。

```
1  y_true = [2, 0, 2, 2, 0, 1]
2  y_pred = [0, 0, 2, 2, 0, 2]
```

2. 計算混淆矩陣:程式碼與上例相同。

```
1  from sklearn.metrics import confusion_matrix
2  confusion_matrix(y_true, y_pred)
```

● 輸出結果:

```
[[2, 0, 0],
 [0, 0, 1],
 [1, 0, 2]]
```

3. 繪製混淆矩陣。

```
1  from sklearn.metrics import confusion_matrix, ConfusionMatrixDisplay
2  import matplotlib.pyplot as plt
3
4  # 修正中文亂碼
5  plt.rcParams['font.sans-serif'] = ['Arial Unicode MS']
6  plt.rcParams['axes.unicode_minus'] = False
7
8  ConfusionMatrixDisplay.from_predictions(y_true, y_pred);
```

● 輸出結果：

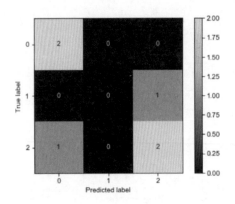

4. 還有其他方式，請參閱範例檔。

5. 使用鳶尾花資料集實作。

```
 1  import numpy as np
 2  from sklearn import svm, datasets
 3  from sklearn.model_selection import train_test_split
 4
 5  # 載入資料
 6  ds = datasets.load_iris()
 7  X, y = ds.data, ds.target
 8
 9  # 分割資料
10  X_train, X_test, y_train, y_test = train_test_split(X, y, random_state=0)
11
12  # 模型訓練
13  clf = svm.SVC(kernel='linear', C=0.01).fit(X_train, y_train)
14
15  y_pred = clf.predict(X_test)
16
17  # 設定顯示小數點位數
18  np.set_printoptions(precision=2)
19
20  # Plot non-normalized confusion matrix
21  titles_options = [("正常的混淆矩陣", None),
22                    ("正規化混淆矩陣", 'true')]
23
24  # 修正中文亂碼
25  plt.rcParams['font.sans-serif'] = ['Arial Unicode MS']
26  plt.rcParams['axes.unicode_minus'] = False
27
28  f, axes = plt.subplots(1, 2, figsize=(14, 5), sharey='row')
29  for i, (title, normalize) in enumerate(titles_options):
30      cm = ConfusionMatrixDisplay.from_predictions(y_test, y_pred, ax=axes[i]
31                          , cmap=plt.cm.Blues, display_labels=ds.target_names
32                          , normalize=normalize)
33  #      cm.plot(ax=axes[i])
34      cm.ax_.set_title(title, fontsize=16)
```

● 輸出結果：右圖是加參數 normalize=True，會將筆數轉為比例，每列
　總和會等於 1。

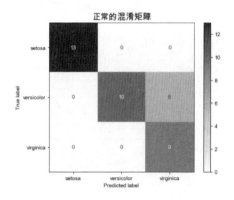
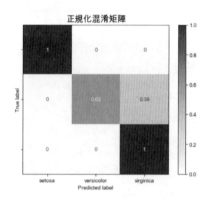

8-2-2　效能衡量指標計算公式

接著看圖 8.3 的其他部份，如下圖畫框部份：

	Predicted condition			
Total population = P + N	Positive (PP)	Negative (PN)	Informedness, bookmaker informedness (BM) = TPR + TNR − 1	Prevalence threshold (PT) $= \frac{\sqrt{TPR \times FPR} - FPR}{TPR - FPR}$
Positive (P)	True positive (TP), hit	False negative (FN), type II error, miss, underestimation	True positive rate (TPR), recall, sensitivity (SEN), probability of detection, hit rate, power $= \frac{TP}{P} = 1 - FNR$	False negative rate (FNR), miss rate $= \frac{FN}{P} = 1 - TPR$
Negative (N)	False positive (FP), type I error, false alarm, overestimation	True negative (TN), correct rejection	False positive rate (FPR), probability of false alarm, fall-out $= \frac{FP}{N} = 1 - TNR$	True negative rate (TNR), specificity (SPC), selectivity $= \frac{TN}{N} = 1 - FPR$
Prevalence $= \frac{P}{P + N}$	Positive predictive value (PPV), precision $= \frac{TP}{PP} = 1 - FDR$	False omission rate (FOR) $= \frac{FN}{PN} = 1 - NPV$	Positive likelihood ratio (LR+) $= \frac{TPR}{FPR}$	Negative likelihood ratio (LR−) $= \frac{FNR}{TNR}$
Accuracy (ACC) $= \frac{TP + TN}{P + N}$	False discovery rate (FDR) $= \frac{FP}{PP} = 1 - PPV$	Negative predictive value (NPV) $= \frac{TN}{PN} = 1 - FOR$	Markedness (MK), deltaP (Δp) $= PPV + NPV - 1$	Diagnostic odds ratio (DOR) $= \frac{LR+}{LR-}$
Balanced accuracy (BA) $= \frac{TPR + TNR}{2}$	F_1 score $= \frac{2PPV \times TPR}{PPV + TPR} = \frac{2TP}{2TP + FP + FN}$	Fowlkes–Mallows index (FM) $= \sqrt{PPV \times TPR}$	Matthews correlation coefficient (MCC) $= \sqrt{TPR \times TNR \times PPV \times NPV} - \sqrt{FNR \times FPR \times FOR \times FDR}$	Threat score (TS), critical success index (CSI), Jaccard index $= \frac{TP}{TP + FN + FP}$

圖 8.5　效能衡量指標

表內有各式各樣的指標，比較常用的有：

1. 準確率 (Accuracy)：第一欄第五列，猜對筆數 / 全部筆數，故公式如下。

   (TP+TN) / (TP+TN+FP+FN)

2. 精確率 (Precision)：第二欄第四列，猜對陽性筆數 / 預測為陽性的筆數，公式如下。

TP / (TP+FP)

3. 召回率 (Recall) 或稱敏感度 (Sensitivity)：第四欄第二列，猜對陽性筆數 / 事實為真的筆數，公式如下。

TP / (TP+FN)

4. F1 score：第二欄第五列，為精確率與召回率的調和平均數，公式如下。
$2 / ((1/ \text{Precision}) + (1/ \text{Recall}))$，化簡後等於 (2*TP) / (2*TP+FP+FN)

其他的部份，我們有使用到時再討論。

一般在實際應用時準則如下：

1. 醫療診斷設備會關心精確率，因為檢查為陰性的民眾通常無法掌握，他們可能放心回家了或再到其他醫院檢查，我們無從追蹤或確定他是偽陰或真陰。

2. 海關檢驗關心的是召回率，真正的恐怖分子能抓到幾個，因為漏掉任何一個，可能就會造成莫大的傷害，因此，通常檢驗會從嚴，寧可錯抓，偽陽率會很高，但從召回率公式看，它並不考慮。

3. 檢驗從嚴，會提升偽陽率，降低偽陰率，因此，召回率與精確率會隨著檢驗標準提高一增一減，反之檢驗從寬，會造成相反效果，為調和兩者，可使用 F1 score。

» **範例 6.** 常用的效能衡量指標計算。

程式：08_06_performance_metrics.ipynb

1. 載入套件。

```
1  import numpy as np
2  import pandas as pd
3  import matplotlib.pyplot as plt
4  import seaborn as sns
```

2. 載入資料：使用信用卡資料集，來自『Kaggle Credit Card Fraud Detection』[8]。

```
1  df = pd.read_csv('./data/creditcard.csv')
2  df.head()
```

- 輸出結果：信用卡申請人屬性主要是 V1~V28，全部都經去識別化，以保護個資，而 Class 是目標變數 (Y)。

	Time	V1	V2	V3	V4	V5	V6	V7	V8	V9	...	V21	V22	V23	V24	V2
0	0.0	-1.359807	-0.072781	2.536347	1.378155	-0.338321	0.462388	0.239599	0.098698	0.363787	...	-0.018307	0.277838	-0.110474	0.066928	0.12853
1	0.0	1.191857	0.266151	0.166480	0.448154	0.060018	-0.082361	-0.078803	0.085102	-0.255425	...	-0.225775	-0.638672	0.101288	-0.339846	0.16717
2	1.0	-1.358354	-1.340163	1.773209	0.379780	-0.503198	1.800499	0.791461	0.247676	-1.514654	...	0.247998	0.771679	0.909412	-0.689281	-0.32764
3	1.0	-0.966272	-0.185226	1.792993	-0.863291	-0.010309	1.247203	0.237609	0.377436	-1.387024	...	-0.108300	0.005274	-0.190321	-1.175575	0.64737
4	2.0	-1.158233	0.877737	1.548718	0.403034	-0.407193	0.095921	0.592941	-0.270533	0.817739	...	-0.009431	0.798278	-0.137458	0.141267	-0.20601

3.　觀察目標變數的各類別筆數。

```
1  df.Class.value_counts()
```

- 輸出結果：類別 0 有 284,315 筆，類別 1 有 492 筆，非常懸殊，即不平衡資料集。

4.　模型訓練與預測。

```
1  from sklearn.linear_model import LogisticRegression
2  from sklearn.model_selection import train_test_split
3  from sklearn.metrics import accuracy_score
4
5  X, y = df.drop(['Time', 'Amount', 'Class'], axis=1), df['Class']
6
7  # 分割資料
8  X_train, X_test, y_train, y_test = train_test_split(X, y, random_state=0)
9
10 # 模型訓練
11 clf = LogisticRegression().fit(X_train, y_train)
12
13 # 預測
14 y_pred = clf.predict(X_test)
15
16 # 準確率
17 accuracy_score(y_test, y_pred)
```

- 輸出結果：準確率 = 0.9992977725344794。

5.　計算混淆矩陣。

```
1  # 取得混淆矩陣的4個格子
2  from sklearn.metrics import confusion_matrix
3
4  tn, fp, fn, tp = confusion_matrix(y_test, y_pred).ravel()
5  tn, fp, fn, tp
```

- 輸出結果：(TN, FP, FN, TP)=(71072, 10, 40, 80)。

6. 常用的效能衡量指標計算。

```
1  print(f'準確率(Accuracy)={(tn+tp) / (tn+fp+fn+tp)}')
2  print(f'精確率(Precision)={(tp) / (fp+tp)}')
3  print(f'召回率(Recall)={(tp) / (fn+tp)}')
4  print(f'F1 score={(2*tp) / (2*tp+fp+fn)}')
```

- 輸出結果：

準確率 (Accuracy)=0.9992

精確率 (Precision)=0.8888

召回率 (Recall)=0.6666

F1 score=0.7619

7. Scikit-learn 提供分類報表，可計算常用的效能衡量指標。

```
1  from sklearn.metrics import classification_report
2
3  print(classification_report(y_test, y_pred))
```

- 輸出結果：畫框的部份與第 6 步自行計算的結果一致。

	precision	recall	f1-score	support
0	1.00	1.00	1.00	71082
1	0.89	0.67	0.76	120
accuracy			1.00	71202
macro avg	0.94	0.83	0.88	71202
weighted avg	1.00	1.00	1.00	71202

- 分類報表包括準確率(Accuracy)、精確率(Precision)、召回率(Recall)、
  F1 score 及『支持』(Support) 五欄，『支持』是指各類別筆數，例如
  類別 0 有 71,082 筆 (TN+FP=71072+ 10)。

- 第 2~3 列：精確率 (Precision)、召回率 (Recall)、F1 score 及『支持』會分類別統計。

- macro average：未加權的平均數，例如精確率 =(1.00+0.89) ≒ 0.94。

- weighted average：以『支持』加權的平均數，例如

精確率 =(1.00 * 71082 + 0.89 * 120) / (71082 + 120) = 0.9998 ≒ 1.00。

- sample average：多目標的模型才會顯示，Scikit-learn 未多作說明。

- micro average：多目標或多類別的模型才會顯示，計算真陽率 (true positive)、偽陰率 (false negative) 及偽陽率 (false positive) 的平均值。

8. 多類別的分類報表。

```
1  # 3 類別
2  y_true = [0, 1, 2, 2, 2]
3  y_pred = [0, 0, 2, 2, 1]
4  print(classification_report(y_true, y_pred))
```

- 輸出結果：畫框的部份有 3 類別。

	precision	recall	f1-score	support
0	0.50	1.00	0.67	1
1	0.00	0.00	0.00	1
2	1.00	0.67	0.80	3
accuracy			0.60	5
macro avg	0.50	0.56	0.49	5
weighted avg	0.70	0.60	0.61	5

9. 以下數據會顯示 micro average。

```
1  # 3 類別
2  y_pred = [1, 2, 0]
3  y_true = [1, 1, 1]
4  print(classification_report(y_true, y_pred, labels=[1, 2, 3]))
```

- 輸出結果：可加參數 labels 指定標註名稱。

	precision	recall	f1-score	support
1	1.00	0.33	0.50	3
2	0.00	0.00	0.00	0
3	0.00	0.00	0.00	0
micro avg	0.50	0.33	0.40	3
macro avg	0.33	0.11	0.17	3
weighted avg	1.00	0.33	0.50	3

8-3　ROC/AUC

之前談到海關檢驗從嚴，會提升偽陽率，降低偽陰率，召回率與精確率會一增一減，反之檢驗從寬，會造成相反效果，那麼，評估模型效能時，應該把決策門檻 (Decision threshold) 設為多少？之前模型評估都以預測機率 >=0.5，視為『真』或陽性，這樣做似乎太主觀了，接收操作特徵圖（Receiver operator characteristic, 以下簡稱 ROC）可以比較公允的看待這個問題。

ROC 的由來是二次大戰時，美軍利用雷達信號偵測日軍飛機、船艦，設定信號強弱的閾值 (Threshold)，以判斷螢幕上的光點顯示的真偽。閾值調低，可能把大鳥誤判為飛機，亦即偽陽率升高，但漏掉顯示敵機的機率就比較小，反之，閾值調高，偽陰率升高，漏掉顯示敵機的機率就變大，這種方式被發展成『信號偵測理論』 (Signal Detection Theory)，後來更被廣泛應用在心理學、無線電、生物學、犯罪心理學、醫學…等領域。

所以 ROC 是在各種決策門檻 (即閾值) 下，比較『真陽率』(True Positive Rate, TPR) 與『假陽率』(False Positive Rate, FPR) 間的變化。

曲線下面積 (Area Under the Curve, 以下簡稱 AUC) 則是計算 ROC 曲線覆蓋下的面積與外部矩形總面積的比例，用以衡量模型的效能表現。

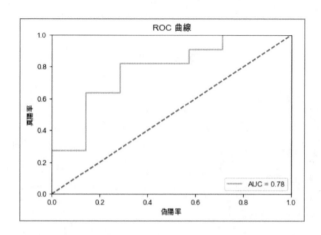

圖 8.6 ROC/AUC 示意圖

8-3-1 繪製 ROC 曲線

ROC 的 X 軸 為 偽 陽 率 (False Positive Rate, FPR)，Y 軸 為 真 陽 率 (True Positive Rate, FPR)，在各種決策門檻下，計算兩個比率，再將它們連成一線，即為 ROC。

真陽率公式 = TP / (TP+FN) ➡ 正確診斷為有病的機率，即召回率。

偽陽率公式 = FP / (TN+FP) ➡ 沒病被診斷為有病的機率。

為什麼使用者兩個比率呢？參閱『Finding Donors: Classification Project With PySpark』[9] 有很好的圖表說明。

1. 以疾病偵測為例，它屬於二分類，沒病或有病，假設各自的資料呈現以下的機率分配，如果機率分配沒有重疊，那麼判斷非常簡單，只要將決策門檻設在中間，就可以完美切割。

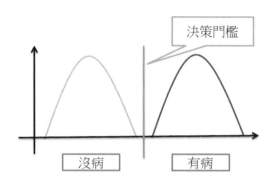

圖 8.7 沒病與有病的機率分配

2. 通常不會那麼完美，沒病與有病的機率分配通常會重疊，這時決策門檻要設定在哪裡，就會決定模型效能。

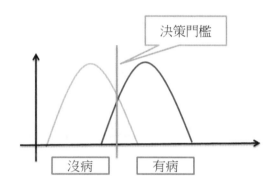

圖 8.8 沒病與有病的機率分配重疊

3. 要計算偽陽率／真陽率，我們要先識別上圖各部份代表混淆矩陣的哪一格，請讀者想想看。

答案如下圖。當決策門檻往右移 (從嚴) 時，就會降低偽陽率，因為 FP 會變小，反之，決策門檻往左移 (從寬) 時，就會提高偽陽率，因為 FP 會變大，當然真陽率也會隨之變化。

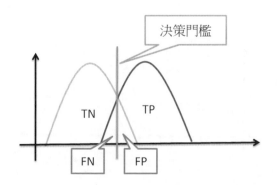

圖 8.9 混淆矩陣

4. 因此，設定各種決策門檻，就可以計算各自的偽陽率 / 真陽率，以偽陽率為 X 軸，以真陽率為 Y 軸，一個決策門檻為一座標點，將它們連成一線，即為 ROC。

» **範例 7.** 手繪 ROC 曲線。

假設資料共 20 筆如下，第 1 列是預測有病的機率，例如 99 表 99%，第 2 列是實際值，1 是有病，0 是沒病。

Score	99	93	90	87	82	80	75	72	60	55	52	40	38	34	29	27	22	20	15	7
Label	1	1	0	1	0	0	0	1	0	0	1	0	0	0	0	0	0	0	0	0

繪製 ROC 步驟如下：

1. 根據第 1 列降冪排序，上圖已排好。

2. 準備一張白紙，畫一個方框。

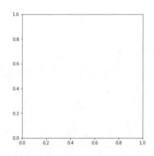

3. 統計第 2 列有病 (P) 及沒病 (N) 總數，P=5、N=15，在 Y 軸畫 P 格，X 軸畫 N 格，如下圖。

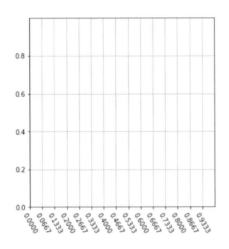

4. 將『Score』值依序設為決策門檻。

5. 掃描第二列，遇 1 往上，遇 0 往右，即可繪製出 ROC 曲線 (粗線)。這裡要請問各位看官，為什麼遇 1 往上，遇 0 往右。

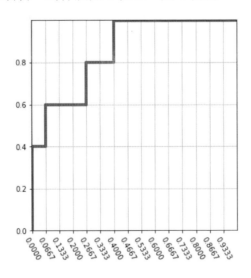

解答：因為遇 1，表預測正確，故真陽 (TP) 加 1，Y 軸往上加 1，遇 0，表預

測錯誤，故偽陽 (FP) 加 1，X 軸往右加 1。

» **範例 8.** 按照範例 7 步驟，以程式繪製 ROC 曲線，包括 Scikit-Learn 作法。

程式：08_07_ draw_roc.ipynb。

1. 載入套件。

```
1  import numpy as np
2  import matplotlib.pyplot as plt
```

2. 載入資料。

```
1  import pandas as pd
2
3  df=pd.read_csv('./data/roc_test_data.csv')
4  df
```

▶ 部份輸出結果：共 18 筆資料，第一欄為預測機率，第二欄為實際值。

	predict	actual
0	0.11	0
1	0.35	0
2	0.72	1
3	0.10	1
4	0.99	1
5	0.44	1
6	0.32	0
7	0.80	1
8	0.22	1
9	0.08	0
10	0.56	1

3. 繪製 ROC 曲線，先計算 P 及 N 個數。

```
1  # 計算第二欄的真(1)與假(0)的個數，假設分別為P及N
2  P= df[df['actual']==1].shape[0]
3  N= df[df['actual']==0].shape[0]
4  print(f'P={P}, N={N}')
5
6  # X、Y軸每一格的大小
7  y_unit=1/P
8  X_unit=1/N
```

● 輸出結果：P=11, N=7。

4. 根據第 1 欄降冪排序。

```
1  df2=df.sort_values(by='predict', ascending=False)
2  df2
```

5. 掃描表格每一列，第二欄若是 1，就往『上』畫一格，反之，若是 0，
就往『右』畫一格。

```
1  X, y=[], []
2  current_X, current_y = 0, 0
3  for row in df2.itertuples():
4      # 若是1，Y加1
5      if row[2] == 1:
6          current_y+=y_unit
7      else: # 若是0，X加1
8          current_X+=X_unit
9      # 儲存每一點X/Y座標
10      X.append(current_X)
11      y.append(current_y)
12
13  X=np.array(X)
14  y=np.array(y)
15  print(X, y)
```

6. 繪製 ROC 曲線：左下至右上的對角線是隨機亂猜，即 50%。

```
1  # 修正中文亂碼
2  plt.rcParams['font.sans-serif'] = ['Arial Unicode MS']
3  plt.rcParams['axes.unicode_minus'] = False
4
5  plt.title('ROC 曲線')
6  plt.plot(X, y, color = 'orange')
7  plt.plot([0, 1], [0, 1],'r--')
8  plt.xlim([0, 1])
9  plt.ylim([0, 1])
10  plt.ylabel('真陽率')
11  plt.xlabel('偽陽率');
```

● 輸出結果：

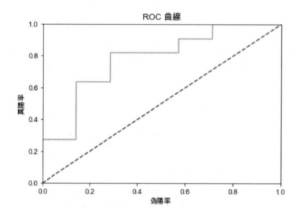

7.　Scikit-Learn 作法：使用 roc_curve 函數計算每一點的偽陽率、真陽率及當時的決策門檻。

```
1  from sklearn.metrics import roc_curve, roc_auc_score, auc
2
3  fpr, tpr, threshold = roc_curve(df['actual'], df['predict'])
4  print(f'偽陽率:\n{fpr}\n\n真陽率:\n{tpr}\n\n決策門檻:{threshold}')
```

● 輸出結果：

```
偽陽率:
[0.         0.         0.         0.14285714 0.14285714 0.28571429
 0.28571429 0.57142857 0.57142857 0.71428571 0.71428571 1.        ]

真陽率:
[0.         0.09090909 0.27272727 0.27272727 0.63636364 0.63636364
 0.81818182 0.81818182 0.90909091 0.90909091 1.         1.        ]

決策門檻:[1.99 0.99 0.8  0.73 0.56 0.48 0.42 0.32 0.22 0.11 0.1  0.03]
```

8.　繪製 ROC 曲線：使用 auc 函數計算 AUC。

```
1  auc1 = auc(fpr, tpr)
2  plt.title('ROC 曲線')
3  plt.plot(fpr, tpr, color = 'orange', label = 'AUC = %0.2f' % auc1)
4  plt.legend(loc = 'lower right')
5  plt.plot([0, 1], [0, 1],'r--')
6  plt.xlim([0, 1])
7  plt.ylim([0, 1])
8  plt.ylabel('真陽率')
9  plt.xlabel('偽陽率');
```

● 輸出結果：AUC=0.78。

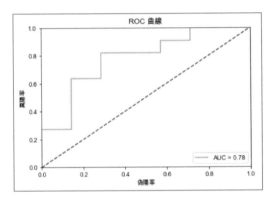

>> **範例 9.** 實作乳癌診斷，並繪製 ROC 曲線。

程式：08_08_roc_breast_cancer.ipynb。

1. 載入套件。

```
1  import matplotlib.pyplot as plt
2  import pandas as pd
3  import numpy as np
4  from sklearn import datasets
```

2. 載入資料。

```
1  data = datasets.load_breast_cancer()
```

3. 資料分割。

```
1  from sklearn.model_selection import train_test_split
2
3  X_train, X_test, y_train, y_test = \
4      train_test_split(data.data[:,:6], data.target,
5                       test_size=0.20)
```

4. 模型訓練。

```
1  from sklearn.preprocessing import StandardScaler
2  from sklearn.svm import SVC
3  from sklearn.pipeline import make_pipeline
4
5  pipe = make_pipeline(StandardScaler(), SVC(probability=True))
6
7  pipe.fit(X_train, y_train)
```

5. 模型預測。

```
1  y_pred_proba = pipe.predict_proba(X_test)
2  np.around(y_pred_proba, 2)
```

● 部份輸出結果：包括沒病 / 有病兩欄機率，使用第 2 欄有病的機率計算 ROC。

```
[[0.  , 1.  ],
 [0.01, 0.99],
 [0.  , 1.  ],
 [1.  , 0.  ],
 [1.  , 0.  ],
 [0.04, 0.96],
 [0.02, 0.98],
 [0.01, 0.99],
 [0.03, 0.97],
 [0.99, 0.01],
 [0.01, 0.99],
 [0.97, 0.03],
```

6. 預測值 (第 2 欄) 與實際值合併成 DataFrame。

```
1  df = pd.DataFrame({'predict':np.around(y_pred_proba[:,1], 2), 'actual':y_test})
2  df
```

● 部份輸出結果：

	predict	actual
0	1.00	1
1	0.99	1
2	1.00	1
3	0.00	0
4	0.00	0

7. 依預測值降冪排序。

```
1  df2=df.sort_values(by='predict', ascending=False)
2  df2
```

8. 繪製 ROC 曲線。

```
1  from sklearn.metrics import roc_curve, roc_auc_score, auc
2
3  # 修正中文亂碼
4  plt.rcParams['font.sans-serif'] = ['Arial Unicode MS']
5  plt.rcParams['axes.unicode_minus'] = False
6
7  fpr, tpr, threshold = roc_curve(df['actual'], df['predict'])
8  auc1 = auc(fpr, tpr)
9  plt.title('ROC 曲線')
10 plt.plot(fpr, tpr, color = 'orange', label = 'AUC = %0.2f' % auc1)
11 plt.legend(loc = 'lower right')
12 plt.plot([0, 1], [0, 1],'r--')
13 plt.xlim([0, 1])
14 plt.ylim([0, 1])
15 plt.ylabel('真陽率')
16 plt.xlabel('偽陽率');
```

● 輸出結果：

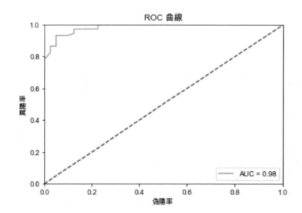

9.　也可以使用 roc_auc_score 直接計算 AUC 分數。

```
1  roc_auc_score(df2.actual, df2.predict)
```

● 輸出結果：0.98。

目前 ROC/AUC 已經成為模型效能評估常用的標準，它可以衡量不同決策門檻下，模型平均效能，而不是以單一決策門檻獨斷。以上雖然只以二分類為例，事實上，透過 OvO(One vs One) 或 OvR(One vs Rest) 技巧，也可以作到多分類，可參閱『Scikit-learn Multiclass Receiver Operating Characteristic』[10] 或『Multiclass classification evaluation with ROC Curves and ROC AUC』[11]。補充說明，OvO 是對任取兩個類別作二分類模型，將所有組合全部建模，之後各類再取預測機率平均值作為預測值。以三分類為例，共需 C(3,2)=6 個模型，如下圖。

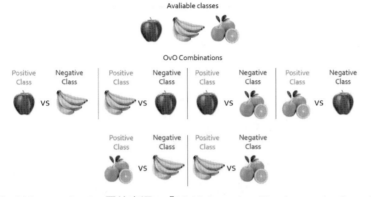

圖 8.9 OvO(One vs One)，圖片來源：『Multiclass classification evaluation with ROC Curves and ROC AUC』[11]

OvR 是將一個類別與其他類別作二分類模型，其他類別視為負類別，之後再選另一類別依法泡製，N 個類別就會有 N 個模型，預測時，將樣本輸入到每個模型，取最大機率者作為預測值。

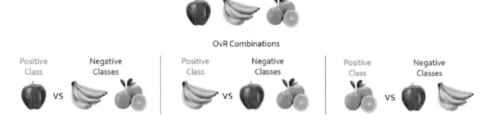

圖 8.10 OvR(One vs Rest)，圖片來源：『Multiclass classification evaluation with ROC Curves and ROC AUC』[11]

8-4 　詐欺偵測 (Fraud Detection) 個案研究

詐欺偵測 (Fraud detection) 屬於異常偵測 (Anamoly detection) 的一種，常用於擁有大量交易的場域，因為量大無法以人工查核，必須藉由系統自動偵測，10 多年前筆者在電信業服務，公司就購置詐欺偵測系統，用以偵測手機申辦的詐欺行為，當時花了數百萬的經費購置，主要是以規則為基礎判別申辦行為是否有詐欺嫌疑，這些規則都是依經年累月的行業別知識制定的，不過，詐騙手段日新月異，防不勝防，規則須不斷的更新，利用大量資料建構機器學習模型，不失為一較簡單的方式。其他適用的行業還有信用卡申辦、網購會員申辦、保險理賠…等，根據統計，美國保險理賠詐欺每年就損失 800 億美元。

大部份的交易都是正常的，只有極小比例是詐欺案，因此，蒐集到的資料集通常是不平衡的，除了交易外，不平衡資料集在許多場域也可以看到，譬如行銷活動的購買率、地震頻率…等，以下就先以信用卡詐欺偵測作一個案研究。

≫ **範例 10.** 常用的效能衡量指標計算，使用上例的信用卡資料集.

程式：08_09_ credit_card_fraud_detection.ipynb

1. 載入套件。

```
1  import numpy as np
2  import pandas as pd
3  import matplotlib.pyplot as plt
4  import seaborn as sns
```

2. 載入信用卡資料集。

```
1  df = pd.read_csv('./data/creditcard.csv')
2  df.head()
```

● 輸出結果：可以看到 V1~V28 資料都經去識別化，且已經使用標準化處理，故之後不必再作特徵縮放。

	Time	V1	V2	V3	V4	V5	V6	V7	V8	V9	...	V21	V22	V23	V24
0	0.0	-1.359807	-0.072781	2.536347	1.378155	-0.338321	0.462388	0.239599	0.098698	0.363787	...	-0.018307	0.277838	-0.110474	0.066928
1	0.0	1.191857	0.266151	0.166480	0.448154	0.060018	-0.082361	-0.078803	0.085102	-0.255425	...	-0.225775	-0.638672	0.101288	-0.339846
2	1.0	-1.358354	-1.340163	1.773209	0.379780	-0.503198	1.800499	0.791461	0.247676	-1.514654	...	0.247998	0.771679	0.909412	-0.689281
3	1.0	-0.966272	-0.185226	1.792993	-0.863291	-0.010309	1.247203	0.237609	0.377436	-1.387024	...	-0.108300	0.005274	-0.190321	-1.175575
4	2.0	-1.158233	0.877737	1.548718	0.403034	-0.407193	0.095921	0.592941	-0.270533	0.817739	...	-0.009431	0.798278	-0.137458	0.141267

3. 觀察目標變數的各類別筆數。

```
1  df.Class.value_counts()
```

- 輸出結果：正常的資料佔 284,315 筆，異常的資料佔 492 筆，差異很懸殊。

4. 模型訓練與評估：先不作任何處理。

```
1  from sklearn.linear_model import LogisticRegression
2  from sklearn.model_selection import train_test_split
3  from sklearn.metrics import accuracy_score
4
5  X, y = df.drop(['Time', 'Amount', 'Class'], axis=1), df['Class']
6
7  # 分割資料
8  X_train, X_test, y_train, y_test = train_test_split(X, y, random_state=0)
9
10 # 模型訓練
11 clf = LogisticRegression().fit(X_train, y_train)
12
13 # 預測
14 y_pred = clf.predict(X_test)
15
16 # 準確率
17 accuracy_score(y_test, y_pred)
```

- 輸出結果：準確率 =0.999，看似非常好。

5. 使用 K 折交叉驗證。

```
1  from sklearn.model_selection import cross_val_score
2
3  scores = cross_val_score(estimator=clf,
4                           X=X_test,
5                           y=y_test,
6                           cv=10,
7                           n_jobs=-1)
8  print(f'K折分數: %s' % scores)
9  print(f'平均值: {np.mean(scores):.3f}, 標準差: {np.std(scores):.3f}')
```

● 輸出結果：平均準確率 =0.999，也非常好。

6. 分類報告：觀察其他效能指標。

```
1  from sklearn.metrics import classification_report
2
3  print(classification_report(y_test, y_pred))
```

● 輸出結果：正常的資料各項效能指標都是 100% 準確，但異常的資料的精確率 (precision)、召回率 (recall)、F1 score 都偏低，偏偏詐欺偵測重視的是詐欺行為是否能被正確識別，以召回率而言，真正的詐欺案，只有 6 成多被偵測到，業者應該不會很滿意，因為亂猜也有 5 成。

	precision	recall	f1-score	support
0	1.00	1.00	1.00	71082
1	0.89	0.67	0.76	120
accuracy			1.00	71202
macro avg	0.94	0.83	0.88	71202
weighted avg	1.00	1.00	1.00	71202

7. 從寬認定詐欺行為：假設機率超過 0.3，即認為詐欺行為。

```
1  y_pred_proba = clf.predict_proba(X_test)[:,1]
2  y_pred = y_pred_proba >= 0.3
3  print(classification_report(y_test, y_pred))
```

● 輸出結果：異常的資料的精確率 (precision)、召回率 (recall)、F1 score 都有些微提高，雖然，整體資料的效能指標稍有降低，因偽陽率提高。

	precision	recall	f1-score	support
0	1.00	1.00	1.00	71082
1	0.85	0.73	0.79	120
accuracy			1.00	71202
macro avg	0.93	0.87	0.89	71202
weighted avg	1.00	1.00	1.00	71202

8. 接下來介紹另一種資料處理技巧，就是利用重抽樣 (Re-sampling) 或生

成資料使兩類的資料變的一樣多，前者稱為 Under-sampling，後者稱為 Over-sampling，如果異常資料量夠大，可以採 Under-sampling，對正常資料進行重抽樣，使正常資料量縮減成異常資料量。反之，異常資料量很少，我們就不宜使用 Under-sampling，因為處理後整體資料量會不足，這時，可採 Over-sampling，生成更多的異常資料，使異常資料量擴增至正常資料量。imbalanced-learn 套件提供許多 Under-sampling、Over-sampling 演算法可利用，這邊只介紹 Over-sampling，最常用的演算法是 SMOTE(Synthetic Minority Over-sampling)，它的作法如下圖，左圖是原始資料，SMOTE 在兩個異常資料點中間產生新資料，經過不斷的衍生，直到兩類資料量變的一樣多為止。

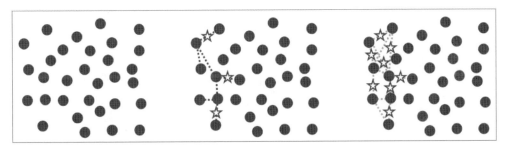

圖 8.11 SMOTE，圖片來源：『不平衡資料的二元分類』[12]

9. 安裝 imbalanced-learn 套件 [13]。

```
1  !pip install -U imbalanced-learn
```

10. SMOTE：用法很簡單，如第 2~3 行，詳細可參閱 imbalanced-learn SMOTE[14]。

```
1  print(df.Class.value_counts())
2  smote = SMOTE()
3  X_new, y_new = smote.fit_resample(X, y)
4  len(y_new[y_new==0]), len(y_new[y_new==1])
```

● 輸出結果：原來正常的資料佔 284,315 筆，異常的資料佔 492 筆，經 SMOTE 處理後，兩類資料量都是 284,315 筆。

11. 重新訓練模型與評估。

```
1  # 分割資料
2  X_train, X_test, y_train, y_test = train_test_split(X_new, y_new)
3
4  # 模型訓練
5  clf = LogisticRegression().fit(X_train, y_train)
6
7  # 預測
8  y_pred = clf.predict(X_test)
9
10 # 準確率
11 accuracy_score(y_test, y_pred)
```

● 輸出結果：整體準確率 =0.944，稍降。

12. K 折交叉驗證。

```
1  from sklearn.model_selection import cross_val_score
2
3  scores = cross_val_score(estimator=clf,
4                           X=X_test,
5                           y=y_test,
6                           cv=10,
7                           n_jobs=-1)
8  print(f'K折分數: %s' % scores)
9  print(f'平均值: {np.mean(scores):.3f}, 標準差: {np.std(scores):.3f}')
```

● 輸出結果：整體準確率也差不多。

13. 分類報告。

```
1  from sklearn.metrics import classification_report
2
3  print(classification_report(y_test, y_pred))
```

● 輸出結果：異常的資料的精確率 (precision)、召回率 (recall)、F1 scoree 改善非常明顯，雖然整體資料的效能指標稍有降低。

	precision	recall	f1-score	support
0	0.92	0.97	0.95	71198
1	0.97	0.91	0.94	70960
accuracy			0.94	142158
macro avg	0.95	0.94	0.94	142158
weighted avg	0.95	0.94	0.94	142158

14. imbalanced-learn 分類報告：比 Scikit-learn 的 classification_report 提供更多的效能指標。

```
1  from imblearn.metrics import classification_report_imbalanced
2  print(classification_report_imbalanced(y_test, y_pred))
```

- 輸出結果：欄位分別為準確率 (precision)、召回率 (recall)、特異性 (specificity)、幾何平均 (geometric mean)、index balanced accuracy of the geometric mean。

```
              pre       rec       spe        f1       geo       iba       sup

          0  0.92      0.97      0.91      0.95      0.94      0.90     71198
          1  0.97      0.91      0.97      0.94      0.94      0.89     70960

avg / total  0.95      0.94      0.94      0.94      0.94      0.89    142158
```

讀者如果對於詐欺偵測有濃厚興趣，建議參閱以下補充資料：

1. 『Credit Fraud || Dealing with Imbalanced Datasets』[15] 有更細膩的處理，值得一看。

2. 不平衡的處理策略可參閱『8 Tactics to Combat Imbalanced Classes in Your Machine Learning Dataset』[16]。

8-5　本章小結

本章介紹各種效能衡量指標，再利用這些指標評估模型效能，並進行模型調校，找出最佳模型及最佳參數組合。目前許多雲端業者都推出 AutoML 工具，希望未具備正規機器學習訓練的工程師／資料分析師也能輕鬆運用機器學習，只要選擇要執行的任務，例如迴歸、分類或時間序列，AutoML 就可以找出最佳模型及最佳參數，背後的作法就是利用參數調校，執行每一種演算法，找出準確率最高的模型，雖然聽起來很棒，不過每一種演算法都有其優劣及適用的場域，筆者認為還是應該從基礎學習，比較紮實。

8-6 延伸練習

1. 請參考『Data Blog, Classifying Wines』[17] 的 Model selection/validation 找出最高準確度的演算法及最佳參數組合。

2. 請參考『Scikit-learn Multiclass Receiver Operating Characteristic』[10]，實現多分類的 ROC/AUC。

3. 請參考『Credit Fraud || Dealing with Imbalanced Datasets』[15] 進行更細膩的信用卡詐欺偵測。

參考資料 (References)

[1] Scikit-learn KFold (https://scikit-learn.org/stable/modules/generated/sklearn.model_selection.KFold.html)

[2] Scikit-learn StratifiedKFold (https://scikit-learn.org/stable/modules/generated/sklearn.model_selection.StratifiedKFold.html#sklearn.model_selection.StratifiedKFold)

[3] Scikit-learn make_pipeline (https://scikit-learn.org/stable/modules/generated/sklearn.pipeline.make_pipeline.html)

[4] Scikit-learn Pipeline (https://scikit-learn.org/stable/modules/generated/sklearn.pipeline.Pipeline.html)

[5] 維基百科 Precision and recall (https://en.wikipedia.org/wiki/Precision_and_recall)

[6] 計算混淆矩陣的函數 (https://scikit-learn.org/stable/modules/generated/sklearn.metrics.confusion_matrix.html)

[7] 混淆矩陣的繪製函數 (https://scikit-learn.org/stable/modules/generated/sklearn.metrics.ConfusionMatrixDisplay.html#sklearn.metrics.ConfusionMatrixDisplay)

[8] Kaggle Credit Card Fraud Detection (https://www.kaggle.com/datasets/mlg-ulb/creditcardfraud)

[9] Victor Roman, Finding Donors: Classification Project With PySpark (https://towardsdatascience.com/finding-donors-classification-project-with-pyspark-485fb3c94e5e)

[10]　Scikit-learn Multiclass Receiver Operating Characteristic (https://scikit-learn.org/stable/auto_examples/model_selection/plot_roc.html)

[11]　Vinícius Trevisan , Multiclass classification evaluation with ROC Curves and ROC AUC (https://towardsdatascience.com/multiclass-classification-evaluation-with-roc-curves-and-roc-auc-294fd4617e3a)

[12]　David Huang, 不平衡資料的二元分類 (https://taweihuang.hpd.io/2018/12/30/imbalanced-data-sampling-techniques/)

[13]　imbalanced-learn 使用指引 (https://imbalanced-learn.org/stable/user_guide.html)

[14]　imbalanced-learn SMOTE (https://imbalanced-learn.org/stable/references/generated/imblearn.over_sampling.SMOTE.html)

[15]　Kaggle, Credit Fraud ‖ Dealing with Imbalanced Datasets (https://www.kaggle.com/code/janiobachmann/credit-fraud-dealing-with-imbalanced-datasets/data)

[16]　Jason Brownlee, 8 Tactics to Combat Imbalanced Classes in Your Machine Learning Dataset (https://machinelearningmastery.com/tactics-to-combat-imbalanced-classes-in-your-machine-learning-dataset/)

[17]　Data Blog, Classifying Wines (https://jonathonbechtel.com/blog/2018/02/06/wines/)

第 9 章

集群
(Clustering)

集群 (Clustering) 屬於非監督式學習 (Unsupervised learning)，也就是訓練資料沒有目標變數 (Y)，可能是因為人力、經費或時間不足，無法進行標註，通常也不知應分成幾群，須由演算法自行判別。所以，在事先不知道答案的情況下，亦即無標註訓練資料，『集群分析』可以幫助我們挖掘資料中的隱藏結構，它主要依據資料的特徵屬性分群，例如，我們可以依據客戶購買記錄及屬性調查，找出 VIP 客群，也可以依據商品屬性，推薦同一族群的相似產品。

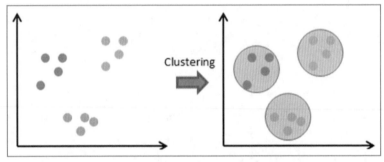

圖 9.1 集群 (Clustering) 示意圖

集群也屬於 Scikit-learn 六大模組之一，如下圖，與其他模組一樣，提供多種演算法，以下我們就一一來探討。

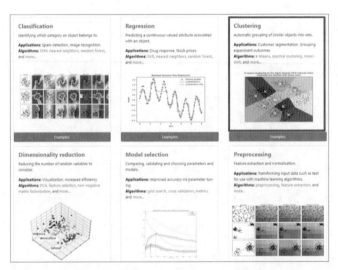

圖 9.2 Scikit-learn 集群 (Clustering)

9-1　K-Means Clustering

一般集群演算法分為三類：

1. 分區集群 (Partitional clustering)：將資料分成幾個區域，每一區為一個集群。

2. 階層式集群 (Hierarchical clustering)：除了分區外，還分大、中、小階層，例如食品分飲料、餅乾等大類，飲料再分可樂、果汁、茶飲等小類。

3. 以密度為基礎的集群 (Density-based clustering)：依資料所在的密度區分集群。

9-1-1　K-Means 原理

K-Means Clustering 是最經典的集群演算法，屬於簡單的分區集群，分區的方法是採取 EM(Expectation Maximization) 方式，步驟如下：

1. 任意分成 K 組。

2. 計算各組平均數 (Expectation)。

3. 計算每一筆資料與各組平均數的距離，依最近距離將資料重新分組，這就是 (Maximization)。

4. 重覆第 2~3 步驟，直到資料所屬組別不再變動為止。

» **範例 1.** 依球員進球數，使用 EM 步驟將下列球員資料分為三組，首先任意分組如下：
- 第一組：A 球員 (5 球)、B 球員 (20 球)、C 球員 (11 球)。
- 第二組：D 球員 (5 球)、E 球員 (3 球)、F 球員 (19 球)。
- 第三組：G 球員 (30 球)、H 球員 (3 球)、I 球員 (15 球)。

解答：

1. 計算各組平均數 (Expectation)：
- 第一組：(5+20+11) / 3=12。

- 第二組：(5+3+19) / 3=9。
- 第三組：(30+3+15) / 3=16。

2. 計算每一筆資料與各組平均數的距離，依最近距離將資料重新分組。

- A：|5-12|=7，|5-9|=4，|5-16|=11，A 重新分至第二組。
- B：|20-12|=8，|20-9|=11，|20-16|=4，B 重新分至第三組。
- C：|11-12|=1，|11-9|=2，|11-16|=5，C 還是在第一組。
- 依此類推，計算 D~I 與各組平均數的距離，重新分組。
- 結果如下：
  - 第一組 (12)：C 球員 (11 球)。
  - 第二組 (9)：A 球員 (5 球)、D 球員 (5 球)、E 球員 (3 球)、H 球員 (3 球)。
  - 第三組 (16)：B 球員 (20 球)、F 球員 (19 球)、G 球員 (30 球)、I 球員 (15 球)。

3. 重新計算各組平均數 (Expectation)：

- 第一組：(11) /1=11。
- 第二組：(5+5+3+3) / 4=4。
- 第三組：(20+19+30+15) / 4=21。

4. 計算每一筆資料與各組平均數的距離，依最近距離將資料重新分組。

- A：|5-11|=6，|5-4|=1，|5-21|=16，A 還是在第二組。
- B：|20-11|=9，|20-4|=16，|20-21|=1，B 還是在第三組。
- C：|11-11|=0，C 還是在第一組。
- I：|15-11|=4，|15-4|=11，|15-21|=6，I 重新分至第一組。
- 依此類推，計算 D~H 與各組平均數的距離，重新分組。

5. 重覆 EM 步驟，最後結果如下，資料所屬組別不再變動。

- 第一組 (13)：C 球員 (11 球)、I 球員 (15 球)。

- 第二組 (4)：A 球員 (5 球)、D 球員 (5 球)、E 球員 (3 球)、H 球員 (3 球)。

- 第三組 (23)：B 球員 (20 球)、F 球員 (19 球)、G 球員 (30 球)。

6. 依球員進球數來看，第三組 > 第一組 > 第二組。

» **範例 2.** 自行開發程式解決範例 1 集群問題。

程式：09_01_simple_kmeans_from_scratch.ipynb。

1. 載入相關套件。

```
1  import pandas as pd
2  import numpy as np
3  import math
```

2. K-Means 演算法類別：df['group'] 記錄資料所屬組別。

```
1  class Kmeans(object):
2      # 訓練
3      def fit(self, df, k=3):
4          # 任意分成K組
5          df['group']=k
6          n = len(df) // 3
7          for i in range(k-1):
8              for j in range(n):
9                  df.loc[i*k+j, 'group'] = i
10
11         # 重覆第EM步驟，直到資料所屬組別不再變動為止
12         prev_df = pd.DataFrame()
13         while not df.equals(prev_df):
14             group_mean = df.groupby('group')['goals'].mean()
15             print(group_mean)
16             prev_df = df.copy()
17             for i, row in prev_df.iterrows():
18                 df.loc[i, 'group'] = np.argmin(np.abs(group_mean - row['goals']))
19
20         self.group_mean = group_mean
21         return df
22
23     # 預測
24     def predict(self, x):
25         return np.argmin(np.abs(self.group_mean - x))
```

3. 載入資料集。

```
1  df = pd.read_csv('./data/kmeans_data.csv')
2  df
```

● 輸出結果，共兩欄，球員及進球數。

	player	goals
0	A	5
1	B	20
2	C	11
3	D	5
4	E	3
5	F	19
6	G	30
7	H	3
8	I	15

4. 模型訓練。

```
1  model = Kmeans()
2  model.fit(df)
```

● 輸出結果：左圖為各組平均數，右圖為最後分組結果，與上例比較結果相同。

```
group
0    12.0
1     9.0
3    16.0
Name: goals, dtype: float64
group
0    11.0
1     4.0
2    21.0
Name: goals, dtype: float64
group
0    13.0
1     4.0
2    23.0
Name: goals, dtype: float64
```

	player	goals	group
0	A	5	1
1	B	20	2
2	C	11	0
3	D	5	1
4	E	3	1
5	F	19	2
6	G	30	2
7	H	3	1
8	I	15	0

5. 預測：隨便輸入一個資料，可預測分至哪一組。

```
1  model.predict(10)
```

● 輸出結果：分至第一組 (0)。

9-1-2　自行開發 K-Means 演算法

範例 2 特徵只有一個,就是進球數,假設有多個特徵,要如何集群呢?

答案與 KNN 一樣,可使用歐幾里得距離 (Euclidean distance) 或其他衡量指標,計算與質心 (Centroid) 的距離,質心即範例 2 的各組平均數 (中心點),為集群的中心點。

>> **範例 3.** 自行開發 K-Means 演算法。

程式:09_02_kmeans_from_scratch.ipynb,程式修改自『Create a K-Means Clustering Algorithm from Scratch in Python 』[1]。

1. 載入相關套件。

```
1  import pandas as pd
2  import numpy as np
3  import math
```

2. 歐幾里得距離函數:計算樣本點與質心 (Centroid) 的距離。

```
1  def euclidean(point, data):
2      return np.sqrt(np.sum((point - data)**2, axis=1))
```

3. K-Means 演算法類別:與範例 2 類似,只是初次生成質心的機制較精緻。

● 第 9 行:隨機選一點作為第一個質心。

● 第 11~18 行:再計算其他點與質心的距離,以距離作為機率,隨機產生其他質心,離第一個質心愈遠的樣本點愈有機會被選中。

● 第 22~38 行:重覆第 EM 步驟,直到資料所屬組別不再變動為止。

```
1  class KMeans:
2      def __init__(self, n_clusters=8, max_iter=300):
3          self.n_clusters = n_clusters # 組數
4          self.max_iter = max_iter      # EM 最大次數
5
6      # 訓練
7      def fit(self, X_train):
8          # 生成1個質心
9          self.centroids = [random.choice(X_train)]
10         # 生成其他 n-1 個質心
11         for _ in range(self.n_clusters-1):
12             # Calculate distances from points to the centroids
13             dists = np.sum([euclidean(centroid, X_train) for centroid in self.centroids], axis=0)
14             # 正規化
15             dists /= np.sum(dists)
16             # 依據距離作為機率,隨機產生質心
```

```
17              new_centroid_idx = np.random.choice(range(len(X_train)), size=1, p=dists)[0]
18              self.centroids += [X_train[new_centroid_idx]]
19
20          iteration = 0
21          prev_centroids = [[0,0]] * self.n_clusters
22          while np.not_equal(self.centroids, prev_centroids).any() \
23                  and iteration < self.max_iter:
24              # 找到最近的質心
25              sorted_points = [[] for _ in range(self.n_clusters)]
26              for x in X_train:
27                  dists = euclidean(x, self.centroids)
28                  centroid_idx = np.argmin(dists)
29                  sorted_points[centroid_idx].append(x)
30
31              # 尋找新質心
32              prev_centroids = self.centroids
33              self.centroids = [np.mean(cluster, axis=0) for cluster in sorted_points]
34              for i, centroid in enumerate(self.centroids):
35                  # 如果組內沒有任何樣本點，沿用上次的質心
36                  if np.isnan(centroid).any():
37                      self.centroids[i] = prev_centroids[i]
38              iteration += 1
```

4. 模型評估：評估每一點最靠近哪一個質心。

```
41      def evaluate(self, X):
42          centroids = []
43          centroid_idxs = []
44          for x in X:
45              dists = euclidean(x, self.centroids)
46              centroid_idx = np.argmin(dists)
47              centroids.append(self.centroids[centroid_idx])
48              centroid_idxs.append(centroid_idx)
49
50          return centroids, centroid_idxs
```

5. 測試：生成集群資料，5 類資料，100 筆資料，預設 2 個特徵。

```
1  from sklearn.datasets import make_blobs
2
3  X_train, true_labels = make_blobs(n_samples=100, centers=5, random_state=42)
4  plt.scatter(X_train[:, 0], X_train[:, 1]);
```

● 輸出結果：

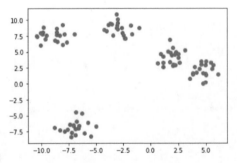

6. 模型訓練。

```
1  from sklearn.preprocessing import StandardScaler
2
3  # 標準化
4  X_train = StandardScaler().fit_transform(X_train)
5
6  # 訓練
7  kmeans = KMeans(n_clusters=centers)
8  kmeans.fit(X_train)
```

7. 模型評估：評估所有資料預測分至哪一組，並繪圖。

```
1  class_centers, classification = kmeans.evaluate(X_train)
2  sns.scatterplot(x=[X[0] for X in X_train],
3                  y=[X[1] for X in X_train],
4                  hue=true_labels,
5                  style=classification,
6                  palette="deep",
7                  legend=None
8                  )
9  plt.plot([x for x, _ in kmeans.centroids],
10         [y for _, y in kmeans.centroids],
11         '*', markersize=20, color='r'
12         )
13 plt.title("k-means")
14 plt.show()
```

● 輸出結果：星號為質心。

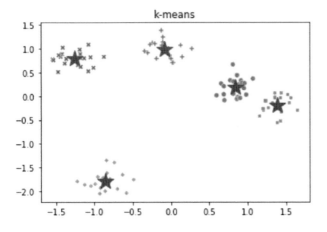

8. 以鳶尾花資料集測試。

```
1  from sklearn import datasets
2  X, y = datasets.load_iris(return_X_y=True)
3
4  # 標準化
5  X_train = StandardScaler().fit_transform(X)
6
7  # 訓練
8  kmeans = KMeans(n_clusters=3)
9  kmeans.fit(X_train)
```

- 可在 fit 函數最後加 print(iteration)，可顯示實際 EM 次數。

9. 模型評估。

```
1  from sklearn.metrics import accuracy_score
2
3  _, y_pred = kmeans.evaluate(X_train)
4  print(accuracy_score(y, y_pred))
```

- 輸出結果：準確率 =0.22，全部程式再執行多次，差異很大，哪裡出錯呢？

10. 驗證：比較實際值與預測值，先看實際值。

```
1  # 實際值
2  ','.join([str(i) for i in y])
```

- 輸出結果：前 50 筆為 0，中間 50 筆為 1，後 50 筆為 2。

```
'0,0,0,0,0,0,0,0,0,0,0,0,0,0,0,0,0,0,0,0,0,0,0,0,0,0,0,0,0,0,0,0,0,0,0,0,0,0,0,0,0,0,0,0,0,0,0,0,0,0,1,1,1,1,1,1,1,1,1,1,1,1,1,1,
1,1,1,1,1,1,1,1,1,1,1,1,1,1,1,1,1,1,1,1,1,1,1,1,1,1,1,1,1,1,1,1,1,1,1,1,2,2,2,2,2,2,2,2,2,2,2,2,2,2,2,2,2,2,2,2,2,2,2,2,2,2,2,2,
2,2,2,2,2,2,2,2,2,2,2,2,2,2,2,2,2,2,2,2,2,2,2,2'
```

11. 再看預測值。

```
1  # 預測值
2  ','.join([str(i) for i in y_pred])
```

- 輸出結果：與實際值差異很大，但是前 50 筆均為 1，找到原因了，因為 K-Means 的輸入不含目標變數 (Y)，因此，模型輸出的代碼與資料集的目標變數定義不會一致。

```
'1,1,1,1,1,1,1,1,1,1,1,1,1,1,1,1,1,1,1,1,1,1,1,1,1,1,1,1,1,1,1,1,1,1,1,1,1,1,1,1,1,1,1,1,1,1,1,1,1,1,2,2,2,0,0,2,0,0,0,0,0,
0,0,2,0,0,0,2,0,0,0,2,2,0,0,0,0,0,0,2,2,0,0,0,0,0,0,0,0,0,0,0,0,0,0,0,0,0,0,2,0,2,2,2,0,2,0,2,2,0,2,0,0,2,2,2,0,2,0,0,2,2,
0,0,2,2,2,2,0,0,2,2,0,2,2,0,2,2,2,0,2,2,2,0,2,2,0'
```

藉此案例，提醒讀者要儘可能測試，才能掌握每一個細節，寧可在練習時發
現問題，也不要在實際專案中找尋錯誤原因，承受的時間壓力是天壤之別。

9-1-3 Scikit-learn K-Means 演算法

Scikit-learn 直接支援 K-Means 演算法，我們修改上一範例測試。

≫ **範例 4.** 自行開發 K-Means 演算法。

程式：09_03_Scikit-learn_kmeans.ipynb

1.　載入相關套件。

```
1  from sklearn import datasets
2  from sklearn.model_selection import train_test_split
3  from sklearn.metrics import accuracy_score
4  import numpy as np
5  import matplotlib.pyplot as plt
6  from sklearn.preprocessing import StandardScaler
```

2.　載入資料集。

```
1  X, y = datasets.load_iris(return_X_y=True)
```

3.　資料分割。

```
1  X_train, X_test, y_train, y_test = train_test_split(X, y, test_size=.2)
```

4.　特徵縮放。

```
1  scaler = StandardScaler()
2  X_train_std = scaler.fit_transform(X_train)
3  X_test_std = scaler.transform(X_test)
```

5.　選擇演算法：選擇 Scikit-learn KMeans。

```
1  from sklearn.cluster import KMeans
2  model = KMeans(n_clusters=3, init='k-means++', n_init='auto')
```

- 之前自行開發的 K-Means 第一步驟是隨機指定質心，如果指定值
  不佳，可能需要較多次的 EM，才能收斂，因此，Scikit-learn 實踐
  k-means++ 演算法，依據資料點與全體質心的距離為判斷基礎，選定

較好的起始質心。

- n_init='auto'
  - ▶ 且 init='k-means++' 時 ➡n_init=1，表 k-means++ 只執行一次。
  - ▶ 且 init='random' 時 ➡n_init=10，表執行隨機指定質心 10 次，選擇其中最好的一次。

6. 模型訓練。

```
1  model.fit(X_train_std, y_train)
```

7. 模型評分。

```
1  # 計算準確率
2  y_pred = model.predict(X_test_std)
3  print(f'{accuracy_score(y_test, y_pred)*100:.2f}%')
```

- 輸出結果：準確率 =6.67%，原因與上相同。

8. 比較實際值與預測值。

```
1  # 比較實際值與預測值
2  ','.join([str(i) for i in y_test]), ','.join([str(i) for i in y_pred])
```

- 輸出結果：

```
'1,0,0,0,1,1,2,1,2,1,2,2,0,1,1,0,0,0,2,0,2,2,0,1,0,0,1,2,0,2',
'2,1,1,1,2,2,0,2,0,2,0,0,1,0,0,1,1,1,0,1,2,0,1,0,1,1,2,0,1,2')
```

9. 將實際值的 0 與預測值的 1 比較。

```
1  [i for i, j in enumerate(y_test) if j==0] == [i for i, j in enumerate(y_pred) if j==1]
```

- 輸出結果：True，表完全相等。

10. 模型評分：資料點與所屬集群的質心距離平方和 (Sum of squared distances of samples to their closest cluster center)，類似誤差平方和 (SSE)。

```
1  model.inertia_
```

- 輸出結果：111.54，可作為其他模型比較的基準，是集群模型較合理的評分方式，因為使用集群演算法時，通常資料是沒有 Y 可比較的。

K-Means 還有一些重要的參數與回傳的屬性

參數：

1. n_clusters：集群數量，預設為 8，但是，我們怎麼決定要分成幾群呢？後面提供兩種方法。

2. max_iter：最大 EM 次數，到達次設定未收斂，訓練即提早結束。

3. tol：如果兩次 EM 的差異小於此設定值，即視為收斂。

4. 其他的參數請詳閱『Scikit-learn KMean 說明』[2]。

回傳的屬性：

1. inertia_：資料點與所屬集群的質心距離平方和 (Sum of squared distances of samples to their closest cluster center)，類似誤差平方和 (SSE)。

2. cluster_centers_：質心的座標。

3. labels_：訓練資料每一點的類別，與 predict 函數回傳值一樣。

4. n_iter_：EM 實際訓練的次數。

9-1-4　轉折判斷法 (Elbow)

K-Means 演算法需要輸入集群數量，我們怎麼決定要分成幾群呢？

以下介紹兩種方法：

1. 轉折判斷法 (Elbow)。

2. 輪廓圖分析 (Silhouette Analysis)。

轉折判斷法是設定各種可能的集群數量，執行 K-Means，計算失真 (Distortion) 的程度，即誤差平方和 (inertia_)，再繪製折線圖，由使用者主觀判斷合理的集群數量。

>> **範例 5.** 轉折判斷法 (Elbow)。

程式：09_04_kmeans_optimization_elbow.ipynb

1.　載入相關套件。

```
1  import numpy as np
```

2.　生成集群資料。

```
1  from sklearn.datasets import make_blobs
2
3  X, y = make_blobs(n_samples=150,
4                    n_features=2,
5                    centers=3,
6                    cluster_std=0.5,
7                    shuffle=True,
8                    random_state=0)
```

3.　訓練模型。

```
1  from sklearn.cluster import KMeans
2
3  km = KMeans(n_clusters=3,
4              init='random',
5              n_init=10,
6              max_iter=300,
7              tol=1e-04,
8              random_state=0)
```

4.　模型評估。

```
1  # 顯示失真(Distortion)的程度
2  y_km = km.fit_predict(X)
3  print('Distortion: %.2f' % km.inertia_)
```

● 輸出結果： = 72.48。

5.　轉折判斷法 (Elbow)；測試分成 1~10 群的失真程度。

```
1  distortions = []
2  # 測試 1~10 群的失真
3  for i in range(1, 11):
4      km = KMeans(n_clusters=i,
5                  init='k-means++',
6                  n_init=10,
7                  max_iter=300,
```

```
8                  random_state=0)
9        km.fit(X)
10       distortions.append(km.inertia_)
```

6. 繪圖。

```
1   import matplotlib.pyplot as plt
2
3   # 修正中文亂碼
4   plt.rcParams['font.sans-serif'] = ['Arial Unicode MS']
5   plt.rcParams['axes.unicode_minus'] = False
6
7   plt.plot(range(1, 11), distortions, marker='o')
8   plt.xlabel('集群數量', fontsize=14)
9   plt.ylabel('失真', fontsize=14);
```

● 輸出結果：可以觀察分成 3 群，最有效，因為分成更多群，失真程度
   降幅不大，故大部份人會選擇分成 3 群。

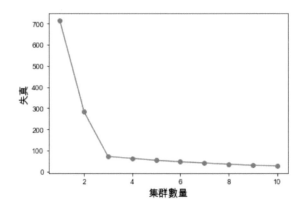

7. 結論：轉折判斷法由分析師主觀判斷合理的集群數量，可能因人而異，
   有失客觀性，另外，也未考慮每一個集群的資料筆數，差異可能很懸殊，
   若造成大部份的樣本點都集中在同一集群，也不是我們所樂見。

9-1-5 輪廓圖分析 (Silhouette Analysis)

輪廓圖分析 (Silhouette analysis) 是計算『輪廓係數』(Silhouette coefficient)
以檢驗樣本在集群中是否緊密聚在一起，定義如下：

1. 集群內聚性 (a)：每一個樣本與同集群的其他樣本的距離平均值。

2.　集群分離性 (b)：每一個樣本與其他最近的集群內所有樣本的距離平均值。

3.　輪廓係數 = (b - a) / max(b, a)，介於 [0, 1] 之間，愈接近 1 愈好。

>> **範例 6.** 輪廓圖分析。

程式：09_05_kmeans_optimization_silhouette.ipynb

1.　載入相關套件。

```
1  from sklearn.cluster import KMeans
2  import numpy as np
3  from matplotlib import cm
4  from sklearn.metrics import silhouette_samples
5  from sklearn.datasets import make_blobs
6  import matplotlib.pyplot as plt
```

2.　生成集群資料：3 類資料。

```
1  X, y = make_blobs(n_samples=150,
2                    n_features=2,
3                    centers=3,
4                    cluster_std=0.5,
5                    shuffle=True,
6                    random_state=0)
```

3.　訓練模型：分成 2 個集群。

```
1  km = KMeans(n_clusters=2,
2              init='k-means++',
3              n_init=10,
4              max_iter=300,
5              tol=1e-04,
6              random_state=0)
7  y_km = km.fit_predict(X)
```

4.　計算輪廓係數。

```
1  cluster_labels = np.unique(y_km)
2  n_clusters = cluster_labels.shape[0]
3  silhouette_vals = silhouette_samples(X, y_km, metric='euclidean')
4  silhouette_vals
```

● 輸出結果：150，表每個樣本會有各自的輪廓係數。

5. 繪製輪廓圖。

```
1   # 修正中文亂碼
2   plt.rcParams['font.sans-serif'] = ['Arial Unicode MS']
3   plt.rcParams['axes.unicode_minus'] = False
4
5   # 輪廓圖
6   y_ax_lower, y_ax_upper = 0, 0
7   yticks = []
8   for i, c in enumerate(cluster_labels):
9       c_silhouette_vals = silhouette_vals[y_km == c]
10      c_silhouette_vals.sort()
11      y_ax_upper += len(c_silhouette_vals)
12      color = cm.jet(float(i) / n_clusters)
13      plt.barh(range(y_ax_lower, y_ax_upper), c_silhouette_vals, height=1.0,
14              edgecolor='none', color=color)
15
16      yticks.append((y_ax_lower + y_ax_upper) / 2.)
17      y_ax_lower += len(c_silhouette_vals)
18
19  # 輪廓係數平均數的垂直線
20  silhouette_avg = np.mean(silhouette_vals)
21  plt.axvline(silhouette_avg, color="red", linestyle="--")
22
23  plt.yticks(yticks, cluster_labels + 1)
24  plt.ylabel('集群', fontsize=14)
25  plt.xlabel('輪廓係數', fontsize=14);
```

● 輸出如下圖，有兩個問題：

▶ 集群1僅接近平均數(虛線)，好的輪廓圖是每個集群均大於平均數。

▶ 集群1厚度遠大於集群2，表樣本數量未平均分佈。

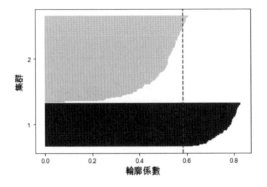

6. 改用 3 個集群訓練模型。

```
1  km = KMeans(n_clusters=3,
2                init='k-means++',
3                n_init=10,
4                max_iter=300,
5                tol=1e-04,
6                random_state=0)
7  y_km = km.fit_predict(X)
```

7. 繪製輪廓圖。

```
1  cluster_labels = np.unique(y_km)
2  n_clusters = cluster_labels.shape[0]
3  silhouette_vals = silhouette_samples(X, y_km, metric='euclidean')
4
5  # 輪廓圖
6  y_ax_lower, y_ax_upper = 0, 0
7  yticks = []
8  for i, c in enumerate(cluster_labels):
9      c_silhouette_vals = silhouette_vals[y_km == c]
10     c_silhouette_vals.sort()
11     y_ax_upper += len(c_silhouette_vals)
12     color = cm.jet(float(i) / n_clusters)
13     plt.barh(range(y_ax_lower, y_ax_upper), c_silhouette_vals, height=1.0,
14             edgecolor='none', color=color)
15
16     yticks.append((y_ax_lower + y_ax_upper) / 2.)
17     y_ax_lower += len(c_silhouette_vals)
18
19  # 輪廓係數平均數的垂直線
20  silhouette_avg = np.mean(silhouette_vals)
21  plt.axvline(silhouette_avg, color="red", linestyle="--")
22
23  plt.yticks(yticks, cluster_labels + 1)
24  plt.ylabel('集群', fontsize=14)
25  plt.xlabel('輪廓係數', fontsize=14);
```

● 輸出如下圖，有效解決上述兩個問題。

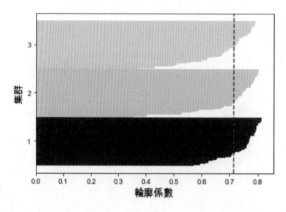

8. 計算輪廓分數。

```
1  from sklearn.metrics import silhouette_score
2  silhouette_score(X, y)
```

● 輸出結果：0.71，愈接近 1 愈佳。

9. 依據輪廓分數找最佳集群數量。

```
1  # 測試 2~10 群的分數
2  silhouette_score_list = []
3  print('輪廓分數:')
4  for i in range(2, 11):
5      km = KMeans(n_clusters=i,
6                  init='k-means++',
7                  n_init=10,
8                  max_iter=300,
9                  random_state=0)
10     km.fit(X)
11     y_km = km.fit_predict(X)
12     silhouette_score_list.append(silhouette_score(X, y_km))
13     print(f'{i}:{silhouette_score_list[-1]:.2f}')
14
15 print(f'最大值 {np.argmax(silhouette_score_list)+2}: {np.max(silhouette_score_list):.2f}')
```

● 輸出結果：使用 3 個集群的輪廓分數最大 (0.71)。

```
輪廓分數:
2:0.58
3:0.71
4:0.58
5:0.45
6:0.32
7:0.32
8:0.34
9:0.35
10:0.35
最大值 3: 0.71
```

使用輪廓圖分析顯然比轉折判斷法來的客觀，考慮面向也比較廣。

9-1-6 鬆散集群 (Soft Clustering)

K-Means 只支援嚴格集群 (Hard Clustering)，即一個樣本只會被分配至單一集群，有時候我們會希望一個樣本可以被分配至多個集群，稱為鬆散集群 (Soft Clustering)，亦稱為『模糊集群』(Fuzzy Clustering)，其中支援鬆散集群的

Fuzzy C-means (FCM) 演算法以機率表示歸屬特定集群的可能性，而非單純的 0 或 1，Scikit-learn 不支援 FCM，有興趣的讀者可參閱『Fuzzy C-means』[3]。

9-2 階層集群 (Hierarchical Clustering)

除了集群外，有時候還會希望有多層結構，例如食品分飲料、餅乾大類，飲料再細分可樂、果汁、茶飲等小類，形成樹狀圖 (dendrogram)，這就是所謂的階層集群分析 (Hierarchical Clustering Analysis, HCA)，而形成階層的技巧有兩種：

1. 分裂 (Divisive)：由上而下 (top down)，逐步將大類分裂為小類。

2. 凝聚 (Agglomerative)：由下而上 (bottom up)，逐步結合小類為大類。

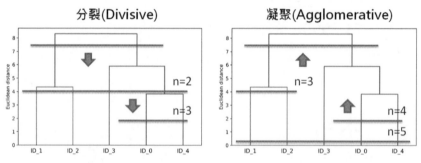

圖 9.3 形成階層的技巧，左圖為分裂 (Divisive)，右圖為凝聚 (Agglomerative)

分裂的邏輯比較簡單，步驟如下：

1. 剛開始所有資料都屬於一個集群 (Cluster)。

2. 利用 K-Means 等集群演算法將一個集群分為多個子集群，準則就是 inertia_ 最小化。

3. 再針對已分裂的集群繼續分化，直到所希望的集群數量為止。

凝聚以圖 9.3 右圖為例，將距離較近的集群逐步合併，形成大類，而距離的衡量分為很多種：

1. 單一連結 (Single linkage)：取兩集群中最靠近的兩個點作為距離的衡量。
2. 完整連結 (Complete linkage)：取兩集群中最遠的兩個點作為距離的衡量。
3. 平均連結距離 (Average linkage)：一集群中每個點與其他集群每個點的平均距離作為衡量。
4. 沃德連結 (Ward linkage)：合併兩集群的距離變異數 (inertia_) 最小化作為衡量。

單一連結、完整連結計算較簡單，但易受離群值 (Outlier) 影響，平均連結距離可克服離群值影響，但計算要花較長時間，沃德連結則是考慮合併後集群內的變異數，計算要花更長時間。

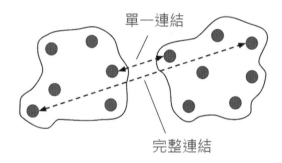

圖 9.4 單一連結 (Single Linkage) vs. 完整連結 (Complete Linkage)

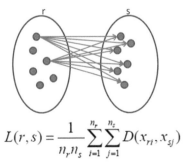

$$L(r,s) = \frac{1}{n_r n_s} \sum_{i=1}^{n_r} \sum_{j=1}^{n_s} D(x_{ri}, x_{sj})$$

圖 9.5 平均連結距離 (Average linkage)

Scitkit-learn 支援凝聚階層集群 (Agglomerative Hierarchical Clustering, AHC)。

» **範例 7.** 凝聚階層集群測試。

程式：09_06_agglomerative_hierarchical_clustering.ipynb

1. 載入相關套件。

```
1  import pandas as pd
2  import numpy as np
3  import matplotlib.pyplot as plt
```

2. 生成測試資料。

```
1  np.random.seed(123)
2  variables = ['X', 'Y', 'Z']
3  labels = ['ID_0', 'ID_1', 'ID_2', 'ID_3', 'ID_4']
4
5  X = np.random.random_sample([5, 3])*10
6  df = pd.DataFrame(X, columns=variables, index=labels)
7  df
```

● 輸出結果：三個特徵 X、Y、Z，5 個集群 ID_0~4。

	X	Y	Z
ID_0	6.964692	2.861393	2.268515
ID_1	5.513148	7.194690	4.231065
ID_2	9.807642	6.848297	4.809319
ID_3	3.921175	3.431780	7.290497
ID_4	4.385722	0.596779	3.980443

3. 計算集群彼此間的距離。

```
1  from scipy.spatial.distance import pdist, squareform
2
3  row_dist = pd.DataFrame(squareform(pdist(df, metric='euclidean')),
4                          columns=labels,
5                          index=labels)
6  row_dist
```

● 輸出結果：

	ID_0	ID_1	ID_2	ID_3	ID_4
ID_0	0.000000	4.973534	5.516653	5.899885	3.835396
ID_1	4.973534	0.000000	4.347073	5.104311	6.698233
ID_2	5.516653	4.347073	0.000000	7.244262	8.316594
ID_3	5.899885	5.104311	7.244262	0.000000	4.382864
ID_4	3.835396	6.698233	8.316594	4.382864	0.000000

4. 計算平均連結距離。

```
1  from scipy.cluster.hierarchy import linkage
2
3  row_clusters = linkage(pdist(df, metric='euclidean'), method='average')
4  pd.DataFrame(row_clusters,
5              columns=['row label 1', 'row label 2',
6                       'distance', 'no. of items in clust.'],
7              index=['cluster %d' % (i + 1)
8                      for i in range(row_clusters.shape[0])])
9
```

● 輸出合併的結果：

▶ 第一列：ID_0、ID_4 合併，因距離最近 (3.835396)，觀察上一步驟輸出結果的第一列。

▶ 第二列：ID_1、ID_2 合併，因距離最近 (4.347073)，觀察上一步驟輸出結果的第二列。

▶ 第三列：ID_3 與 (ID_1、ID_2) 合併，因距離最近 (5.141375)，觀察上一步驟輸出結果的第四列。

▶ 第四列：(ID_0、ID_4) 與 (ID_3、ID_1、ID_2) 合併，距離 (6.308931) 無法由上一步驟輸出結果觀察到，因均為多集群合併。

	row label 1	row label 2	distance	no. of items in clust.
cluster 1	0.0	4.0	3.835396	2.0
cluster 2	1.0	2.0	4.347073	2.0
cluster 3	3.0	5.0	5.141375	3.0
cluster 4	6.0	7.0	6.308931	5.0

5. 繪製樹狀圖 (dendrogram)：以平均連結距離矩陣為輸入，呼叫 dendrogram。

```
1  from scipy.cluster.hierarchy import dendrogram
2
3  # 修正中文亂碼
4  plt.rcParams['font.sans-serif'] = ['Arial Unicode MS']
5  plt.rcParams['axes.unicode_minus'] = False
6
7  row_dendr = dendrogram(row_clusters, labels=labels)
8  plt.ylabel('歐幾里德距離', fontsize=14);
```

● 輸出結果：

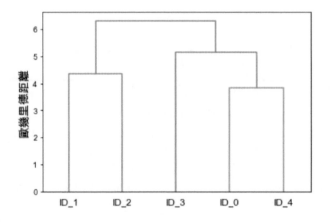

6. 繪製熱力圖。

```
1  fig = plt.figure(figsize=(8, 8), facecolor='white')
2  axd = fig.add_axes([0.09, 0.1, 0.2, 0.6])  # x-pos, y-pos, width, height
3
4  # 樹狀圖顯示在左邊
5  row_dendr = dendrogram(row_clusters, orientation='left')
6
7  # 降冪排序
8  df_rowclust = df.iloc[row_dendr['leaves'][::-1]]
9
10 # 不顯示刻度
11 axd.set_xticks([])
12 axd.set_yticks([])
13
14 # 不顯示座標軸
15 for i in axd.spines.values():
16     i.set_visible(False)
17
18 # 繪製熱力圖
```

```
19  axm = fig.add_axes([0.23, 0.1, 0.6, 0.6])  # x-pos, y-pos, width, height
20  cax = axm.matshow(df_rowclust, interpolation='nearest', cmap='hot_r')
21  fig.colorbar(cax)
22  axm.set_xticklabels([''] + list(df_rowclust.columns))
23  axm.set_yticklabels([''] + list(df_rowclust.index));
```

- 輸出結果：由樹狀圖與熱力圖結合。

- 第 2 行：設定樹狀圖的顯示位置及大小。

- 第 5 行：設定樹狀圖顯示在左邊。

- 由熱力圖可以看出合併的特徵關聯性，例如 ID_4 與 ID_0 合併是與特徵 X、Z 有較大的關係。

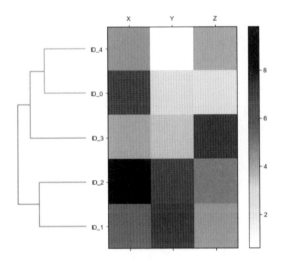

7. Scikit-learn AgglomerativeClustering 類別測試：先分 3 類。

```
1  from sklearn.cluster import AgglomerativeClustering
2
3  # 分 3 類
4  ac = AgglomerativeClustering(n_clusters=3,
5                               metric='euclidean',
6                               linkage='complete')
7  labels = ac.fit_predict(X)
8  print('Cluster labels: %s' % labels)
```

- 輸出結果：[1 0 0 2 1]，有 0/1/2，表示分 3 類，第 1、5 群合併，第 2、3 群合併，第 4 群單獨一群，與上面使用 scipy 的函數結果相同。

8. 使用鳶尾花資料集測試。

```
1   from sklearn.datasets import load_iris
2
3   # 繪製樹狀圖
4   def plot_dendrogram(model, **kwargs):
5       # 計算每個集群的筆數
6       counts = np.zeros(model.children_.shape[0])
7       n_samples = len(model.labels_)
8       for i, merge in enumerate(model.children_):
9           current_count = 0
10          for child_idx in merge:
11              if child_idx < n_samples:
12                  current_count += 1  # leaf node
13              else:
14                  current_count += counts[child_idx - n_samples]
15          counts[i] = current_count
16
17      linkage_matrix = np.column_stack([model.children_, model.distances_,
18                                        counts]).astype(float)
19
20      # 繪製樹狀圖
21      dendrogram(linkage_matrix, **kwargs)
22
23  # 載入資料集
24  X, _ = load_iris(return_X_y=True)
25
26  # distance_threshold=0 表示會建立完整的樹狀圖(dendrogram)
27  model = AgglomerativeClustering(distance_threshold=0, n_clusters=None)
28
29  model = model.fit(X)
30  plt.title('Hierarchical Clustering Dendrogram')
31  plot_dendrogram(model, truncate_mode='level', p=3) # 限制 3 層
32  plt.ylabel('歐幾里德距離', fontsize=14);
33  plt.xlabel("每個集群的筆數", fontsize=14);
```

● 輸出結果：除了繪製樹狀圖外，也會顯示每個集群的筆數。

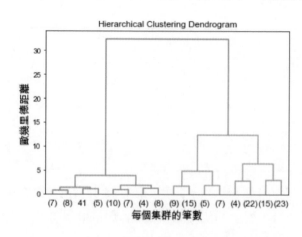

9. Scikit-learn 另外一個範例使用非線性的資料，比較各種距離衡量方式的集群效果，請參閱『Agglomerative clustering with and without structure』[4]，囿於篇幅，就不多加介紹了。

凝聚階層集群 (AgglomerativeClustering) 重要的參數與回傳的屬性如下。

參數：

1. n_clusters：集群數量，預設為 2。

2. metric：距離的定義，包括 euclidean(歐幾里德距離)、l1、l2、manhattan(曼哈頓距離)、cosine、precomputed(自訂)。

3. connectivity：定義資料的連接矩陣 (Connectivity matrix)，類似圖學的相鄰矩陣 (Adjacency matrix)，用法可參閱 [4]。

4. linkage：距離的衡量，包括 ward、 single (單一連結)、complete (完整連結)、average(平均連結距離)，預設為 ward。

5. distance_threshold：最大合併的距離閾值，大於或等於此設定值，集群不會被合併。

6. compute_distances：是否要計算集群間的距離，這是繪製樹狀圖 (dendrogram) 的必要資訊。預設值是 False。

回傳的屬性：

1. n_clusters：實際得到的集群數量。

2. labels_：訓練資料每一點的類別，與 predict 函數回傳值一樣。

3. n_leaves_：樹狀圖的葉節點 (Leaf) 數量。

4. children_：樹狀圖的非葉節點 (non-leaf) 數量。

5. distances_：非葉節點間的距離。

6. n_connected_components_：樹狀圖中連接的集群數量。

其他參數與屬性，可詳閱『Scikit-learn AgglomerativeClustering 說明』[5]。

9-3　以密度為基礎的集群 (DBSCAN)

以密度為基礎的集群 (Density-based spatial clustering of applications with noise, DBSCAN) 是依資料所在的密度區分為核心點、邊緣點及雜訊點，屏除雜訊點後，只以核心點、邊緣點進行集群分析。

1. 核心點 (Core point)：在指定距離 (ε) 內，至少包含 n 個相鄰點 (min_samples)。

2. 邊緣點 (Border point)：以邊緣點為中心，在同樣指定距離 (ε) 內，相鄰點小於 n 個。

3. 雜訊點 (Noise point)：既不是核心點、也不是邊緣點，即稱為雜訊點。

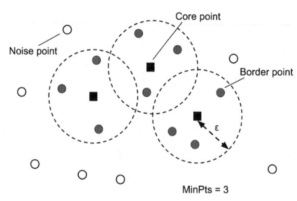

圖 9.6　核心點、邊緣點及雜訊點，圖片來源：『Python Machine Learning』[6]

演算法步驟如下：

1. 從任意一個點開始，開始找尋相鄰點 (距離 <= ε)，若至少包含 n 點，即標註為核心點，若小於 n 點，標註為邊緣點。

2. 再從相鄰點為起點，找尋其相鄰點，依步驟 1，標註核心點或邊緣點。

3. 一直掃描到無相鄰點止，其他未被掃描到的點即為雜訊點。

『The 5 Clustering Algorithms Data Scientists Need to Know』[7] 有一個很棒的動畫可以觀賞。

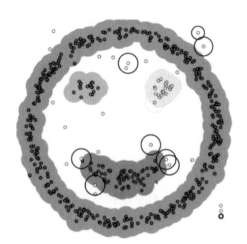

圖 9.7　DBSCAN 演算法步驟，
圖片來源：『The 5 Clustering Algorithms Data Scientists Need to Know』[7]

由上說明，DBSCAN 演算法初始化要先設定兩個參數，才能進行訓練：

1.　ε：指定距離。

2.　n：相鄰點個數 (min_samples)。

》範例 8. 凝聚階層集群測試。

程式：09_07_dbscan_simple_test.ipynb

1.　載入相關套件。

```
1  import pandas as pd
2  import numpy as np
3  import matplotlib.pyplot as plt
4  from sklearn.cluster import DBSCAN
```

2.　生成測試資料。

```
1  X = np.array([[1, 2], [2, 2], [2, 3],
2               [8, 7], [8, 8], [25, 80]])
3  X
```

● 輸出結果：共 6 筆資料，2 個特徵。

```
array([[ 1,  2],
       [ 2,  2],
       [ 2,  3],
       [ 8,  7],
       [ 8,  8],
       [25, 80]])
```

3. 模型訓練。

```
1  model = DBSCAN(eps=3, min_samples=2).fit(X)
2  model.labels_
```

● 輸出結果：[0, 0, 0, 1, 1, -1]，其中 -1 為雜訊點，其他數字為集群代碼。

4. 生成更多資料，且非線性。

```
1  from sklearn.datasets import make_moons
2
3  X, y = make_moons(n_samples=200, noise=0.05, random_state=0)
4  plt.scatter(X[:, 0], X[:, 1])
```

● 輸出結果：

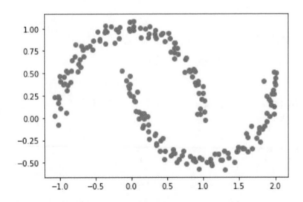

5. 模型訓練，繪製結果：。

```
1  db = DBSCAN(eps=0.2, min_samples=5, metric='euclidean')
2  y_pred = db.fit_predict(X)
3  plt.scatter(X[y_pred == 0, 0], X[y_pred == 0, 1],
4              c='lightblue', marker='o', s=40,
5              edgecolor='black',
6              label='cluster 1')
7  plt.scatter(X[y_pred == 1, 0], X[y_pred == 1, 1],
8              c='red', marker='s', s=40,
```

```
 9              edgecolor='black',
10              label='cluster 2')
11  plt.legend();
```

- 輸出結果：非線性資料也可以切割得非常好，只是 eps、min_samples 須經效能調校才能取得最佳參數。

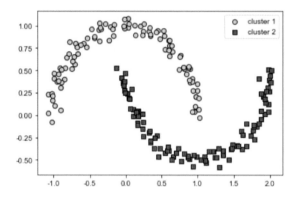

- fit_predict：等於訓練 (fit) 之後，接著作預測 (predict)，可直接取得 預測集群 (Label)。

6. 另一個範例，參閱『Scikit-learn Demo of DBSCAN clustering algorithm』 [8]。生成集群資料，第 4~6 行 centers 指定質心座標。

```
1  from sklearn.datasets import make_blobs
2  from sklearn.preprocessing import StandardScaler
3
4  centers = [[1, 1], [-1, -1], [1, -1]]
5  X, labels_true = make_blobs(
6      n_samples=750, centers=centers, cluster_std=0.4, random_state=0
7  )
8
9  X = StandardScaler().fit_transform(X)
```

7. 繪製資料。

```
1  plt.figure(figsize=(10, 8))
2  plt.scatter(X[:, 0], X[:, 1]);
```

- 輸出結果：資料大致分為 3 個集群。

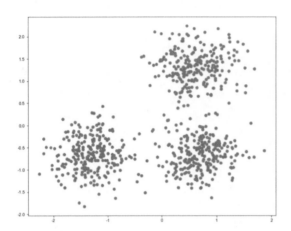

8. 模型訓練。

```
1  labels = DBSCAN(eps=0.3, min_samples=10).fit_predict(X)
2
3  # 計算集群內樣本數、雜訊點個數
4  n_clusters_ = len(set(labels)) - (1 if -1 in labels else 0)
5  n_noise_ = list(labels).count(-1)
6
7  print(f"集群數={n_clusters_}")
8  print(f"雜訊點個數={n_noise_}")
```

● 輸出結果：集群數 =3，雜訊點個數 =18。

9. 模型評估：計算各種效能衡量指標，指標說明請參閱『Adjustment for chance in clustering performance evaluation』[9]。

```
1  from sklearn import metrics
2
3  print(f"Homogeneity: {metrics.homogeneity_score(labels_true, labels):.3f}")
4  print(f"Completeness: {metrics.completeness_score(labels_true, labels):.3f}")
5  print(f"V-measure: {metrics.v_measure_score(labels_true, labels):.3f}")
6  print(f"Adjusted Rand Index: {metrics.adjusted_rand_score(labels_true, labels):.3f}")
7  print(
8      "Adjusted Mutual Information:"
9      f" {metrics.adjusted_mutual_info_score(labels_true, labels):.3f}"
10 )
11 print(f"Silhouette Coefficient: {metrics.silhouette_score(X, labels):.3f}")
```

● 輸出結果：

```
Homogeneity: 0.953
Completeness: 0.883
V-measure: 0.917
Adjusted Rand Index: 0.952
Adjusted Mutual Information: 0.916
Silhouette Coefficient: 0.626
```

10. 繪製結果。

```
1  plt.figure(figsize=(10, 8))
2  unique_labels = set(labels)
3  core_samples_mask = np.zeros_like(labels, dtype=bool)
4  core_samples_mask[db.core_sample_indices_] = True
5
6  colors = [plt.cm.Spectral(each) for each in np.linspace(0, 1, len(unique_labels))]
7  for k, col in zip(unique_labels, colors):
8      if k == -1:
9          # Black used for noise.
10         col = [0, 0, 0, 1]
11
12     class_member_mask = labels == k
13
14     xy = X[class_member_mask & core_samples_mask]
15     plt.plot(
16         xy[:, 0],
17         xy[:, 1],
18         "o",
19         markerfacecolor=tuple(col),
20         markeredgecolor="k",
21         markersize=14,
22     )
23
24     xy = X[class_member_mask & ~core_samples_mask]
25     plt.plot(
26         xy[:, 0],
27         xy[:, 1],
28         "o",
29         markerfacecolor=tuple(col),
30         markeredgecolor="k",
31         markersize=6,
32     )
33
34 plt.title(f"Estimated number of clusters: {n_clusters_}");
```

- 輸出結果：3 個集群，雜訊點為黑色。

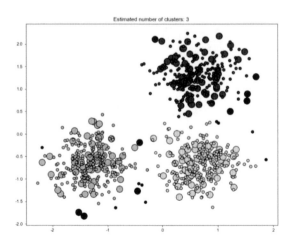

DBSCAN 優點：

1. 不需事先指定集群數量。

2. 不考慮雜訊點，亦即演算法不受離群值影響。

3. 除了集群外，也可以用於離群值偵測，雜訊點即離群值。

DBSCAN 的其他參數及回傳值與凝聚階層集群 (AgglomerativeClustering) 類似，可詳閱『Scikit-learn DBSCAN 說明』[10]。

9-4 高斯混合模型 (Gaussian Mixture Models)

高斯混合模型 (Gaussian Mixture Models, 以下簡稱 GMM) 是假設樣本點來自多個常態分配加權混合的模型，公式如下：

$$P(x \mid \lambda) = \sum_{k=1}^{M} w_k \, \mathcal{N}(x \mid \mu_k, \Sigma_k)$$

M Components　　　Weights　　　Gaussian density

圖 9.8 GMM 公式，圖片來源：『Expectation-Maximization for GMMs explained』[11]

跟 K-Means 一樣，訓練 GMM 模型也是採用 EM 方式求解，不同的是 K-Means 求取集群平均數，而 GMM 還額外求取變異數。『Expectation-Maximization for GMMs explained』一文比較 K-Means、GMM：

K-Means	GMM
集群以平均數表示。	集群以平均數及變異數表示。
集群重疊時，分離會有困難。	集群重疊時，分離不會有困難。
使用歐幾里得距離指定集群。	使用 X 屬於各集群的機率指定集群。

GMM 使用最大概似法 (MLE) 求解多個常態分配的參數，公式推導如下：

1. 單一常態分配求解：

$$L(\theta \mid X) = \prod_{i=1}^{N} P(x_i \mid \theta) = \prod_{i=1}^{N} \frac{1}{\sqrt{(2\pi\sigma^2)}} exp^{\frac{-(x_i - \mu)^2}{2\sigma^2}}$$

其中 $\theta = (\mu, \sigma)$，目標就是要找到最適合的常態分配，使 L(θ|X) 最大化。

2. 對上述公式取 Log，再對 μ、σ 偏微分，一階導數 =0 時，有最大值，求解 μ、σ，得到的解就是我們常看到的 μ、σ 公式。

$$\frac{d}{d\mu}logL(\theta \mid X) = 0 \longrightarrow \mu_{MLE} = \frac{1}{N}\sum_{n=1}^{N} x_n$$

$$\frac{d}{d\sigma}logL(\theta \mid X) = 0 \longrightarrow \sigma_{MLE}^2 = \frac{1}{N}\sum_{n=1}^{N} (x_n - \mu)^2$$

3. 高斯混合模型則是多個常態分配加權混合，要利用純粹的數學推導有其困難，因此會採用 EM 演算法，逐步逼近最佳解。步驟如下：

A. 與 K-Means 一樣，隨機分配至 K 個集群。

B. E：計算每個集群的 θ (平均數及變異數)。

C. M：最大化聯合機率 P(X, Z|θ)，求解 θ，Z 是潛在變數 (Latent variable)，記錄樣本屬於的集群，類似 K-Means 的重新分組。

D. 重複 B、C 步驟，直到不再變動為止。

詳細的數學公式可參閱『Expectation-Maximization for GMMs explained』[11]。

» **範例 9.** GMM 測試。

程式：09_08_gmm_test.ipynb，程式修改自『Python Data Science Handbook』範例 05.12-Gaussian-Mixtures.ipynb[12]，由於 Scikit-learn 改版，許多函數已淘汰，筆者作了許多修改。

1. 載入相關套件。

```
1  import matplotlib.pyplot as plt
2  import seaborn as sns; sns.set()
3  import numpy as np
```

2. 生成 4 類資料。

```
1  from sklearn.datasets import make_blobs
2
3  X, y_true = make_blobs(n_samples=400, centers=4,
4                         cluster_std=0.60, random_state=0)
5  X = X[:, ::-1] # 特徵互調順序，繪圖效果較佳
6  X[:10]
```

3. 先進行 K-Means 集群，並繪圖。

```
1  from sklearn.cluster import KMeans
2
3  kmeans = KMeans(4, init='k-means++', n_init=10, random_state=0)
4  labels = kmeans.fit(X).predict(X)
5  plt.scatter(X[:, 0], X[:, 1], c=labels, s=40, cmap='viridis');
```

● 輸出結果：

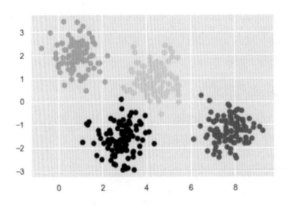

4. 繪製集群範圍。

```
1  from sklearn.cluster import KMeans
2  from scipy.spatial.distance import cdist
3
4  def plot_kmeans(kmeans, X, n_clusters=4, rseed=0, ax=None):
5      labels = kmeans.fit_predict(X)
6
7      # 繪製樣本點
8      ax = ax or plt.gca()
9      ax.axis('equal')
10     ax.scatter(X[:, 0], X[:, 1], c=labels, s=40, cmap='viridis', zorder=2)
```

```
11
12      # 以最大半徑繪製集群範圍
13      centers = kmeans.cluster_centers_
14      radii = [cdist(X[labels == i], [center]).max()
15              for i, center in enumerate(centers)]
16      for c, r in zip(centers, radii):
17          ax.add_patch(plt.Circle(c, r, fc='#CCCCCC', lw=3, color='k', alpha=0.5, zorder=1))
18
19  kmeans = KMeans(n_clusters=4, init='k-means++', n_init=10, random_state=0)
20  plot_kmeans(kmeans, X)
```

● 輸出結果：集群範圍均為圓形，因為使用歐幾里得距離。

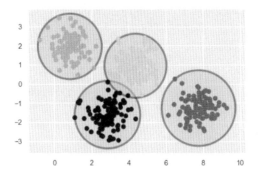

5. 生成長條型資料，測試 K-Means。

```
1  rng = np.random.RandomState(13)
2  X_stretched = np.dot(X, rng.randn(2, 2))
3
4  kmeans = KMeans(n_clusters=4, init='k-means++', n_init=10, random_state=0)
5  plot_kmeans(kmeans, X_stretched)
```

● 輸出結果：集群範圍均為圓形，下方無法切割得很好。

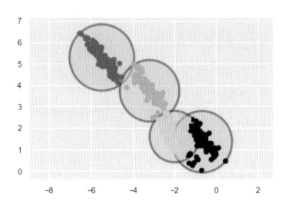

6. 改用 GMM 演算法：GaussianMixture。

```
1  from sklearn.mixture import GaussianMixture
2
3  gmm = GaussianMixture(n_components=4).fit(X)
4  labels = gmm.predict(X)
5  plt.scatter(X[:, 0], X[:, 1], c=labels, s=40, cmap='viridis');
```

● 輸出結果：與 K-Means 一樣切割得很好。

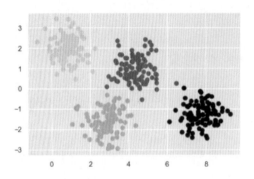

7. 取得屬於各集群的機率。

```
1  probs = gmm.predict_proba(X)
2  print(probs[:5].round(3))
```

● 輸出結果：

```
[0.463 0.537 0.   0.   ]
[0.   0.   1.   0.   ]
[0.   0.   1.   0.   ]
[0.   1.   0.   0.   ]
[0.   0.   1.   0.   ]
```

8. 繪製集群範圍：每個集群繪製兩個橢圓，外圈是 Hard-edged sphere，儘可能涵蓋每個樣本，內圈是 Soft-edged sphere，容許一些樣本點不在集群內，概念類似 SVM Hard/Soft margin。

```
1  from matplotlib.patches import Ellipse
2
3  # 繪製橢圓
4  def draw_ellipse(position, covariance, ax=None, **kwargs):
5      """Draw an ellipse with a given position and covariance"""
6      ax = ax or plt.gca()
7
```

```
8        # Convert covariance to principal axes
9        if covariance.shape == (2, 2):
10           U, s, Vt = np.linalg.svd(covariance)
11           angle = np.degrees(np.arctan2(U[1, 0], U[0, 0]))
12           width, height = 2 * np.sqrt(s)
13       else:
14           angle = 0
15           width, height = 2 * np.sqrt(covariance)
16
17       # Draw the Ellipse
18       for nsig in range(1, 4):
19           ax.add_patch(Ellipse(position, nsig * width, nsig * height,
20                                angle, **kwargs))
```

```
22   # 繪製GMM範圍
23   def plot_gmm(gmm, X, label=True, ax=None):
24       ax = ax or plt.gca()
25       labels = gmm.fit(X).predict(X)
26       if label:
27           ax.scatter(X[:, 0], X[:, 1], c=labels, s=40, cmap='viridis', zorder=2)
28       else:
29           ax.scatter(X[:, 0], X[:, 1], s=40, zorder=2)
30       ax.axis('equal')
31
32       # soft-edged sphere
33       w_factor = 0.2 / gmm.weights_.max()
34       for pos, covar, w in zip(gmm.means_, gmm.covariances_, gmm.weights_):
35           draw_ellipse(pos, covar, alpha=w * w_factor)
36
37   gmm = GaussianMixture(n_components=4, random_state=42)
38   plot_gmm(gmm, X)
```

● 輸出結果：

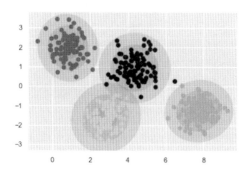

9. 使用 GMM 對長條型資料進行集群。

```
1   gmm = GaussianMixture(n_components=4, covariance_type='full', random_state=42)
2   plot_gmm(gmm, X_stretched)
```

- 輸出結果：對長條型資料進行集群，GMM 比 K-Means 好。

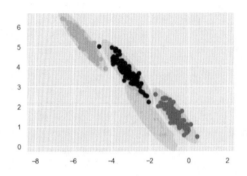

10. 測試非線性資料。

```
1  from sklearn.datasets import make_moons
2
3  Xmoon, ymoon = make_moons(200, noise=.05, random_state=0)
4  plt.scatter(Xmoon[:, 0], Xmoon[:, 1]);
```

- 輸出結果：

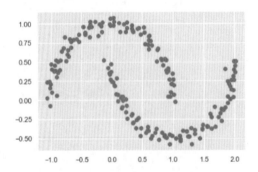

11. GMM 集群：設定 2 個集群。

```
1  gmm2 = GaussianMixture(n_components=2, covariance_type='full', random_state=0)
2  plot_gmm(gmm2, Xmoon)
```

- 輸出結果：效果並不好，有些分類錯誤。

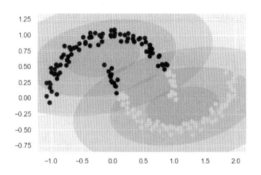

12. GMM 集群：設定 16 個集群。

```
1  gmm16 = GaussianMixture(n_components=16, covariance_type='full', random_state=0)
2  plot_gmm(gmm16, Xmoon, label=False)
```

● 輸出結果：效果非常好，但並未有效分群，但可用於資料生成。

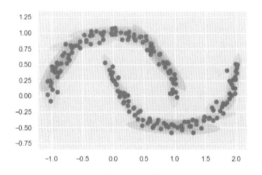

13. 以模型生成 400 筆資料。

```
1  Xnew, _ = gmm16.sample(400)
2  plt.scatter(Xnew[:, 0], Xnew[:, 1]);
```

● 輸出結果：生成 400 筆資料類似原資料，效果非常好。

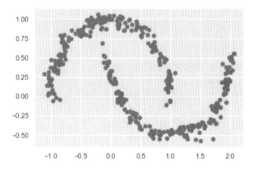

14. 以 AIC/BIC 決定最佳集群數量，AIC/BIC 都是信息量衡量的指標，愈小表模型擬合的愈好，可參閱『最優模型選擇準則：AIC 和 BIC』[13]。

```
1  n_components = np.arange(1, 21)
2  models = [GaussianMixture(n, covariance_type='full', random_state=0).fit(Xmoon)
3            for n in n_components]
4
5  plt.plot(n_components, [m.bic(Xmoon) for m in models], label='BIC')
6  plt.plot(n_components, [m.aic(Xmoon) for m in models], label='AIC')
7  plt.legend(loc='best')
8  plt.xlabel('n_components');
```

- 輸出結果：大約分為 8 個集群，AIC/BIC 最小。

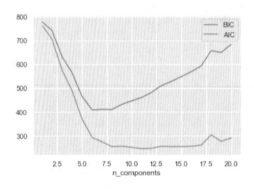

15. 以手寫阿拉伯數字為例，測試生成資料。先載入手寫阿拉伯數字資料集。

```
1  from sklearn.datasets import load_digits
2
3  digits = load_digits()
4  digits.data.shape
```

- 輸出結果：共 1797 筆資料，每筆資料含 64 個像素 (8x8)。

16. 顯示前 100 筆手寫阿拉伯數字。

```
1  def plot_digits(data):
2      fig, ax = plt.subplots(10, 10, figsize=(8, 8),
3                             subplot_kw=dict(xticks=[], yticks=[]))
4      fig.subplots_adjust(hspace=0.05, wspace=0.05)
5      for i, axi in enumerate(ax.flat):
6          im = axi.imshow(data[i].reshape(8, 8), cmap='binary')
7          im.set_clim(0, 16)
8  plot_digits(digits.data)
```

- 部份輸出結果：有點模糊，因為只有 8x8 像素。

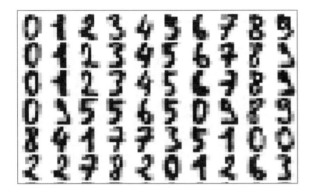

17. 降維：保留 99% 可解釋變異。

```
1  from sklearn.decomposition import PCA
2  pca = PCA(0.99, whiten=True)
3  data = pca.fit_transform(digits.data)
4  data.shape
```

- 輸出結果：只減少 1% 可解釋變異，特徵萃取後只剩 41 個像素，非常值得。

18. 以 AIC 決定最佳集群數量。

```
1  n_components = np.arange(50, 210, 10)
2  models = [GaussianMixture(n, covariance_type='full')
3           for n in n_components]
4  aics = [model.fit(data).aic(data) for model in models]
5  plt.plot(n_components, aics);
```

- 輸出結果：最佳集群數量 =110。

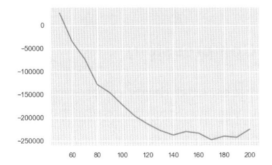

19. 設定集群數量 =110。

```
1  gmm = GaussianMixture(110, covariance_type='full', random_state=0)
2  gmm.fit(data)
3  print(gmm.converged_)
```

- 輸出結果：True，表模型訓練已收斂。

20. 生成 100 個樣本。

```
1  data_new, _ = gmm.sample(100)
2  digits_new = pca.inverse_transform(data_new)
3  plot_digits(digits_new)
```

- 輸出結果：效果不錯。

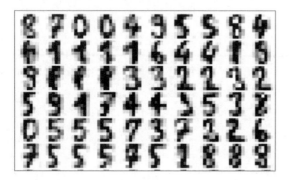

最近生成式 AI(Generative AI) 方興未艾，譬如 MidJourney、Stable Diffusion，可以生成高畫質的圖片，這個例子雖然無法比擬，但可以很簡單的說明生成的概念。

9-5 影像壓縮 (Image Compression)

接下來我們來看幾個集群的應用，首先是影像壓縮 (Image compression)，利用集群將相近的顏色以質心取代，就可以達到減色的效果，減色後可以較少的位元來儲存或傳輸影像，達到影像壓縮的效益。

» 範例 10. 影像減色。

程式： 09_09_image_compression.ipynb

1.　載入相關套件。

```
1  import numpy as np
2  import matplotlib.pyplot as plt
3  from sklearn.utils import shuffle
4  from sklearn.datasets import load_sample_image
5  from sklearn.cluster import KMeans
```

2.　載入 Scikit-learn 內建的圖片測試。

```
1  flower = load_sample_image('flower.jpg')
2  plt.axis('off')
3  plt.imshow(flower);
```

● 輸出結果：

3.　原圖存檔：比較壓縮的效果。

```
1  # 存檔
2  plt.imsave('./data/flower.jpg', flower)
```

4.　前置處理：進行正規化、並將寬／高兩維轉為一維。

```
1  # 正規化
2  flower = np.array(flower, dtype=np.float64) / 255
3
4  # 取得圖片寬高及顏色維度
5  w, h, d = tuple(flower.shape)
6
7  # 將寬高轉為一維
8  image_array = np.reshape(flower, (w * h, d))
9  w, h, d
```

● 輸出結果：(427, 640, 3)，表圖片寬度及高度分別為 427、640，RGB 三顏色。

5. 模型訓練及預測：使用 K-Means，設定 64 個集群。

```
1  # 隨機抽樣1000個像素
2  image_sample = shuffle(image_array, random_state=42)[:1000]
3
4  # K-Means模型訓練, 設定64個集群
5  kmeans = KMeans(n_clusters=64, random_state=42).fit(image_sample)
6
7  # 對所有像素進行集群
8  labels = kmeans.predict(image_array)
```

6. 定義重建影像的函數。

```
1   def reconstruct_image(cluster_centers, labels, w, h):
2       d = cluster_centers.shape[1]
3       image = np.zeros((w, h, d))
4       label_index = 0
5       for i in range(w):
6           for j in range(h):
7               # 以質心取代原圖像顏色
8               image[i][j] = cluster_centers[labels[label_index]]
9               label_index += 1
10      return image
```

7. 比較原圖與減色後的圖片。

```
1   # 修正中文亂碼
2   plt.rcParams['font.sans-serif'] = ['Arial Unicode MS']
3   plt.rcParams['axes.unicode_minus'] = False
4   plt.figure(figsize=(14,7))
5
6   # 原圖
7   plt.subplot(1, 2, 1)
8   plt.axis('off')
9   plt.title('原圖')
10  plt.imshow(flower)
11
12  plt.subplot(1, 2, 2)
13  plt.axis('off')
14  plt.title('重建的影像')
15  plt.imshow(reconstruct_image(kmeans.cluster_centers_, labels, w, h));
```

● 輸出結果：原圖與減色後的圖片並無明顯差異，參閱範例檔比較明顯。

8. 再使用 K-Means，設定 4 個集群。

```
1  # K-Means模型訓練， 設定4個集群
2  kmeans = KMeans(n_clusters=4, random_state=42).fit(image_sample)
3
4  # 對所有像素進行集群
5  labels = kmeans.predict(image_array)
6
7  plt.figure(figsize=(14,7))
8  # 原圖
9  plt.subplot(1, 2, 1)
10 plt.axis('off')
11 plt.title('原圖')
12 plt.imshow(flower)
13
14 plt.subplot(1, 2, 2)
15 plt.axis('off')
16 plt.title('重建的影像')
17 plt.imshow(reconstruct_image(kmeans.cluster_centers_, labels, w, h));
```

● 輸出結果：原圖與減色後的圖片有明顯差異。

9. 結論：原本圖片均以 8 位元 (Bits) 儲存 256 個深淺不同的 RBG 三顏色，
透過集群，可以很簡單的達到影像壓縮的效果，有時候在網路傳輸或存
檔時，不需要太高解析度時，可以以此方式處理。

9-6 客戶區隔 (Customer Segmentation)

一般企業會針對貢獻度較大的客戶加強服務與行銷，要找出這些客戶，可以分析客戶過往的購買記錄，以企管 RFM 理論進行客戶區隔 (Customer segmentation)。RFM 是 Recency、Frequency、Monetary 的縮寫，代表的意義如下：

1. Recency：最近消費日期，愈近表示顧客還持續與企業往來。

2. Frequency：消費的次數，找到頻繁購物的顧客，代表是活躍的客戶。

3. Monetary：累計的消費金額，金額愈高，表示他是大客戶。

三者要兼顧，否則光考慮消費金額高，但該顧客可能已經移民，要對他加強行銷，也是無濟於事。

》 **範例 11.** 依購買記錄進行客戶區隔 (Customer segmentation)。

程 式：09_10_customer_segmentation.ipynb，程 式 修 改 自『Kaggle RFM Analysis Tutorial』[14]。

1. 載入相關套件。

```
1  import pandas as pd
2  import numpy as np
3  import matplotlib.pyplot as plt
4  import seaborn as sns
```

2. 載入零售購買記錄資料集：只分析英國的顧客。

```
1  df = pd.read_csv('./data/invoice.csv', encoding="ISO-8859-1")
2  # 只分析英國的顧客
3  df = df[df.Country == 'United Kingdom']
4  df.head()
```

● 輸出結果：

	InvoiceNo	StockCode	Description	Quantity	InvoiceDate	UnitPrice	CustomerID	Country
0	536365	85123A	WHITE HANGING HEART T-LIGHT HOLDER	6	12/1/2010 8:26	2.55	17850.0	United Kingdom
1	536365	71053	WHITE METAL LANTERN	6	12/1/2010 8:26	3.39	17850.0	United Kingdom
2	536365	84406B	CREAM CUPID HEARTS COAT HANGER	8	12/1/2010 8:26	2.75	17850.0	United Kingdom
3	536365	84029G	KNITTED UNION FLAG HOT WATER BOTTLE	6	12/1/2010 8:26	3.39	17850.0	United Kingdom
4	536365	84029E	RED WOOLLY HOTTIE WHITE HEART.	6	12/1/2010 8:26	3.39	17850.0	United Kingdom

3. 計算描述統計量。

```
1  df.describe().T
```

- 輸出結果：共 36 萬個客戶，平均每次購物數量 =9。

	count	mean	std	min	25%	50%	75%	max
Quantity	495478.0	8.605486	227.588756	-80995.00	1.00	3.0	10.00	80995.0
UnitPrice	495478.0	4.532422	99.315438	-11062.06	1.25	2.1	4.13	38970.0
CustomerID	361878.0	15547.871368	1594.402590	12346.00	14194.00	15514.0	16931.00	18287.0

4. 資料清理：資料中有退貨 (數量 <=0)、退款 (單價 <=0) 交易，將這些非購買記錄資料移除。

```
1  # 移除數量<=0的交易記錄
2  df = df[df['Quantity']>0]
3
4  # 移除單價<=0的交易記錄
5  df = df[df['UnitPrice']>0]
6  print(df.Quantity.describe())
7  df.UnitPrice.describe()
```

5. 刪除遺失值 (Missing value)：沒有客戶代碼的資料一律刪除。

```
1  df.dropna(subset=['CustomerID'], inplace=True)
2
3  # 檢查 Missing Value
4  df.isnull().sum()
```

6. 計算最近消費日期 (Recency)：以資料最大日期為 T 日，計算距離 T 日的天數，愈小愈好，表該客戶最近有購買記錄。

```
1  # 計算每個顧客的最近購買日期
2  recency_df = df.groupby(['CustomerID'],as_index=False)['date'].max()
3  recency_df.columns = ['CustomerID','LastPurchaseDate']
4
5  # 計算每個顧客的上次消費的日期距今天數
6  now = df['date'].max()
7  recency_df['Recency'] = recency_df.LastPurchaseDate.apply(lambda x : (now - x).days)
8  recency_df.head()
```

- 輸出結果：0 表 T 日，1 表 T-1 日，依此類推。

	CustomerID	LastPurchaseDate	Recency
0	12346.0	2011-01-18	325
1	12747.0	2011-12-07	2
2	12748.0	2011-12-09	0
3	12749.0	2011-12-06	3
4	12820.0	2011-12-06	3

7. 計算消費的次數 (Frequency)：一張發票可能會買多個品項，只保留一筆記錄，並統計每個客戶的發票數量，即消費次數。

```
1  # 計算每個顧客的消費次數
2  frequency_df = df.copy()
3  frequency_df.drop_duplicates(subset=['CustomerID','InvoiceNo'], keep="first", inplace=True)
4  frequency_df = frequency_df.groupby('CustomerID',as_index=False)['InvoiceNo'].count()
5  frequency_df.columns = ['CustomerID','Frequency']
6  frequency_df.head()
```

● 輸出結果：

	CustomerID	Frequency
0	12346.0	1
1	12747.0	11
2	12748.0	209
3	12749.0	5
4	12820.0	4

8. 計算累計的消費金額 (Monetary)：單價乘以數量，再累加起來。

```
1  # 計算每個顧客的累計消費金額
2  df['Total_cost'] = df['UnitPrice'] * df['Quantity']
3  monetary_df=df.groupby('CustomerID',as_index=False)['Total_cost'].sum()
4  monetary_df.columns = ['CustomerID','Monetary']
5  monetary_df.head()
```

● 輸出結果：

	CustomerID	Monetary
0	12346.0	77183.60
1	12747.0	4196.01
2	12748.0	33719.73
3	12749.0	4090.88
4	12820.0	942.34

9. 合併 RFM：合併上述三個表。

```
1  rf = recency_df.merge(frequency_df,left_on='CustomerID',right_on='CustomerID')
2  rfm = rf.merge(monetary_df,left_on='CustomerID',right_on='CustomerID')
3  rfm.set_index('CustomerID',inplace=True)
4  rfm.head()
```

● 輸出結果：

CustomerID	Recency	Frequency	Monetary
12346.0	325	1	77183.60
12747.0	2	11	4196.01
12748.0	0	209	33719.73
12749.0	3	5	4090.88
12820.0	3	4	942.34

10. 使用 K-Means 進行集群：使用轉折判斷法，測試 1~20 群的效果，以分數 (score) 及質心距離的平方和 (inertia_) 作為判斷標準。

```
1  from sklearn.cluster import KMeans
2
3  # 複製資料
4  rfm_segmentation = rfm.copy()
5
6  # 轉折判斷法
7  Nc = range(1, 20)
8  kmeans = [KMeans(n_clusters=i, init='k-means++', n_init='auto')
9           for i in Nc]
10 for i in range(len(kmeans)):
11     kmeans[i].fit(rfm_segmentation)
12 score = [kmeans[i].score(rfm_segmentation) for i in range(len(kmeans))]
13 wcss = [kmeans[i].inertia_ for i in range(len(kmeans))]
14
15 plt.plot(Nc,score)
16 plt.xticks(range(0, 20, 2))
17 plt.xlabel('Number of Clusters')
18 plt.ylabel('Score')
19 plt.title('Elbow Curve')
20 plt.show()
21
22 plt.plot(Nc,wcss)
23 plt.xticks(range(0, 20, 2))
24 plt.xlabel('Number of Clusters')
25 plt.ylabel('wcss')
26 plt.title('Elbow Curve')
27 plt.show()
```

● 輸出結果：以 3 或 5 群最佳。

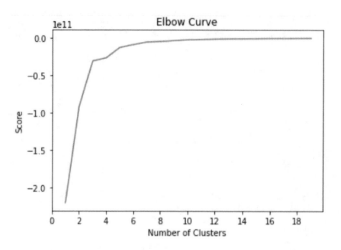

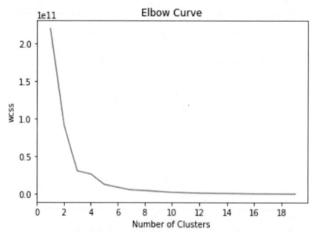

11. 初步決定分成 3 群。

```
1  X = rfm_segmentation.copy()
2  kmeans = KMeans(n_clusters=3,
3                  init='k-means++',
4                  n_init=10,
5                  max_iter=300,
6                  random_state=0).fit(X)
7
8  # 新增欄位，加入集群代碼
9  rfm_segmentation['cluster'] = kmeans.labels_
10
11 # 觀看集群 0 的前 10 筆資料
12 rfm_segmentation[rfm_segmentation.cluster == 0].head(10)
```

● 觀看集群 0 的前 10 筆資料。

CustomerID	Recency	Frequency	Monetary	cluster
12747.0	2	11	4196.01	0
12749.0	3	5	4090.88	0
12820.0	3	4	942.34	0
12821.0	214	1	92.72	0
12822.0	70	2	948.88	0
12823.0	74	5	1759.50	0
12824.0	59	1	397.12	0
12826.0	2	7	1474.72	0
12827.0	5	3	430.15	0
12828.0	2	6	1018.71	0

12. 計算每群筆數。

```
1  rfm_segmentation['cluster'].value_counts()
```

● 輸出結果： 第 1 群佔絕大比例，其他群只有 33 人，找出的 VIP 客戶
太少，這是轉折判斷法的缺點，它並未考慮集群的大小。

```
0    3887
2      30
1       3
```

13. 改用輪廓圖分析，先計算輪廓係數。

```
1  from sklearn.metrics import silhouette_samples
2
3  y_km = rfm_segmentation['cluster']
4  cluster_labels = np.unique(y_km)
5  n_clusters = cluster_labels.shape[0]
6  silhouette_vals = silhouette_samples(X, y_km, metric='euclidean')
7  silhouette_vals
```

14. 繪製輪廓圖。

```
1  from matplotlib import cm
2
3  # 修正中文亂碼
4  plt.rcParams['font.sans-serif'] = ['Arial Unicode MS']
5  plt.rcParams['axes.unicode_minus'] = False
6
```

```
 7  # 輪廓圖
 8  y_ax_lower, y_ax_upper = 0, 0
 9  yticks = []
10  for i, c in enumerate(cluster_labels):
11      c_silhouette_vals = silhouette_vals[y_km == c]
12      c_silhouette_vals.sort()
13      y_ax_upper += len(c_silhouette_vals)
14      color = cm.jet(float(i) / n_clusters)
15      plt.barh(range(y_ax_lower, y_ax_upper), c_silhouette_vals, height=1.0,
16              edgecolor='none', color=color)
17
18      yticks.append((y_ax_lower + y_ax_upper) / 2.)
19      y_ax_lower += len(c_silhouette_vals)
20
21  # 輪廓係數平均數的垂直線
22  silhouette_avg = np.mean(silhouette_vals)
23  plt.axvline(silhouette_avg, color="red", linestyle="--")
24
25  plt.yticks(yticks, cluster_labels + 1)
26  plt.ylabel('集群', fontsize=14)
27  plt.xlabel('輪廓係數', fontsize=14)
28  plt.tight_layout();
```

- 輸出結果：集群的大小差異很大，而且沒有超出輪廓平均分數很多。

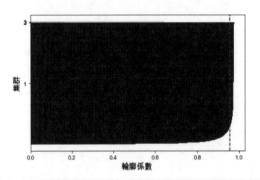

15. 依據輪廓分數找最佳集群數量：測試 2~20 群的分數。

```
 1  # 測試 2~20 群的分數
 2  from sklearn.metrics import silhouette_score
 3
 4  silhouette_score_list = []
 5  print('輪廓分數:')
 6  for i in range(2, 21):
 7      km = KMeans(n_clusters=i,
 8                  init='k-means++',
 9                  n_init=10,
10                  max_iter=300,
11                  random_state=0)
12      km.fit(X)
13      y_km = km.fit_predict(X)
14      silhouette_score_list.append(silhouette_score(X, y_km))
15      print(f'{i}:{silhouette_score_list[-1]:.2f}')
16
17  print(f'最大值 {np.argmax(silhouette_score_list)+2}: {np.max(silhouette_score_list):.2f}')
```

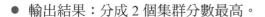

● 輸出結果：分成 2 個集群分數最高。

```
輪廓分數：
2:0.97
3:0.96
4:0.84
5:0.81
6:0.81
7:0.73
8:0.73
9:0.68
10:0.64
11:0.65
12:0.61
13:0.61
14:0.62
15:0.56
16:0.54
17:0.53
18:0.55
19:0.51
20:0.52
最大值 2: 0.97
```

16. 再繪製輪廓圖看看效果。

```python
for i in range(2, 21):
    km = KMeans(n_clusters=i,
                init='k-means++',
                n_init=10,
                max_iter=300,
                random_state=0).fit(X)

    # 新增欄位，加入集群代碼
    y_km = km.labels_
    cluster_labels = np.unique(y_km)
    n_clusters = cluster_labels.shape[0]
    silhouette_vals = silhouette_samples(X, y_km, metric='euclidean')

    # 輪廓圖
    y_ax_lower, y_ax_upper = 0, 0
    yticks = []
    for i, c in enumerate(cluster_labels):
        c_silhouette_vals = silhouette_vals[y_km == c]
        c_silhouette_vals.sort()
        y_ax_upper += len(c_silhouette_vals)
        color = cm.jet(float(i) / n_clusters)
        plt.barh(range(y_ax_lower, y_ax_upper), c_silhouette_vals, height=1.0,
                 edgecolor='none', color=color)

        yticks.append((y_ax_lower + y_ax_upper) / 2.)
        y_ax_lower += len(c_silhouette_vals)
```

```
28    # 輪廓係數平均數的垂直線
29    silhouette_avg = np.mean(silhouette_vals)
30    plt.axvline(silhouette_avg, color="red", linestyle="--")
31
32    plt.yticks(yticks, cluster_labels + 1)
33    plt.ylabel('集群', fontsize=14)
34    plt.xlabel('輪廓係數', fontsize=14)
35    plt.tight_layout()
36    plt.show()
```

● 輸出結果：各種集群的的大小差異都很大，而且沒有超出輪廓平均分
　數很多。

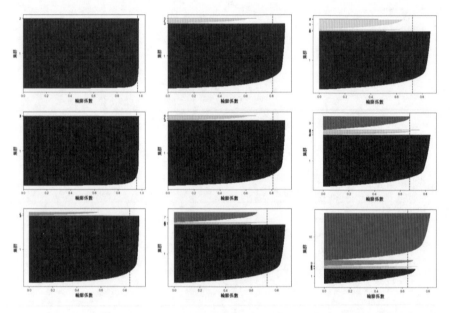

17. RFM 分組：因此我們決定進行特徵工程，依四分位數分組，每一等份給
　　分 1~4，這樣可使資料均勻分佈，解決集群的大小差異的問題。

```
1     # 四分位數分組
2     def RScore(x,p,d):
3         if x <= d[p][0.25]:
4             return 1
5         elif x <= d[p][0.50]:
6             return 2
7         elif x <= d[p][0.75]:
8             return 3
9         else:
10            return 4
```

```
11
12  def FMScore(x,p,d):
13      if x <= d[p][0.25]:
14          return 4
15      elif x <= d[p][0.50]:
16          return 3
17      elif x <= d[p][0.75]:
18          return 2
19      else:
20          return 1
21
22  # 四分位數(quantile)
23  quantile = rfm.quantile(q=[0.25,0.5,0.75])
24  quantile
```

● 輸出結果：RFM 四分位數的分界點。

	Recency	Frequency	Monetary
0.25	17.0	1.0	300.280
0.50	50.0	2.0	652.280
0.75	142.0	5.0	1576.585

18. RFM 依四分位數給分。

```
1  rfm_segmentation['R_Quartile'] = rfm_segmentation['Recency'].apply(RScore
2                                              ,args=('Recency',quantile))
3  rfm_segmentation['F_Quartile'] = rfm_segmentation['Frequency'].apply(FMScore
4                                              , args=('Frequency',quantile))
5  rfm_segmentation['M_Quartile'] = rfm_segmentation['Monetary'].apply(FMScore
6                                              , args=('Monetary',quantile))
7  rfm_segmentation.head()
```

● 輸出結果：均轉換為 1~4 分，注意，『數字愈小，表示愈高分』。

CustomerID	Recency	Frequency	Monetary	cluster	R_Quartile	F_Quartile	M_Quartile
12346.0	325	1	77183.60	2	4	4	1
12747.0	2	11	4196.01	0	1	1	1
12748.0	0	209	33719.73	2	1	1	1
12749.0	3	5	4090.88	0	1	2	1
12820.0	3	4	942.34	0	1	2	2

19. 客戶篩選：不使用集群演算法，也可以找出各種客戶區隔。

```
1  print('客戶篩選：')
2  print("Best Customers: ",len(rfm_segmentation[rfm_segmentation['RFMScore']=='111']))
3  print('Loyal Customers: ',len(rfm_segmentation[rfm_segmentation['F_Quartile']==1]))
4  print("Big Spenders: ",len(rfm_segmentation[rfm_segmentation['M_Quartile']==1]))
5  print('Almost Lost: ', len(rfm_segmentation[rfm_segmentation['RFMScore']=='134']))
6  print('Lost Customers: ',len(rfm_segmentation[rfm_segmentation['RFMScore']=='344']))
7  print('Lost Cheap Customers: ',len(rfm_segmentation[rfm_segmentation['RFMScore']=='444']))
```

● 輸出結果：最佳客戶 (RFM 均為 1) 有 423 筆，最可能流失的客戶 (RFM 均為 4) 有 396 筆，其他可望文生義。

```
客戶篩選：
Best Customers:  423
Loyal Customers:  791
Big Spenders:  980
Almost Lost:  31
Lost Customers:  187
Lost Cheap Customers:  396
```

20. 也可分別以 R、F、M 對總分作圖，瞭解 R、F、M 的影響力，請參閱範例圖。

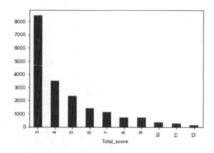

21. 再依 RFM 四分位數進行輪廓圖分析：集群效果比之前依數值分群改善很多。

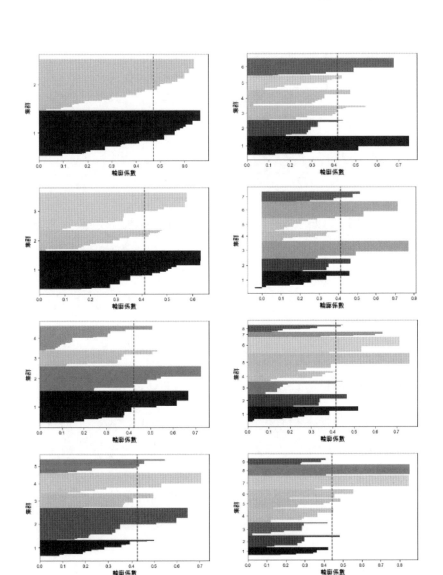

22. 分成 4 個集群：再將每個集群的 RFM 或總分平均數顯示出來，即可知
道哪一個集群是 VIP 客戶。

```
1  rfm_segmentation.groupby('cluster')[['R_Quartile','F_Quartile', 'M_Quartile',
2                                       'Total_score']].mean()
```

● 輸出結果：集群 1 為 VIP，其他依序為 3、2、0。

cluster	R_Quartile	F_Quartile	M_Quartile	Total_score
0	3.620529	3.764386	3.485226	10.870140
1	1.281312	1.327038	1.252485	3.860835
2	1.567901	3.408951	3.330247	8.307099
3	2.860204	2.153061	1.938776	6.952041

23. 透過這個完整案例，筆者獲益良多，包括：

- 藉助 Pandas 函數可以輕易地計算 RFM、篩選、依四分位數分組等工作。

- 集群分析不只是分成幾群，更重要的是結合實務，才能正確的運用。

- 可以利用『再篩選』的方式，控制 VIP 的客戶數，這部份就留給讀者思考了。

9-7 　本章小結

本章介紹了各種集群演算法，包括 K-Means、AHC、DBSCAN、GMM，並透過個案研究，瞭解各種應用，除了集群，還有圖像生成、離群值偵測、影像壓縮、客戶區隔、商品推薦…等等，甚至傳統的語音辨識 (ASR) 也使用 HMM-GMM 演算法進行語音辨識，所以，只要能掌握演算法原理，如何應用，就靠創意了。

9-8 　延伸練習

1. 請參閱『Outlier Detection for a 2D Feature Space in Python』[15] 進行離群值偵測。

2. 請參考 09_10_customer_segmentation.ipynb 對公司客戶進行集群分析，找出 VIP 客戶，進行行銷活動，觀察業績提升的效果。

3. 請延伸 09_10_customer_segmentation.ipynb，讓使用者可設定總分或 RFM 門檻，進一步篩選 VIP 客戶數量，可使用 ipywidgets 套件，安裝 及用法請參考『Jupyter Notebook 輸入欄位設計 1、2』[16]。

參考資料 (References)

[1]　Turner Luke, Create a K-Means Clustering Algorithm from Scratch in Python (https://towardsdatascience.com/create-your-own-k-means-clustering-algorithm-in-python-d7d4c9077670)

[2]　Scikit-learn KMean 說明 (https://scikit-learn.org/stable/modules/generated/sklearn.cluster.KMeans.html)

[3]　fuzzy-c-means (https://github.com/omadson/fuzzy-c-means)

[4]　Scikit-learn , Agglomerative clustering with and without structure (https://scikit-learn.org/stable/auto_examples/cluster/plot_agglomerative_clustering.html#sphx-glr-auto-examples-cluster-plot-agglomerative-clustering-py)

[5]　Scikit-learn AgglomerativeClustering 說 明 (https://scikit-learn.org/stable/modules/generated/sklearn.cluster.AgglomerativeClustering.html)

[6]　Sebastian Raschka , Vahid Mirjalili, Python Machine Learning (https://www.packtpub.com/product/python-machine-learning-third-edition/9781789955750)

[7]　George Seif, The 5 Clustering Algorithms Data Scientists Need to Know (https://medium.com/towards-data-science/the-5-clustering-algorithms-data-scientists-need-to-know-a36d136ef68)

[8]　Scikit-learn, Demo of DBSCAN clustering algorithm (https://scikit-learn.org/stable/auto_examples/cluster/plot_dbscan.html#sphx-glr-auto-examples-cluster-plot-dbscan-py)

[9]　Scikit-learn, Adjustment for chance in clustering performance evaluation (https://scikit-learn.org/stable/auto_examples/cluster/plot_adjusted_for_chance_measures.html#sphx-glr-auto-examples-cluster-plot-adjusted-for-chance-measures-py)

[10]　Scikit-learn DBSCAN 說 明 (https://scikit-learn.org/stable/modules/generated/sklearn.cluster.DBSCAN.html)

[11]　Maël Fabien, Expectation-Maximization for GMMs explained (https://medium.com/towards-data-science/expectation-maximization-for-gmms-explained-5636161577ca)

[12]　Jake VanderPlas, Python Data Science Handbook (https://github.com/jakevdp/PythonDataScienceHandbook)

[13]　錢魏 , 最優模型選擇準則：AIC 和 BIC (https://www.biaodianfu.com/aic-bic.html)

[14]　Kaggle, RFM Analysis Tutorial (https://www.kaggle.com/code/regivm/rfm-analysis-tutorial/notebook)

[15]　Julia Ostheimer, Outlier Detection for a 2D Feature Space in Python (https://towardsdatascience.com/outlier-detection-python-cd22e6a12098)

[16]　Jupyter Notebook 輸 入 欄 位 設 計 1/2 (https://ithelp.ithome.com.tw/articles/10283762 、 https://ithelp.ithome.com.tw/articles/10283869)

整體學習

(Ensemble Learning)

整體學習 (Ensemble Learning) 是同時使用多個演算法或同一個演算法重複多次，再將資料輸入至每個模型預測，之後使用多數決或其他方式，藉以提高模型準確率，例如，XGBoost、LightGBM 等整體學習演算法，是 Kaggle 競賽常勝軍。

10-1　整體學習概念說明

整體學習如何能提升準確率呢？

假設整體學習訓練出 11 個模型，每個模型錯誤率 (Error Rate, ε) 均為 0.25，模型預測採多數決，則整體學習的錯誤率可用組合的機率公式計算：

$$P(y \geq k) = \sum_{k}^{n} \binom{n}{k} \epsilon^k (1 - \epsilon)^{n-k} = \epsilon_{\text{ensemble}}$$

其中，n=11, k 為預測錯誤的模型數，因採多數決，錯誤超過半數即視為整體學習錯誤，計算如下：

$$P(y \geq k) = \sum_{k=6}^{11} \binom{11}{k} 0.25^k (1 - 0.25)^{11-k} = 0.034$$

因此，整體學習的錯誤率 (0.034) 遠小於個別模型的錯誤率 (0.25)，以上計算可參閱範例 1。

» **範例 1.** 整體學習的錯誤率計算。

程式：10_01_error_rate.ipynb，程式修改自『Python Machine Learning』[1]。

1.　載入套件。

```
1  from scipy.special import comb
2  import math
3  import numpy as np
4  import matplotlib.pyplot as plt
```

2. 計算整體學習的錯誤率：使用組合機率公式，SciPy 套件直接支援組合函數。

```
1  def ensemble_error(n_classifier, error):
2      k_start = int(math.ceil(n_classifier / 2.))
3      probs = [comb(n_classifier, k) * error**k * (1-error)**(n_classifier - k)
4              for k in range(k_start, n_classifier + 1)]
5      return sum(probs)
6
7  ensemble_error(n_classifier=11, error=0.25)
```

- 輸出結果：0.0343。

3. 測試各種錯誤率，並繪圖：比較個別模型與整體學習的錯誤率。

```
1  error_range = np.arange(0.0, 1.01, 0.01)
2  ens_errors = [ensemble_error(n_classifier=11, error=error)
3              for error in error_range]
4
5  # 修正中文亂碼
6  plt.rcParams['font.sans-serif'] = ['Arial Unicode MS']
7  plt.rcParams['axes.unicode_minus'] = False
8
9  plt.plot(error_range,
10          ens_errors,
11          label='整體學習',
12          linewidth=2)
13
14 plt.plot(error_range,
15          error_range,
16          linestyle='--',
17          label='個別模型',
18          linewidth=2)
19
20 plt.title('錯誤率比較', fontsize=18)
21 plt.xlabel('個別模型錯誤率', fontsize=14)
22 plt.ylabel('整體學習錯誤率', fontsize=14)
23 plt.legend(loc='upper left', fontsize=14)
24 plt.grid(alpha=0.5)
```

- 輸出結果：當個別模型錯誤率小於 0.5 時，整體學習的錯誤率都會小於個別模型。

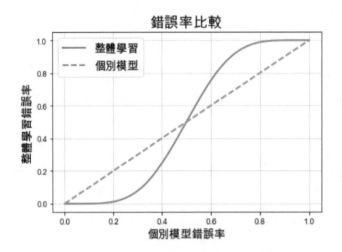

- 如果每個模型錯誤率不等時，整體學習的準確率是否還優於個別模型呢？

以上只是一個簡單的說明，並不意味任何情況整體學習的準確率一定會優於個別模型。

依 Scikit-learn 提供的功能 [2]，整體學習大致分為以下類別：

1. 多數決 (Majority Voting)。
2. 裝袋法 (Bagging)。
3. 強化法 (Boosting)。
4. 堆疊法 (Stacking)。

10-2 多數決 (Majority Voting)

多數決 (Majority voting) 最簡單，就是使用多種的演算法，訓練出多個模型，再採多數決，決定預測決果，每個模型都使用全部資料訓練，多數決出發點是降低變異 (Variance)，增加預測穩定性。

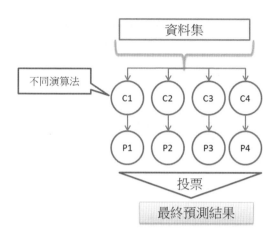

圖 10.1　多數決 (Majority voting)

範例 2. 多數決演算法測試。

程式：10_02_majority_voting.ipynb

1. 載入套件。

```
1  from sklearn import datasets
2  from sklearn.model_selection import train_test_split
3  import numpy as np
```

2. 載入乳癌診斷資料集。

```
1  X, y = datasets.load_breast_cancer(return_X_y=True)
```

3. 資料分割。

```
1  X_train, X_test, y_train, y_test = train_test_split(X, y, test_size=.2)
```

4. 特徵縮放。

```
1  from sklearn.preprocessing import StandardScaler
2
3  scaler = StandardScaler()
4  X_train_std = scaler.fit_transform(X_train)
5  X_test_std = scaler.transform(X_test)
```

5.　模型訓練：VotingClassifier 為多數決分類器，本例整合三個分類演算法，
　　包括支援向量機 (SVC)、隨機森林 (RF) 及單純貝氏分類演算法。

```
1  from sklearn.svm import SVC
2  from sklearn.ensemble import RandomForestClassifier, VotingClassifier
3  from sklearn.naive_bayes import GaussianNB
4
5  estimators = [('svc', SVC()), ('rf', RandomForestClassifier()), ('nb', GaussianNB())]
6  clf = VotingClassifier(estimators)
7  clf.fit(X_train_std, y_train)
```

6.　模型評估。

```
1  # 計算準確率
2  print(f'{clf.score(X_test_std, y_test)*100:.2f}%')
```

- 準確率 =97.37%。

7.　個別模型評估：支援向量機 (SVC)、隨機森林 (RF) 及單純貝氏分類演算
　　法個別模型評估。

```
1  svc = SVC()
2  svc.fit(X_train_std, y_train)
3  print(f'{svc.score(X_test_std, y_test)*100:.2f}%')
```

- 準確率 = 98.25%、98.25%、93.86%，多數決演算法並沒有比個別模
　型高，但比較穩定。

8.　多數決演算法預測：與個別模型一樣的作法。

```
1  clf.predict(X_test_std)
```

9.　交叉驗證：使用 K Fold。

```
1  from sklearn.model_selection import cross_val_score
2
3  scores = cross_val_score(estimator=clf,
4                           X=X_test_std,
5                           y=y_test,
6                           cv=10,
7                           n_jobs=-1)
8  print(f'K折分數: %s' % scores)
9  print(f'平均值: {np.mean(scores):.2f}, 標準差: {np.std(scores):.2f}')
```

- 結果類似，多數決演算法並沒有比個別模型高。

10. 結論：就算使用較複雜的資料集測試，通常多數決演算法準確率也只會
比個別模型略微提升而已。

10-3　裝袋法 (Bagging)

裝袋法 (Bagging) 全名是 Bootstrap aggregation，中文翻譯並不恰當，與袋
子完全無關，以下直接使用 Bagging，其中 Bootstrap 是放回式重抽樣，
Bagging 是只使用一種演算法，對資料多次抽樣，訓練出多個模型，再採多
數決，決定預測結果。Bagging 的出發點就是希望執行單一演算法多次，以
降低預測變異性 (Variance)。

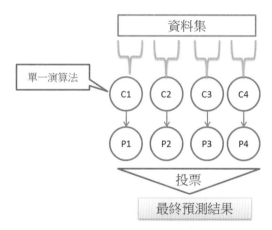

圖 10.2 裝袋法 (Bagging)

範例 3. Bagging 演算法測試。

程式：10_03_bagging_classifier.ipynb

1. 步驟與上例幾乎相同，僅列出差異處。以下為 BaggingClassifier 的用法，
需要設定一種基礎演算法，並設定要訓練的模型數量。

```
1  from sklearn.ensemble import BaggingClassifier
2  from sklearn.naive_bayes import GaussianNB
3
4  base_estimator = GaussianNB()
5  clf = BaggingClassifier(estimator=base_estimator, n_estimators=50)
6  clf.fit(X_train_std, y_train)
```

2. 交叉驗證：BaggingClassifier 與 cross_val_score 搭配，基礎演算法不需事先訓練。

```
1  from sklearn.model_selection import cross_val_score
2
3  clf2 = BaggingClassifier(estimator=base_estimator, n_estimators=50)
4  scores = cross_val_score(estimator=clf2,
5                           X=X_test_std,
6                           y=y_test,
7                           cv=10,
8                           n_jobs=-1)
9  print(f'K折分數: %s' % scores)
10 print(f'平均值: {np.mean(scores):.2f}, 標準差: {np.std(scores):.2f}')
```

- Bagging 演算法準確率 = 91%，比個別模型 (89%) 稍高。

3. 使用較複雜的資料集測試：生成隨機分類資料。

- n_features：特徵個數。

- n_informative：有效的特徵個數。

- n_redundant：多餘的特徵個數，自 informative 特徵線性組合而成。

- n_repeated：重複的特徵個數，隨機複製 informative、redundant 特徵。

- flip_y：隨機指定 Y 值的比例，愈大的設定值，辨識的準確率愈低。

```
1  from sklearn.datasets import make_classification
2
3  # 生成隨機分類資料
4  X, y = make_classification(n_samples=1000,
5                             n_features=20, n_informative=15, n_redundant=5,
6                             flip_y = 0.3, random_state=5, shuffle=False)
7
8  # BaggingClassifier 交叉驗證
9  base_estimator = GaussianNB()
10 clf3 = BaggingClassifier(estimator=base_estimator)
11 scores = cross_val_score(estimator=clf3,
12                          X=X,
13                          y=y,
14                          cv=10,
15                          n_jobs=-1)
16 print(f'K折分數: %s' % scores)
17 print(f'平均值: {np.mean(scores):.2f}, 標準差: {np.std(scores):.2f}')
```

- Bagging 演算法準確率 = 73%，比個別模型 (74%) 稍低。

4. BaggingClassifier、VotingClassifier 也可以進行參數調校，可參閱『How to Develop a Bagging Ensemble with Python』[3]。

5. 結論：Bagging、多數決演算法的優點是每個模型訓練均可平行進行，如果有 CPU 有多處理器，即可縮短訓練時間，但對於模型效能的提升有限。之前使用的隨機森林演算法其實就屬於 Bagging 演算法。

10-4 強化法 (Boosting)

強化法 (Boosting) 與 Bagging 不同的思維，Boosting 依順序訓練多個模型，而非獨立、平行處理，希望下一個模型能修正目前模型分類的錯誤，手段是加大錯誤樣本的權重，使下一個模型更重視這些樣本，以矯正模型。例如下圖，第 1 個模型有兩個樣本分類錯誤，第 2 個模型加大錯誤分類的兩個樣本權重，依此類推，直到完正確或達到特定門檻為止，所以 Boosting 出發點就是要提升準確率，降低偏差。

Boosting 也是採用單一演算法，稱為弱學習器 (Weak Learner)，也是使用 Bootstrap 重抽樣，常見的演算法包括 AdaBoost(Adaptive Boosting)、Catboost、XGBoost、LightGBM…等。

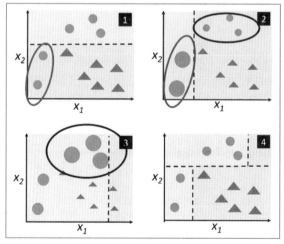

圖 10.3 強化法 (Boosting)

10-4-1　自行開發 AdaBoost

AdaBoost 的作法如下：

1.　將全部樣本放入弱學習器 C1 中訓練。

2.　調整分類錯誤及正確的樣本權重，放入另一弱學習器 C2 中訓練。

3.　依此類推，不斷更新樣本權重／訓練，直到設定的週期數或達到期望的錯誤率為止，權重更新的公式如下：

先計算第 m 次模型的權重：

$$\theta_m = \frac{1}{2} ln(\frac{1 - \epsilon_m}{\epsilon_m})$$

其中 ε_m 是歷次模型中最低分類錯誤率。

更新每個樣本點的權重：

$$w_{m+1}(x_i, y_i) = \frac{w_m(x_i, y_i) exp[-\theta_m y_i f_m(x_i)]}{Z_m}$$

關於權重更新公式背後的數學，可參閱『Boosting algorithm: AdaBoost』[4] 一文。

4.　結合 C1、C2、C3… 弱學習器，以多數決作預測。

『Implementation of AdaBoost classifier』[5] 一文有詳細的解說及程式碼，由於程式年代久遠，筆者做了一番修改，改為 10_04_adaboost_from_scratch_complete.py，程式還測試不同的執行週期與錯誤率的比較，結果如下圖，大概 200 個執行週期，錯誤率即逐漸收斂。

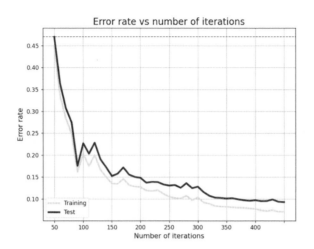

> **範例 4.** 自行開發 AdaBoost，對 10_04_adaboost_from_scratch_complete.py 作適度簡化及註解，以幫助讀者更容易瞭解每一步驟。

程式：10_04_adaboost_from_scratch.ipynb，程式修改自『Implementation of AdaBoost classifier』。

1. 　載入相關套件。

```
1  from sklearn import datasets
2  from sklearn.model_selection import train_test_split
3  import numpy as np
```

2. 　載入資料集：Hastie 等人蒐集的二分類資料集，含 10 個特徵，目標變數 y[i] = 1 if np.sum(X[i] ** 2) > 9.34 else -1。

注意，y 值是 -1 或 1，不是 0/1。

```
1  # X, y = datasets.load_breast_cancer(return_X_y=True)
2  # y[y==0] = -1
3  X, y = datasets.make_hastie_10_2()
```

3. 　資料分割。

```
1  X_train, X_test, y_train, y_test = train_test_split(X, y, test_size=.2)
```

4. 因為使用決策樹，不必特徵縮放，建立 AdaBoost 模型。

```
1   # 計算錯誤率
2   def get_error_rate(pred, Y):
3       return sum(pred != Y) / float(len(Y))
4
5   # Adaboost模型
6   def Adaboost(Y_train, X_train, Y_test, X_test, M, clf):
7       n_train, n_test = len(X_train), len(X_test)
8       # 初始化權重(weights)，每一筆資料權重都一樣
9       w = np.ones(n_train) / n_train
10      # 預測初始值為 0
11      pred_train, pred_test = [np.zeros(n_train), np.zeros(n_test)]
12
13      # 訓練 M 次
14      for i in range(M):
15          # 訓練
16          clf.fit(X_train, Y_train, sample_weight = w)
17          pred_train_i = clf.predict(X_train)
18          pred_test_i = clf.predict(X_test)
19
20          # 更新權重，預測正確為 1，預測錯誤為 -1
21          miss = [int(x) for x in (pred_train_i != Y_train)]
22          miss2 = [x if x==1 else -1 for x in miss]
23          # 計算分類錯誤率
24          err_m = np.dot(w, miss) / sum(w)
25          # 計算 θ
26          theta_m = 0.5 * np.log( (1 - err_m) / float(err_m))
27          # 權重更新
28          w = np.multiply(w, np.exp([float(x) * theta_m for x in miss2]))
29          # 累加至預測值
30          pred_train = [sum(x) for x in zip(pred_train,
31                                       [x * theta_m for x in pred_train_i])]
32          pred_test = [sum(x) for x in zip(pred_test,
33                                       [x * theta_m for x in pred_test_i])]
34
35      # np.sign：returns -1 if x < 0, 0 if x==0, 1 if x > 0
36      pred_train, pred_test = np.sign(pred_train), np.sign(pred_test)
37      # 回傳訓練及測試資料的錯誤率
38      return get_error_rate(pred_train, Y_train), get_error_rate(pred_test, Y_test)
```

5. 模型訓練：max_depth 一定要設定，否則錯誤率計算會產生除以 0 的錯誤。

```
1   from sklearn.tree import DecisionTreeClassifier
2
3   weak_learner = DecisionTreeClassifier(max_depth = 3)
4   pred = Adaboost(y_train, X_train, y_test, X_test, 50, weak_learner)
```

6. 模型評估。

```
1   # 計算準確率
2   print(f'{(1-pred[1])*100:.2f}%')
```

● 輸出結果：準確率 =88.88%。

7. 個別模型評估。

```
1  weak_learner.fit(X_train, y_train)
2  print(f'{weak_learner.score(X_test, y_test)*100:.2f}%')
```

8. 輸出結果：準確率 =57.88%，AdaBoost 確實能提升準確率。

9. 改用乳癌診斷資料集測試，AdaBoost 準確率 =97.37%，個別模型準確率 =93.86%，AdaBoost 還是能提升準確率。注意，上述自行開發的 AdaBoost 程式需將沒病設為 -1，而非 0。Scikit-learn 的 AdaBoost 類別則不需要。

10-4-2　Scikit-learn AdaBoost

Scikit-learn 提 供 AdaBoostClassifier， 支 援 AdaBoost 演 算 法， 可 參 閱 『Scikit-learn AdaBoostClassifier』[6] 網頁說明。

≫ **範例 5.** 以 AdaBoostClassifier 測試手寫阿拉伯數字資料集。

程 式：10_05_scikit-learn_adaBoost.ipynb， 程 式 修 改 自『Boosting and AdaBoost clearly explained』[7]。

1. 載入相關套件。

```
1   import pandas as pd
2   import numpy as np
3   import matplotlib.pyplot as plt
4
5   from sklearn.ensemble import AdaBoostClassifier
6   from sklearn.tree import DecisionTreeClassifier
7
8   from sklearn.metrics import accuracy_score
9   from sklearn.model_selection import cross_val_score
10  from sklearn.model_selection import cross_val_predict
11  from sklearn.model_selection import train_test_split
12  from sklearn.model_selection import learning_curve
13
14  from sklearn.datasets import load_digits
```

2. 載入手寫阿拉伯數字資料集。

```
1  dataset = load_digits()
2  X = dataset['data']
3  y = dataset['target']
```

3. 個別模型評估。

```
1  clf = DecisionTreeClassifier()
2  scores_ada = cross_val_score(clf, X, y, cv=6)
3  scores_ada.mean()
```

● 輸出結果：平均準確率 =79.02%。

4. AdaBoost 模型評估。

```
1  clf = AdaBoostClassifier(DecisionTreeClassifier())
2  scores_ada = cross_val_score(clf, X, y, cv=6)
3  scores_ada.mean()
```

● 輸出結果：平均準確率 =79.25%，略高於個別模型。

5. 使用各種深度 (max_depth=1、2、10) 的決策樹。

```
1  score = []
2  for depth in [1,2,10] :
3      clf = AdaBoostClassifier(DecisionTreeClassifier(max_depth=depth))
4      scores_ada = cross_val_score(clf, X, y, cv=6)
5      score.append(scores_ada.mean())
6  score
```

● 輸出結果：平均準確率 = [0.2615, 0.6344, 0.9582]，max_depth=10 的
AdaBoost 模型遠高於個別模型。

AdaBoostClassifier 的參數及屬性不多，重要的參數及屬性如下。

參數：

1. estimator：弱學習器。

2. n_estimators：最大執行週期，預設值為 50。

3. learning_rate：學習率，類似梯度下降，可控制權重更新的幅度。

屬性：

1. estimator_weights_：訓練的每一個模型的權重。

2. estimator_errors_：訓練的每一個模型的分類錯誤率。

AdaBoost 應用非常廣泛，譬如 OpenCV 臉部辨識演算法也搭配 AdaBoost，建立辨識模型，可參閱『OpenCV AdaBoost + Haar 目標檢測技術內幕』[8]。

10-4-3 梯度提升 (Gradient Boost)

梯度提升是 Boosting 的變形，依據『維基百科梯度提升技術』[9] 的講法，假設先訓練一個迴歸模型 y = wx + b，每個樣本會存在一個誤差，之後再針對誤差再訓練一個模型，使誤差變得更完美，以此類推，累加所有模型進行預測，因此，也稱為加法模型 (Additive model)，如下：

$y = w_1 x + b_1 + \varepsilon_1$

$\varepsilon_1 = w_2 x + b_2 + \varepsilon_2$

$\varepsilon_2 = w_3 x + b_3 + \varepsilon_3$

➡ $y = w_1 x + w_2 x + w_3 x + b_1 + b_2 + b_3 + \varepsilon_3$

求解的方式就是利用梯度下降法，最小化『負梯度』(Negative gradient)，如下圖的 r_m，有點像簡單的神經網路求解：

Input: training set $\{(x_i, y_i)\}_{i=1}^n$, a differentiable loss function $L(y, F(x))$, number of iterations M.

Algorithm:

1. Initialize model with a constant value:
$$F_0(x) = \arg\min_{\gamma} \sum_{i=1}^n L(y_i, \gamma).$$

2. For $m = 1$ to M:

   1. Compute so-called *pseudo-residuals*:
   $$r_{im} = -\left[\frac{\partial L(y_i, F(x_i))}{\partial F(x_i)}\right]_{F(x)=F_{m-1}(x)} \quad \text{for } i = 1, \ldots, n.$$

   2. Fit a base learner (or weak learner, e.g. tree) closed under scaling $h_m(x)$ to pseudo-residuals, i.e. train it using the training set $\{(x_i, r_{im})\}_{i=1}^n$

   3. Compute multiplier γ_m by solving the following one-dimensional optimization problem:
   $$\gamma_m = \arg\min_{\gamma} \sum_{i=1}^n L(y_i, F_{m-1}(x_i) + \gamma h_m(x_i)).$$

   4. Update the model:
   $$F_m(x) = F_{m-1}(x) + \gamma_m h_m(x).$$

3. Output $F_M(x)$.

圖 10.4 梯度提升求解步驟

如果弱學習器使用決策樹的話，就稱為『梯度提升決策樹』(Gradient Boosting Decision Tree, 簡稱 GBDT)，常見的演算法有 XGBoost、LightGBM，號稱是 Kaggle 競賽神器。

◆ **範例 6.** 自行開發『梯度提升決策樹』(Gradient Boosting Decision Tree)。

程式：10_06_gradient_boost，程式修改自『Gradient Boosting for Regression from Scratch』[10]，文章所附程式的維度處理有一點問題，筆者作了稍許的修正。

1. 載入相關套件。

```
1  from sklearn import datasets
2  from sklearn.model_selection import train_test_split
3  import numpy as np
```

2. 載入糖尿病診斷資料集，適合迴歸模型。

```
1  X, y = datasets.load_diabetes(return_X_y=True)
```

3. 資料分割。

```
1  X_train, X_test, y_train, y_test = train_test_split(X, y, test_size=.2)
```

4. 建立 Gradient Boost 模型。

```
1  from sklearn.tree import DecisionTreeRegressor
2
3  class GradientBooster:
4      # 初始化
5      def __init__(self, max_depth=8, min_samples_split=5, min_samples_leaf=5, max_features
6          self.max_depth = max_depth
7          self.min_samples_split = min_samples_split
8          self.min_samples_leaf = min_samples_leaf
9          self.max_features = max_features
10         self.lr = lr
11         self.num_iter = num_iter
12         self.y_mean = 0
13
14     # 計算 MSE
15     def __calculate_loss(self,y, y_pred):
16         loss = (1/len(y)) * 0.5 * np.sum(np.square(y-y_pred))
17         return loss
18
19     # 計算梯度
20     def __take_gradient(self, y, y_pred):
```

```
21          grad = -(y-y_pred)
22          return grad
23
24      # 單一模型訓練
25      def __create_base_model(self, X, y):
26          base = DecisionTreeRegressor(criterion='squared_error',max_depth=self.max_depth,
27                                       min_samples_split=self.min_samples_split,
28                                       min_samples_leaf=self.min_samples_leaf,
29                                       max_features=self.max_features)
30          base.fit(X,y)
31          return base
```

```
33      # 預測
34      def predict(self,models,X):
35          pred_0 = np.array([self.y_mean] * X.shape[0])
36          pred = pred_0 #.reshape(len(pred_0),1)
37
38          # 加法模型預測
39          for i in range(len(models)):
40              temp = models[i].predict(X)
41              pred -= self.lr * temp
42
43          return pred
44
45      # 模型訓練
46      def train(self, X, y):
47          models = []
48          losses = []
49          self.y_mean = np.mean(y)
50          pred = np.array([np.mean(y)] * len(y))
51
52          # 加法模型訓練
53          for epoch in range(self.num_iter):
54              loss = self.__calculate_loss(y, pred)
55              losses.append(loss)
56              grads = self.__take_gradient(y, pred)
57              base = self.__create_base_model(X, grads)
58              r = base.predict(X)
59              pred -= self.lr * r
60              models.append(base)
61
62          return models, losses, pred
```

- 第 46~62 行：模型訓練，針對一系列的模型計算損失、梯度，再以上一個模型的梯度作為 Y，訓練下一個模型。

5. 模型訓練：呼叫上述類別的訓練函數。

```
1 G = GradientBooster()
2 models, losses, pred = G.train(X_train,y_train)
```

6. 繪製損失函數。

```
1  import seaborn as sns
2  sns.set_style('darkgrid')
3  ax = sns.lineplot(x=range(1000),y=losses)
4  ax.set(xlabel='Epoch',ylabel='Loss',title='Loss vs Epoch');
```

● 輸出結果：

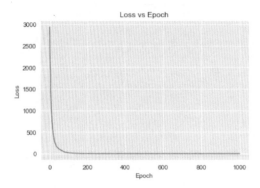

7. 模型評估。

```
1  from sklearn.metrics import mean_squared_error
2  y_pred = G.predict(models, X_test)
3  print('RMSE:',np.sqrt(mean_squared_error(y_test,y_pred)))
```

● 輸出結果：RMSE=62.47。

8. 個別模型評估。

```
1  model = DecisionTreeRegressor(max_depth=8,min_samples_split=5,
2                                min_samples_leaf=5,max_features=3)
3  model.fit(X_train,y_train)
4  y_pred = model.predict(X_test)
5  print('RMSE:',np.sqrt(mean_squared_error(y_test,y_pred)))
```

● 輸出結果：RMSE=75.54，梯度提升決策樹比個別模型稍好。

9. 模型評估：使用 Scikit-learn GradientBoostingRegressor 類別。

```
1  from sklearn.ensemble import GradientBoostingRegressor
2  model = GradientBoostingRegressor(n_estimators=1000,criterion='squared_error',
3                                    max_depth=8,min_samples_split=5,
4                                    min_samples_leaf=5,max_features=3)
5  model.fit(X_train,y_train)
6  y_pred = model.predict(X_test)
7  print('RMSE:',np.sqrt(mean_squared_error(y_test,y_pred)))
```

- 輸出結果：RMSE=60.69，比自行開發的模型稍好。

10. 以上是以迴歸為例，分類也可以如法炮製，各位讀者可以試試看，Scikit-learn 提供的分類演算法為 GradientBoostingClassifier[11]。

10-4-4　XGBoost

XGBoost 全名是 eXtreme Gradient Boosting，意謂將 Gradient Boosting 發揮到極致，背後原理與 GBDT 非常相似，只是更細緻，相關詳細說明可參閱『XGBoost 官方文件』[12] 或原作者的論文『XGBoost: A Scalable Tree Boosting System』[13]，有中文翻譯『xgboost 入門與實戰（原理篇）』[14]，演算法有點複雜，這裡僅說明 XGBoost 的簡單用法。

» **範例 7.** XGBoost 測試。

程式：10_07_xgboost.ipynb

1. 安裝 XGBoost：Scikit-learn 不支援 XGBoost，需另行安裝套件。

pip install xgboost -U

2. 載入相關套件。

```
1  from sklearn import datasets
2  from sklearn.model_selection import train_test_split
3  import numpy as np
```

3. 載入糖尿病診斷資料集，適合迴歸模型。

```
1  X, y = datasets.load_diabetes(return_X_y=True)
```

4. 資料分割。

```
1  X_train, X_test, y_train, y_test = train_test_split(X, y, test_size=.2)
```

5. 模型訓練：使用 XGBRegressor 類別。

```
1  from xgboost import XGBRegressor
2
3  model = XGBRegressor()
4  model.fit(X_train,y_train)
```

6. 模型評估。

```
1  from sklearn.model_selection import cross_val_score
2
3  scores = cross_val_score(model, X_test,y_test, cv=10,
4                      scoring='neg_mean_squared_error')
5  scores
```

- 輸出結果：XGBRegressor 通常使用負的 MSE，以下為 10 次驗證的結果：

```
[ -2703.86477937,   -4757.96303578,   -4548.93619157,   -7374.35817375,
   -724.21100754,   -5200.3530912 ,   -4888.68653687,   -5332.60405268,
-12806.45336831,   -6394.42717197])
```

7. 計算平均分數與標準差。

```
1  print(f'平均分數: {np.mean(scores)}, 標準差: {np.std(scores)}')
```

- 輸出結果：平均分數：-5473.18, 標準差：3004.38。

8. 使用分類模型。

```
1  from xgboost import XGBClassifier
2
3  X, y = datasets.load_breast_cancer(return_X_y=True)
4  X_train, X_test, y_train, y_test = train_test_split(X, y, test_size=.2)
5  model = XGBClassifier()
6  model.fit(X_train,y_train)
7  scores = cross_val_score(model, X_test,y_test, cv=10)
8  print(f'平均分數: {np.mean(scores)}, 標準差: {np.std(scores)}')
```

- 輸出結果：平均分數：0.9484, 標準差：0.0562。

GBDT、XGBoost、LightGBM 都屬於決策樹變形的演算法，容易過度擬合 (Overfitting)，因此，訓練時分數也會高一點，實際應用時可斟酌使用。

10-5 堆疊 (Stacking)

另一類整體學習演算法是堆疊 (Stacking)，步驟很簡單：

1. 以多個演算法分別預測。

2. 再將步驟 1 得到的所有預測結果當作輸入，放入另一個演算法中預測。

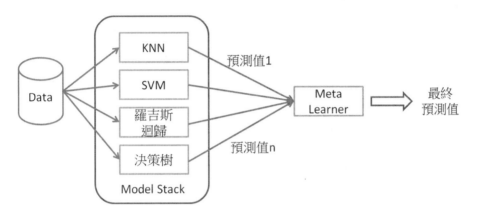

圖 10.5 堆疊 (Stacking)

Scikit-learn 直接支援堆疊 (Stacking)，不須額外安裝。

» **範例 8.** 堆疊 (Stacking) 測試。

程式：10_08_stacking.ipynb

1. 載入相關套件。

```
1 from sklearn import datasets
2 from sklearn.model_selection import train_test_split
3 import numpy as np
```

2. 載入乳癌診斷資料集，適合分類模型。

```
1 X, y = datasets.load_breast_cancer(return_X_y=True)
```

3. 資料分割。

```
1 X_train, X_test, y_train, y_test = train_test_split(X, y, test_size=.2)
```

4. 模型訓練：呼叫 get_models，使用多種演算法。

```
1   from sklearn.linear_model import LogisticRegression
2   from sklearn.neighbors import KNeighborsClassifier
3   from sklearn.tree import DecisionTreeClassifier
4   from sklearn.svm import SVC
5   from sklearn.naive_bayes import GaussianNB
6   from sklearn.ensemble import StackingClassifier
7
8   def get_models():
9       models = []
10      models.append(('knn', KNeighborsClassifier()))
11      models.append(('cart', DecisionTreeClassifier()))
12      models.append(('svm', SVC()))
13      models.append(('bayes', GaussianNB()))
14      return models
15
16  estimators = get_models()
17  model = StackingClassifier(
18      estimators=estimators, final_estimator=LogisticRegression()
19  )
20
21  model.fit(X_train,y_train)
```

5. 模型評估。

```
1   from sklearn.model_selection import cross_val_score
2
3   scores = cross_val_score(model, X_test,y_test, cv=10)
4   print(f'平均分數: {np.mean(scores)}, 標準差: {np.std(scores)}')
```

● 輸出結果：平均分數：0.9303, 標準差：0.0839。

6. 迴歸模型：使用 StackingRegressor。

```
1   from sklearn.linear_model import RidgeCV
2   from sklearn.svm import LinearSVR
3   from sklearn.ensemble import RandomForestRegressor
4   from sklearn.ensemble import StackingRegressor
5   from sklearn.preprocessing import StandardScaler
6
7   X, y = datasets.load_diabetes(return_X_y=True)
8   X_train, X_test, y_train, y_test = train_test_split(X, y, test_size=.2)
9
10  scaler = StandardScaler()
11  X_train_std = scaler.fit_transform(X_train)
12  X_test_std = scaler.transform(X_test)
13
14  estimators = [
15      ('lr', RidgeCV()),
```

```
16     ('svr', LinearSVR(random_state=42))
17 ]
18
19 model = StackingRegressor(
20     estimators=estimators,
21     final_estimator=RandomForestRegressor(n_estimators=10, random_state=42))
22 model.fit(X_train_std, y_train)
23 scores = cross_val_score(model, X_test_std, y_test, cv=10)
24 print(f'平均分數: {np.mean(scores)}, 標準差: {np.std(scores)}')
```

● 輸出結果：平均分數：0.1214, 標準差：0.4732。

10-6　本章小結

本章介紹很多種類的整體學習演算法，有的著重降低變異，模型較穩定，有的則是著重降低偏差，提高準確率，可視不同的情況運用，一般而言，整體學習會比單一般演算法準確率稍高，對競賽比分數很重要，但對實際專案就不一定有很大的助益，因為，準確率若很低，提高一點點也沒甚麼幫助。但整體學習演算法給我們一個很重要的啟示，就是可以混用各種演算法，也可以多階段使用，逐步改善模型。

10-7　延伸練習

1. 參照 10_06_gradient_boost.ipynb 自行開發分類的梯度提升決策樹 (GBDT)，並與個別模型、Scikit-learn GradientBoostingClassifier 作比較。

2. 請參考『Data Blog, Classifying Wines』[15] 的 Model selection/ validation，加入整體學習演算法，找出最高準確度的演算法及最佳參數組合。

參考資料 (References)

[1]　Sebastian Raschka and Vahid Mirjalili, Python Machine Learning (https://www.packtpub.com/product/python-machine-learning-third-edition/9781789955750)

[2]　Scikit-learn 整體學習 (https://scikit-learn.org/stable/modules/classes.html#module-sklearn.ensemble)

[3]　Jason Brownlee, How to Develop a Bagging Ensemble with Python (https://machinelearningmastery.com/bagging-ensemble-with-python/)

[4]　Li Jiangchun, Boosting algorithm: AdaBoost (https://github.com/SauceCat/Medium-posts/blob/master/Machine%20Learning/Boosting%20algorithm%20AdaBoost.md)

[5]　Jaime Pastor, Implementation of AdaBoost classifier (https://github.com/jaimeps/adaboost-implementation)

[6]　Scikit-learn AdaBoostClassifier (https://scikit-learn.org/stable/modules/generated/sklearn.ensemble.AdaBoostClassifier.html)

[7]　Maël Fabien, Boosting and AdaBoost clearly explained (https://medium.com/towards-data-science/boosting-and-adaboost-clearly-explained-856e21152d3e)

[8]　白裳，OpenCV AdaBoost + Haar 目標檢測技術內幕 (https://zhuanlan.zhihu.com/p/31427728)

[9]　維基百科梯度提升技術 (https://zh.wikipedia.org/wiki/ 梯度提升技)、英文版 (https://en.wikipedia.org/wiki/Gradient_boosting)

[10]　Okan Yenigün, Gradient Boosting for Regression from Scratch (https://medium.com/mlearning-ai/gradient-boosting-for-regression-from-scratch-bba968c16c57)

[11]　Scikit-learn GradientBoostingClassifier (https://scikit-learn.org/stable/modules/generated/sklearn.ensemble.GradientBoostingClassifier.html)

[12]　XGBoost 官方文件 (https://xgboost.readthedocs.io/en/stable/tutorials/model.html)

[13]　Tianqi Chen and Carlos Guestrin, XGBoost: A Scalable Tree Boosting System (https://arxiv.org/pdf/1603.02754v1.pdf)

[14]　xgboost 入門與實戰（原理篇）(https://blog.csdn.net/sb19931201/article/details/52557382)

[15]　Data Blog, Classifying Wines (https://jonathonbechtel.com/blog/2018/02/06/wines/)

其他課題

除了監督式學習 (Supervised learning)、非監督式學習 (Unsupervised learning)
外，還有很多變形演算法 (Variants)，例如半監督式學習 (Semi-supervised
learning)、Active learning、Online learning、Self learning、Federated
learning…等，不要被既有的分類限制你的想像。另外，也會討論可解釋的
AI(Explainable AI, XAI)、MLOPS、機器學習架構、其他企業應用等。

11-1　半監督式學習 (Semi-supervised learning)

半監督式學習是蒐集的資料中只有少部份資料是有標註 (Labeled) 的，其他的
資料都只有特徵，沒有標註 (Unlabeled)，通常發生這種狀況是因為沒有足夠
的人力、經費或時間進行全面的標註，例如社群軟體之前有提供一個辨識親
朋好友的服務，只要使用者提供少數有標註 (Labeled) 的照片，社群軟體就會
在使用者上傳新照片時，自動辨識照片中有哪些親朋好友，這就是典型的半
監督式學習。

Scikit-learn 提供兩類半監督式學習的演算法 [1]：

1. 自我訓練 (Self-training)。

2. 標註傳播 (Label propagation)。

11-1-1 自我訓練 (Self-Training)

自我訓練 (Self-training) 先使用一個演算法對有標註的資料進行訓練，稱之為
基礎分類器 (Base classifier)，之後對沒有標註的資料進行預測，得到每一筆
的預測機率，我們再設定一個機率門檻 (threshold)，超過門檻值的資料會納
入訓練資料，再重新訓練一個模型。

» **範例 1.** 自我訓練 (Self-training) 測試。

程式：11_01_self_training.ipynb

1. 載入相關套件。

```
1  import numpy as np
2  import matplotlib.pyplot as plt
3  from sklearn import datasets
4  from sklearn.model_selection import train_test_split
5  from sklearn.svm import SVC
6  from sklearn.semi_supervised import SelfTrainingClassifier
```

2. 載入鳶尾花資料集：為了繪製決策邊界，只取前兩個特徵。

```
1  X, y = datasets.load_iris(return_X_y=True)
2  X = X[:, :2]
```

3. 資料分割。

```
1  X_train, X_test, y_train, y_test = train_test_split(X, y, test_size=.2)
```

4. 特徵縮放。

```
1  scaler = StandardScaler()
2  X_train_std = scaler.fit_transform(X_train)
3  X_test_std = scaler.transform(X_test)
```

5. 設定 30% 資料為沒有標註 (-1)：模擬部份資料未標註。

```
1  rng = np.random.RandomState(0)
2  y_rand = rng.rand(y_train.shape[0])
3  y_30 = np.copy(y_train)
4  y_30[y_rand < 0.3] = -1
5  np.count_nonzero(y_30==-1)
```

● 共 30 筆資料被修改為沒有標註 (-1)。

6. 模型訓練：指定 SVM 為基礎分類器 (Base classifier)，再使用 Self-training 演算法訓練。

```
1  base_classifier = SVC(kernel="rbf", gamma=0.5, probability=True)
2  clf = SelfTrainingClassifier(base_classifier).fit(X_train, y_30)
```

7. 繪製決策邊界。

```
1   # 建立 mesh grid
2   x_min, x_max = X_train[:, 0].min() - 1, X_train[:, 0].max() + 1
3   y_min, y_max = X_train[:, 1].min() - 1, X_train[:, 1].max() + 1
4   xx, yy = np.meshgrid(np.arange(x_min, x_max, 0.02), np.arange(y_min, y_max, 0.02))
5
6   # 每個標籤不同顏色(RGB)
7   color_map = {-1: (1, 1, 1), 0: (0, 0, 0.9), 1: (1, 0, 0), 2: (0.8, 0.6, 0)}
8   Z = clf.predict(np.c_[xx.ravel(), yy.ravel()])
9
10  # 繪製等高線
11  Z = Z.reshape(xx.shape)
12  plt.contourf(xx, yy, Z, cmap=plt.cm.Paired)
13  plt.axis("off")
14
15  # 繪製實際點
16  colors = [color_map[y] for y in y_30]
17  plt.scatter(X_train[:, 0], X_train[:, 1], c=colors, edgecolors="black")
```

● 輸出結果：白色的點為未標註。

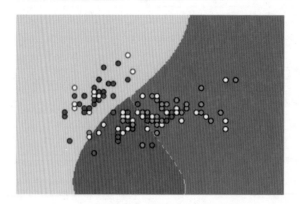

8. SVM 模型評估。

```
1   base_classifier.fit(X_train, y_30)
2   base_classifier.score(X_test, y_test)
```

● 輸出結果：準確率 =66.67%。

9. Self-training 模型評估。

```
1   clf.score(X_test, y_test)
```

● 輸出結果：準確率 =76.67%，確實可提升準確率。

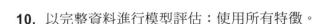

10. 以完整資料進行模型評估：使用所有特徵。

```
1  rng = np.random.RandomState(42)
2  X, y = datasets.load_iris(return_X_y=True)
3  random_unlabeled_points = rng.rand(y.shape[0]) < 0.3
4  y[random_unlabeled_points] = -1
5
6  svc = SVC(probability=True, gamma="auto")
7  self_training_model = SelfTrainingClassifier(svc)
8  self_training_model.fit(X, y)
```

11. SVM 模型評估：只使用有標註的資料訓練。

```
1  svc.fit(X[y >= 0], y[y >= 0])
2  svc.score(X, y)
```

- 輸出結果：準確率 =66.67%。

12. Self-training 模型評估。

```
1  clf.score(X_test, y_test)
```

- 輸出結果：準確率 =97.33%，確實有效提升準確率。

11-1-2 標註傳播 (Label Propagation)

標註傳播 (Label propagation) 是以圖學理論 (Graph theory) 為出發點，假設所有樣本都是一個節點 (Node) 或頂點 (Vertex)，Label propagation 由已標註的節點，依連接的邊線 (Edge) 與距離，逐步向外標註，即傳播 (propagation)。

依求解的方法不同，又分兩種模型：

1. LabelPropagation：將全部資訊計算一個完整的相似性矩陣，再從中計算節點之間的距離，缺點是資料集越大需要記憶體就越多，訓練計算時間也較長。

2. LabelSpreading：使用最小化損失函數，加上正則化 (regularization)，較省記憶體，也較不受雜訊影響，使用拉普拉斯 (Laplacian) 矩陣，可參閱『Learning with Local and Global Consistency』[2]。

>> **範例 2.** 標註傳播 (Label propagation) 測試。

程式：11_02_label_propagation.ipynb，程式修改自『Semi-Supervised Learning With Label Propagation』[3]。

1. 載入相關套件。

```
1  import numpy as np
2  from sklearn import datasets
3  from sklearn.datasets import make_classification
4  from sklearn.model_selection import train_test_split
5  from sklearn.semi_supervised import LabelPropagation
```

2. 生成分類資料集：只取前兩個特徵，也可以取較多特徵。

```
1  X, y = make_classification(n_samples=1000, n_features=2, n_informative=2,
2                             n_redundant=0, random_state=1)
```

3. 資料分割：訓練及測試資料各佔 50%。

```
1  X_train, X_test, y_train, y_test = train_test_split(X, y, test_size=0.5,
2                                          random_state=1, stratify=y)
```

4. 訓練資料分割：標註及未標註資料 (-1) 各佔 50%。

```
1  X_train_lab, X_test_unlab, y_train_lab, y_test_unlab = train_test_split(
2          X_train, y_train, test_size=0.5, random_state=1, stratify=y_train)
3  X_train_mixed = np.concatenate((X_train_lab, X_test_unlab))
4  nolabel = [-1 for _ in range(len(y_test_unlab))]
5  y_train_mixed = np.concatenate((y_train_lab, nolabel))
6  y_train_mixed.shape
```

● 共 250 筆資料被修改為沒有標註 (-1)。

5. Label propagation 模型訓練與評估。

```
1  clf = LabelPropagation()
2  clf.fit(X_train_mixed, y_train_mixed)
3  clf.score(X_test, y_test)
```

● 輸出結果：準確率 =85.6%。

6. LogisticRegression 模型訓練與評估：只使用有標註的資料訓練。

```
1  from sklearn.linear_model import LogisticRegression
2
3  clf2 = LogisticRegression()

4  clf2.fit(X_train_lab, y_train_lab)
5  clf2.score(X_test, y_test)
```

- 輸出結果：準確率 =84.8%，稍低，Label propagation 確實可提升準確率。

7. 可至 Label propagation 模型取得所有訓練資料標註，含未標註的訓練資料。

```
1  tran_labels = clf.transduction_
2  tran_labels.shape
```

8. 再依 Label propagation 傳播結果進行模型訓練與評估。

```
1  clf3  = LogisticRegression()
2  clf3.fit(X_train_mixed, tran_labels)
3  clf3.score(X_test, y_test)
```

- 輸出結果：準確率 =86.2%，準確率可再提升。

LabelPropagation 的重要參數如下：

1. kernel：距離的定義，選項有 knn(最近鄰)、rbf(以半徑為基礎)，預設為 rbf。

2. gamma：rbf 的參數，可參考 SVM 的說明。

3. n_neighbors：最近鄰個數，knn 的參數。

4. max_iter：訓練最大執行週期。

5. tol：收斂的容忍度，小於此值，即視為已收斂。

6. n_jobs：平行執行訓練的模型數。

重要屬性如下：

1. transduction_：訓練資料的預測值。

2. label_distributions_：每筆訓練資料的機率分配。

3. n_iter_：訓練實際執行週期數。

≫ 範例 3. Label spreading 測試。

程式：11_03_label_spreading.ipynb，修改 11_02_label_propagation.ipynb，將

LabelPropagation 改為 LabelSpreading，輸出結果與範例相似。

▶▶ **範例 4.** 使用 Label spreading 進行主動學習 (Active learning)。

程式：11_04_label_propagation_digits_active_learning.ipynb，程式修改自『Label Propagation digits active learning』[4]，原程式有稍許錯誤，筆者有作修正。

1.　載入相關套件。

```
1  import numpy as np
2  import matplotlib.pyplot as plt
3  from scipy import stats
4  from sklearn import datasets
5  from sklearn.semi_supervised import LabelSpreading
6  from sklearn.metrics import classification_report, confusion_matrix
```

2.　載入手寫阿拉伯數字資料集：取前 330 筆資料，包括 40 筆有標註的資料，290 筆未標註資料。

```
1  digits = datasets.load_digits()
2  rng = np.random.RandomState(0)
3  indices = np.arange(len(digits.data))
4  rng.shuffle(indices)
5
6  # 取前 330 筆資料
7  X = digits.data[indices[:330]]
8  y = digits.target[indices[:330]]
9  images = digits.images[indices[:330]]
10
11 # 參數設定
12 n_total_samples = len(y)
13 n_labeled_points = 40     # 初始有40筆標註資料
14 max_iterations = 5        # 5 個執行週期
15
16 unlabeled_indices = np.arange(n_total_samples)[n_labeled_points:]
17 len(unlabeled_indices)
```

3.　執行 5 個訓練週期：每次把最不確定的 5 筆資料加入標註資料，最不確定的程度是以熵 (Entropy) 衡量，參見第 28 行程式碼。一般是由人工標註這些資料，本例直接加入。

```python
1  f = plt.figure()
2  for i in range(max_iterations):
3      y_train = np.copy(y)
4      y_train[unlabeled_indices] = -1
5
6      # LabelSpreading 模型訓練
7      lp_model = LabelSpreading(gamma=0.25, max_iter=20)
8      lp_model.fit(X, y_train)
9
10     # 預測
11     predicted_labels = lp_model.transduction_[unlabeled_indices]
12     true_labels = y[unlabeled_indices]
13
14     print(f"Iteration {i} {70 * '_'}")
15     print(
16         f"Label Spreading model: {n_labeled_points} labeled & " +
17         f"{n_total_samples - n_labeled_points} unlabeled ({n_total_samples} total)"
18     )
19
20     if i==0 or i==max_iterations-1:
21         print(classification_report(true_labels, predicted_labels))
22
23     print("Confusion matrix")
24     cm = confusion_matrix(true_labels, predicted_labels, labels=lp_model.classes_)
25     print(cm)
```

```python
27     # 計算熵，以找出最不確定的五筆資料
28     pred_entropies = stats.distributions.entropy(lp_model.label_distributions_.T)
29     uncertainty_index = np.argsort(pred_entropies)[::-1]
30     uncertainty_index = uncertainty_index[
31         np.in1d(uncertainty_index, unlabeled_indices)
32     ][:5]
33
34     # 記錄最不確定的五筆資料
35     delete_indices = np.array([], dtype=int)
36     f.text(
37         0.05,
38         (1 - (i + 1) * 0.183),
39         f"model {i + 1}\n\nfit with\n{n_labeled_points} labels",
40         size=10,
41     )
42     for index, image_index in enumerate(uncertainty_index):
43         image = images[image_index]
44
45         sub = f.add_subplot(5, 5, index + 1 + (5 * i))
46         sub.imshow(image, cmap=plt.cm.gray_r, interpolation="none")
47         sub.set_title(
48             f"predict: {lp_model.transduction_[image_index]}\ntrue: {y[image_index]}",
49             size=10,
50         )
51         sub.axis("off")
52
53         # 將最不確定的五筆資料加入待刪除的陣列
54         (delete_index,) = np.where(unlabeled_indices == image_index)
55         delete_indices = np.concatenate((delete_indices, delete_index))
56
57     # 將最不確定的五筆資料加入標註資料
58     unlabeled_indices = np.delete(unlabeled_indices, delete_indices)
59     n_labeled_points += len(uncertainty_index)
```

```
61  print("\n最不確定的五筆資料：")
62  plt.subplots_adjust(left=0.2, bottom=0.03, right=0.9, top=0.9, wspace=0.2, hspace=0.85)
```

● 部份輸出結果：準確度由 89% 提升至 96%，其他效能衡量指標也有提升。

```
Iteration 0
Label Spreading model: 40 labeled & 290 unlabeled (330 total)
              precision    recall  f1-score   support

          0       1.00      1.00      1.00        22
          1       0.78      0.69      0.73        26
          2       0.93      0.93      0.93        29
          3       1.00      0.89      0.94        27
          4       0.92      0.96      0.94        23
          5       0.96      0.70      0.81        33
          6       0.97      0.97      0.97        35
          7       0.94      0.91      0.92        33
          8       0.62      0.89      0.74        28
          9       0.73      0.79      0.76        34

   accuracy                           0.87       290
  macro avg       0.88      0.87      0.87       290
weighted avg      0.88      0.87      0.87       290
```

```
Iteration 4
Label Spreading model: 60 labeled & 270 unlabeled (330 total)
              precision    recall  f1-score   support

          0       1.00      1.00      1.00        22
          1       0.96      1.00      0.98        22
          2       1.00      0.96      0.98        27
          3       0.96      1.00      0.98        25
          4       0.86      1.00      0.93        19
          5       0.96      0.87      0.92        31
          6       1.00      0.97      0.99        35
          7       1.00      1.00      1.00        31
          8       0.92      0.96      0.94        25
          9       0.88      0.85      0.86        33

   accuracy                           0.96       270
  macro avg       0.95      0.96      0.96       270
weighted avg      0.96      0.96      0.96       270
```

● 混淆矩陣 (Confusion matrix) 也可以看到錯誤愈來愈少。

● 顯示每個訓練週期的最不確定的五筆資料：標註的資料愈多，預測錯誤愈來愈少。

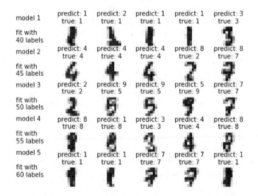

4.　依據『知乎，主動學習 (Active learning) 演算法的原理是什麼』[5] 說明，主動學習 (Active learning) 是『通過機器學習的方法找到那些比較 "難" 分類的樣本資料，讓人工再次確認和審核，然後將這些資料再次使用監督式學習或半監督學習模型進行訓練，逐步提升模型的效果』，這個範例定沒有經過人工確認的程序，直接加入訓練資料集。

LabelSpreading 的重要參數如下：

1. alpha：軟夾持係數 (Clamping factor)，介於 [0, 1]，一筆資料從它的最近鄰接收資訊的比例，1 表示完全由最近鄰決定 Y 值，0 表使用初始的 Y 值。

2. 其他參數與屬性均與 LabelPropagation 意義相同。

另外，李弘毅老師的教學影片『Semi-Supervised Learning』[6]，有很詳盡的理論說明，值得一看。

11-2 　可解釋的 AI(Explainable AI, XAI)

較複雜機器學習或深度學習模型，其預測結果有時很難解釋原因，因此，我們常說深度學習是黑箱 (Black box) 科學，但是為了能更進一步的理解這些模型，學者還是試圖找出方法解釋各特徵的影響力，這個學門統稱為『可解釋的 AI』(Explainable AI，以下簡稱 XAI)。

XAI 最有名的兩個套件為 SHAP 及 LIME，在此針對 SHAP 介紹相關的功能，SHAP (SHapley Additive exPlanations) 主要是以夏普利值 (Shapley value) 為基礎，分析各特徵的貢獻度，MBA 智庫百科對 Shapley value[7] 有非常簡要的說明，節錄如下：

假設有 120 萬元要分給 A、B、C 三個人，A、B、C 股份各佔 50%、40%、10%，分配的方案須有大於 50% 的股份同意，才會通過，在這種狀況下，A、B、C 的影響力各是多少？應該如何分配這 120 萬元呢？

依 Shapley value 的算法如下：

1. A、B、C 持股都未超過 50%，故須與他人結盟。

2. 結盟組合有 6 種，如下：

組合	ABC	ACB	BAC	BCA	CAB	CBA
關鍵加入者	B	C	A	A	A	A
持股百分比	90%	60%	90%	100%	60%	100%

3. 關鍵加入者的意義就是加入他以後，既有的股份加總就會超過 50%，因此，關鍵加入者出現的比例，就是 Shapley value：
   - A=4/6。
   - B=1/6。
   - C=1/6。

4. 依 Shapley value，A 應分得 120 萬 x 4/6=80 萬，B、C 各分得 20 萬，雖然 B 持股是 C 的 4 倍，但影響力是一樣的。

依據上述的例子，使用組合公式計算 Shapley value：

$$\varphi_i(v) = \sum_{S \subseteq N \setminus \{i\}} \frac{|S|! \, (n - |S| - 1)!}{n!} (v(S \cup \{i\}) - v(S))$$
$$= \sum_{S \subseteq N \setminus \{i\}} \binom{n}{1, |S|, n - |S| - 1}^{-1} (v(S \cup \{i\}) - v(S))$$

其中，

- n：玩家人數，以機器學習而言，玩家就是特徵。
- S：不含玩家 i 的所有組合。
- v(S)：S 組合聯盟的價值 (Worth of coalition)，v(S ∪ i) 為 S 加入玩家 i 後的價值，v(S ∪ i) 減掉 v(S) 即玩家 i 的邊際貢獻 (marginal contribution)，以機器學習而言，特徵 i 的價值就是加入『特徵 i 的預測機率』減掉『沒有特徵 i 的預測機率』。
- 可詳閱『維基百科 Shapley value』[8]。

接下來我們先安裝 SHAP 套件，計算 Shapley value，指令如下：

pip install shap

» **範例 5.** 自行計算每個特徵的 Shapley value

程 式：11_05_shapley_value_from_scratch.ipynb， 程 式 修 改 自『How to calculate shapley values from scratch』[9]。

1. 載入相關套件。

```
1  import random
2  import numpy as np
3  from sklearn.model_selection import train_test_split
4  from sklearn.preprocessing import StandardScaler
5  from sklearn.linear_model import LogisticRegression
6  from sklearn.pipeline import make_pipeline
7  from sklearn import datasets
```

2. 載入乳癌診斷資料集。

```
1  X, y = datasets.load_breast_cancer(return_X_y=True, as_frame=True)
```

3. 資料分割。

```
1  X_train, X_test, y_train, y_test = train_test_split(X, y, test_size=0.2)
```

4. 模型訓練：含特徵縮放。

```
1  clf = make_pipeline(StandardScaler(), LogisticRegression())
2  clf.fit(X_train.values, y_train)
```

5. 自行計算第 16 個特徵 (compactness error) 的 Shapley value：以第一筆測試資料計算。

```
1  x = X_test.iloc[0] # 第一筆測試資料
2  j = 15    # 第16個特徵
3  M = 1000  # 測試 1000 次
4  n_features = len(x)
5  marginal_contributions = []
6  feature_idxs = list(range(n_features))
7  feature_idxs.remove(j)
8  for _ in range(M):
9      # 抽樣訓練資料一筆資料
10     z = X_train.sample(1).values[0]
11     # 所有組合
12     x_idx = random.sample(feature_idxs, min(max(int(0.2*n_features),
13                           random.choice(feature_idxs)), int(0.8*n_features)))
14     z_idx = [idx for idx in feature_idxs if idx not in x_idx]
15
16     # 含第16個特徵的X，在組合內以測試資料填入，不在組合內以訓練資料填入
17     x_plus_j = np.array([x[i] if i in x_idx + [j] else z[i] for i in range(n_features)])
18     # 不含第16個特徵的X
19     x_minus_j = np.array([z[i] if i in z_idx + [j] else x[i] for i in range(n_features)])
20
21     # 計算邊際貢獻(marginal contribution)
22     marginal_contribution = clf.predict_proba(x_plus_j.reshape(1, -1))[0][1] - \
23             clf.predict_proba(x_minus_j.reshape(1, -1))[0][1]
24     marginal_contributions.append(marginal_contribution)
25
```

```
26  # 計算邊際貢獻平均值
27  phi_j_x = sum(marginal_contributions) / len(marginal_contributions)
28  print(f"Shaply value for feature j: {phi_j_x:.5}")
```

- 輸出結果：第 16 個特徵 Shaply value=0.010254。

- 處理邏輯就是依照上面的公式計算。

- 第 8 行：測試 1000 次，再計算平均值。

- 第 9 行：在訓練資料抽樣一筆資料，作為填補不在特徵組合內的特徵值。

- 第 12~14 行：產生所有特徵組合，設定最小特徵數量。

- 第 17~19 行：產生含第 16 個特徵的 X、不含第 16 個特徵的 X。

- 第 22~23 行：計算邊際貢獻 (marginal contribution)，這是關鍵。

6. 以 SHAP 套件驗證。

```
1  import shap
2
3  explainer = shap.KernelExplainer(clf.predict_proba, X_train.values)
4  shap_values = explainer.shap_values(x)
5  print(f"Shaply value calulated from shap: {shap_values[1][j]:.5}")
```

- 輸出結果：第 16 個特徵 Shaply value=0.01366，與自行計算結果差異不大。

7. 筆者另外發現一段程式碼，計算 Shapley value，程式來自『Computing SHAP values from scratch』[10]。先載入套件。

```
1  import pandas as pd
2  import matplotlib.pyplot as plt
3  from sklearn.tree import DecisionTreeRegressor, plot_tree
```

8. 載入 Boston 房價資料集。

```
1  with open('./data/housing.data', encoding='utf8') as f:
2      data = f.readlines()
3  all_fields = []
4  for line in data:
5      line2 = line[1:].replace('    ', ' ').replace('  ', ' ')
6      fields = []
7      for item in line2.split(' '):
8          fields.append(float(item.strip()))
9          if len(fields) == 14:
```

```
10              all_fields.append(fields)
11  df = pd.DataFrame(all_fields)
12  df.columns = 'CRIM,ZN,INDUS,CHAS,NOX,RM,AGE,DIS,RAD,TAX,PTRATIO,B,LSTAT,MEDV'.split(',')
13  df.head()
```

● 輸出結果：

	CRIM	ZN	INDUS	CHAS	NOX	RM	AGE	DIS	RAD	TAX	PTRATIO	B	LSTAT	MEDV
0	0.00632	18.0	2.31	0.0	0.538	6.575	65.2	4.0900	1.0	296.0	15.3	396.90	4.98	24.0
1	0.02731	0.0	7.07	0.0	0.469	6.421	78.9	4.9671	2.0	242.0	17.8	396.90	9.14	21.6
2	0.02729	0.0	7.07	0.0	0.469	7.185	61.1	4.9671	2.0	242.0	17.8	392.83	4.03	34.7
3	0.03237	0.0	2.18	0.0	0.458	6.998	45.8	6.0622	3.0	222.0	18.7	394.63	2.94	33.4
4	0.06905	0.0	2.18	0.0	0.458	7.147	54.2	6.0622	3.0	222.0	18.7	396.90	5.33	36.2

9. 模型訓練：為簡化模型，特徵只取三欄，最後一欄 (MEDV) 為房價 (Y)，使用迴歸樹演算法訓練模型，並繪製樹狀圖。

```
1  y = df['MEDV']
2  df = df[['RM', 'LSTAT', 'DIS', 'NOX']]
3
4  clf = DecisionTreeRegressor(max_depth=3)
5  clf.fit(df, y)
6  fig = plt.figure(figsize=(20, 5))
7  ax = fig.add_subplot(111)
8  _ = plot_tree(clf, ax=ax, feature_names=df.columns)
```

● 輸出結果：

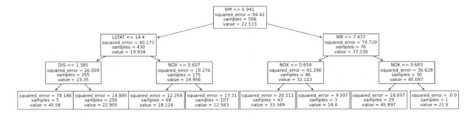

10. 以 SHAP 套件計算 Shapley value，取第一筆資料測試。

```
1  import shap
2  import tabulate
3
4  explainer = shap.TreeExplainer(clf)
5  shap_values = explainer.shap_values(df[:1]) # 第一筆資料
6  print(tabulate.tabulate(pd.DataFrame(
7      {'shap_value': shap_values.squeeze(),
8       'feature_value': df[:1].values.squeeze()}, index=df.columns),
9                      tablefmt="github", headers="keys"))
```

● 輸出結果：

```
|       | shap_value | feature_value |
|-------|------------|---------------|
| RM    | -2.3953    |         6.575 |
| LSTAT | 2.46131    |          4.98 |
| DIS   | -0.329802  |          4.09 |
| NOX   | 0.636187   |         0.538 |
```

11. 預測：Shapley value + Y 平均數 = 預測值，因為無任何特徵資訊時，我們預測會是所有資訊的平均數，Shapley value 是邊際貢獻，故兩者相加會是預測值。

```
1   shap_values.sum() + y.mean(), clf.predict(df[:1])[0]
```

● 輸出結果：驗證無誤，均為 22.9052。

12. 自行計算 Shapley value。

```python
1   from itertools import combinations
2   import scipy
3
4   # 計算特定組合的邊際貢獻
5   def pred_tree(clf, coalition, row, node=0):
6       left_node = clf.tree_.children_left[node]
7       right_node = clf.tree_.children_right[node]
8       is_leaf = left_node == right_node
9
10      if is_leaf:
11          return clf.tree_.value[node].squeeze()
12
13      feature = row.index[clf.tree_.feature[node]]
14      if feature in coalition:
15          if row.loc[feature] <= clf.tree_.threshold[node]:
16              # go left
17              return pred_tree(clf, coalition, row, node=left_node)
18          else: # go right
19              return pred_tree(clf, coalition, row, node=right_node)
20
21      # take weighted average of left and right
22      wl = clf.tree_.n_node_samples[left_node] / clf.tree_.n_node_samples[node]
23      wr = clf.tree_.n_node_samples[right_node] / clf.tree_.n_node_samples[node]
24      value = wl * pred_tree(clf, coalition, row, node=left_node)
25      value += wr * pred_tree(clf, coalition, row, node=right_node)
26      return value
```

```python
28  # 計算特定組合的平均邊際貢獻
29  def make_value_function(clf, row, col):
30      def value(c):
```

```
31          marginal_gain = pred_tree(clf, c + [col], row) - pred_tree(clf, c, row)
32          num_coalitions = scipy.special.comb(len(row) - 1, len(c))
33          return marginal_gain / num_coalitions
34      return value
35
36  # 各種組合
37  def make_coalitions(row, col):
38      rest = [x for x in row.index if x != col]
39      for i in range(len(rest) + 1):
40          for x in combinations(rest, i):
41              yield list(x)
42
43  # 計算 Shapley value
44  def compute_shap(clf, row, col):
45      v = make_value_function(clf, row, col)
46      return sum([v(coal) / len(row) for coal in make_coalitions(row, col)])
47
48  # 顯示 Shapley value
49  print(tabulate.tabulate(pd.DataFrame(
50      {'shap_value': shap_values.squeeze(),
51       'my_shap': [compute_shap(clf, df[:1].T.squeeze(), x) for x in df.columns],
52       'feature_value': df[:1].values.squeeze()
53      }, index=df.columns), tablefmt="github", headers="keys"))
```

● 輸出結果： 與 SHAP 一致。

	shap_value	my_shap	feature_value
RM	-2.3953	-2.3953	6.575
LSTAT	2.46131	2.46131	4.98
DIS	-0.329802	-0.329802	4.09
NOX	0.636187	0.636187	0.538

接著再來介紹 SHAP 的延伸功能，尤其是圖表，例如下圖，SHAP 計算每個特徵的 Shapley value，Base rate 類似平均數或 bias，屬特徵以外的影響力，SHAP 可繪製右圖，說明每個特徵的 Shapley value，而所有 Shapley value + Base rate = Output。

圖 11.1 特徵的 Shapley value，圖片來源：SHAP 官網 [11]

範例 6. SHAP 套件測試。

程式：11_06_shap_test.ipynb，程式修改自 SHAP 官網『An introduction to explainable AI with Shapley values』[11]。

1. 載入相關套件。

```
1  import numpy as np
2  import pandas as pd
3  import shap
4  from sklearn.linear_model import LinearRegression
5  from sklearn.preprocessing import StandardScaler
```

2. 載入加州房價資料集：原來 SHAP 有此內建資料集，但呼叫時會有錯誤，故筆者自『Kaggle, Explain your model predictions with Shapley Values』[12] 取得類似的資料集，不過欄位名稱及數值有些差異。

```
1  df = pd.read_csv('./data/ca_housing.csv')
2  df.head()
```

● 輸出結果：

	longitude	latitude	housing_median_age	total_rooms	total_bedrooms	population	households	median_income	median_house_value	ocean_proximity
0	-122.23	37.88	41.0	880.0	129.0	322.0	126.0	8.3252	452600.0	NEAR BAY
1	-122.22	37.86	21.0	7099.0	1106.0	2401.0	1138.0	8.3014	358500.0	NEAR BAY
2	-122.24	37.85	52.0	1467.0	190.0	496.0	177.0	7.2574	352100.0	NEAR BAY
3	-122.25	37.85	52.0	1274.0	235.0	558.0	219.0	5.6431	341300.0	NEAR BAY
4	-122.25	37.85	52.0	1627.0	280.0	565.0	259.0	3.8462	342200.0	NEAR BAY

3. 資料清理：刪除遺失值，只取部分特徵欄位。

```
1  # 刪除 missing value
2  df.dropna(inplace=True)
3
4  X = df.drop(['median_house_value', 'ocean_proximity'], axis=1)
5  y = df['median_house_value']
```

4. 模型訓練與評估。

```
1  model = LinearRegression()
2  model.fit(X, y)
3  print("Model coefficients:")
4  for i in range(X.shape[1]):
5      print(X.columns[i], "=", model.coef_[i].round(5))
```

- 輸出結果：顯示特徵的權重，他們也代表特徵對 Y 的影響力，但是，有兩個缺點，數值單位會影響權重的規模，例如屋齡單位以年計，會比以分鐘計大上 365x24x60 倍，這缺點可使用特徵縮放矯正，另一缺點是特徵之間是否獨立，若兩個特徵完全相關，那兩個特徵同時納入模型中，其中一個特徵的影響力是 0，因此，我們應改用 Shapley value 衡量特徵影響力。

```
Model coefficients:
longitude = -42730.12045
latitude = -42509.73694
housing_median_age = 1157.90031
total_rooms = -8.24973
total_bedrooms = 113.82071
population = -38.38558
households = 47.70135
median_income = 40297.52171
```

5. 衡量單一特徵影響力：以所得 (median_income) 為例，抽樣 100 筆資料 (X100) 測試。

```
1  feature_name = "median_income"
2  X100 = shap.utils.sample(X, 100)
3  shap.partial_dependence_plot(
4      feature_name, model.predict, X100, ice=False,
5      model_expected_value=True, feature_expected_value=True
6  )
```

- 輸出結果：平行虛線是房價平均數，垂直虛線是所得平均數，藍色實線是所得對房價的迴歸線，下方灰色長條圖是所得的直方圖。

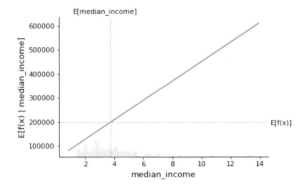

6. 衡量特徵 Shapley value：以第 21 筆資料測試。

```
1  sample_ind = 20  # 第 21 筆資料
2  explainer = shap.Explainer(model.predict, X100)
3  shap_values = explainer(X)
4  shap.partial_dependence_plot(
5      feature_name, model.predict, X100, model_expected_value=True,
6      feature_expected_value=True, ice=False,
7      shap_values=shap_values[sample_ind:sample_ind+1,:]
8  )
```

● 輸出結果：紅色線是 Shapley value。

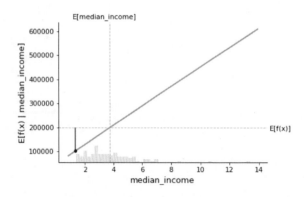

7. 以單一特徵所有資料的 Shapley value 繪製散佈圖。

```
1  shap.plots.scatter(shap_values[:,feature_name])
```

● 輸出結果：

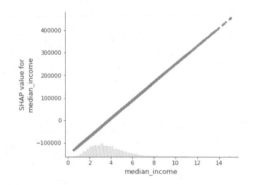

8. 單筆資料的特徵影響力 (Local Feature Importance)：繪製瀑布圖 (waterfall)。

```
1  shap.plots.waterfall(shap_values[sample_ind], max_display=14)
```

● 輸出結果：紅色為正影響，藍色為負影響。

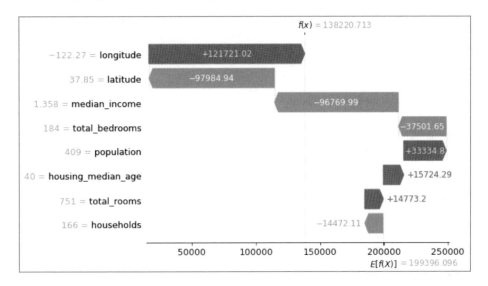

9. 利用加法模型 (Generalized additive models, GAM)，可以看出所有資料的影響力，比迴歸線更合理。Boosting 整體學習就是典型的加法模型，我們可以衡量所有資料的 Shapley value。執行以下程式碼需先安裝 interpret 套件。

```
1  import interpret.glassbox
2
3  # 使用 Boosting 演算法
4  model_ebm = interpret.glassbox.ExplainableBoostingRegressor(interactions=0)
5  model_ebm.fit(X, y)
6
7  # 加法模型 Shapley value
8  explainer_ebm = shap.Explainer(model_ebm.predict, X100)
9  shap_values_ebm = explainer_ebm(X)
10
11 # 特徵影響力
12 fig,ax = shap.partial_dependence_plot(
13     feature_name, model_ebm.predict, X100, model_expected_value=True,
14     feature_expected_value=True, show=False, ice=False,
15     shap_values=shap_values_ebm[sample_ind:sample_ind+1,:] # 第 21 筆資料
16 )
```

● 輸出結果：所得對房價的影響力為非線性關係。

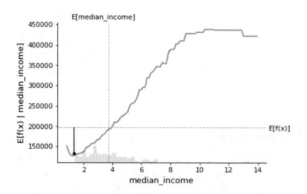

10. 利用加法模型，以單一特徵所有資料的 Shapley value 繪製散佈圖。

```
1  shap.plots.scatter(shap_values_ebm[:,feature_name])
```

● 輸出結果：所得對房價的影響力為非線性關係。

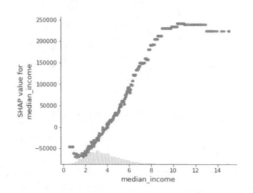

11. 利用加法模型，繪製瀑布圖 (waterfall)。

```
1  shap.plots.waterfall(shap_values_ebm[sample_ind])
```

● 輸出結果：與線性迴歸略有差異。

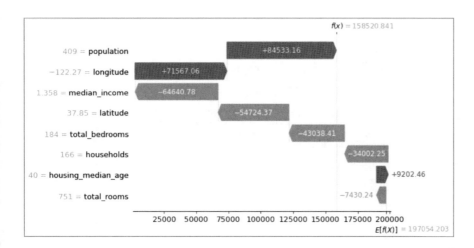

12. beewarm 圖：可以顯示每一特徵所有資料的影響力。

```
1  shap.plots.beeswarm(shap_values_ebm)
```

- 輸出結果：紅色為正影響，藍色為負影響，每一特徵有紅有藍，表示特徵影響力會隨資料有所不同，這代表甚麼訊息呢？模型不穩定？特徵在不同的區段對預測值有相反的影響力？讀者可以多實驗不同的資料集想想看。

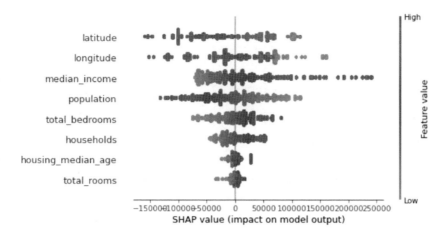

13. 長條圖：可以觀察特徵整體的影響力。

```
1  shap.plots.bar(shap_values_ebm)
```

● 輸出結果：緯度 (latitude) 影響力最大。

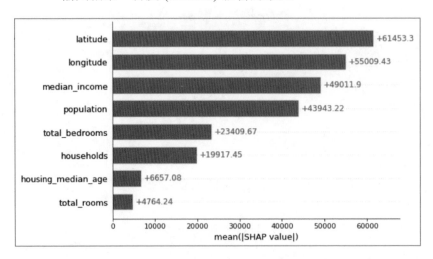

14. 力量 (force) 圖：以長條圖觀察特徵的影響力。

```
1  shap.initjs()
2  shap.plots.force(shap_values_ebm[sample_ind])
```

● 輸出結果：線段的長度愈長表影響愈大，人口數 (population) 影響力
最大。

15. 以上的圖形顯示單筆資料的影響力稱為 Local Feature Importance，也可
以顯示所有資料的影響力稱為 Global Feature Importance，只是後者執行
會很慢，要耐心等待。

透過 XAI，讓我們更了解特徵的影響力，更重要的是能夠幫助我們判斷訓練
出來的模型是否合理，機器學習永遠不會說錯，唯有透過訓練前的 EDA 及
訓練後的 XAI，才可以判斷模型是否正確。

11-3　機器學習系統架構

從機器學習 10 大處理步驟中觀察，有三項重要的產出 (Artifacts) 或稱資產：

1. 資料：包括原始資料 (Raw data)、乾淨的資料 (Clean data) 及經特徵工程生成的新資料。

2. 模型：各種應用的模型。

3. 管線 (Pipeline)：資料處理及模型訓練、調校、佈署的流程，也就是 10 大處理步驟。

如何建構一個良好的架構或平台，維護這些重要的資產，是企業導入機器學習時必須作好事前的規劃，避免部門各行其是。

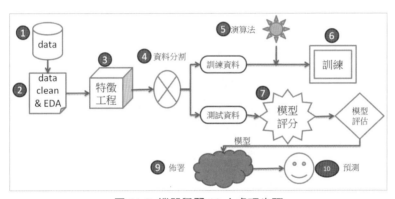

圖 11.2　機器學習 10 大處理步驟

圖 11.3　機器學習重要產出 (Artifacts)

11-3-1　資料治理 (Data governance)

資料治理 (Data governance) 包括：

1. **資料的產生**：可能來自資料的蒐集、標註或是資料的生成 (Synthetic data)，都必須詳細記錄日期或是版本，因為隨著企業的運作，新資料會源源不斷的產生，訓練或佈署的模型究竟是依據哪一個版本的資料建構的，必須有所識別。

2. **資料的儲存**：機器學習屬於分析的工作，為避免讀取大量資料，影響線上交易系統 (OLTP) 的運作，通常會透過 ETL 工具將資料轉換至專作分析的資料平台，目前有以下幾種選擇：

    - 資料倉儲 (Data warehouse)：以資料庫儲存結構化的資料，為了加快分析的速度，常會進一步建構 Cube 或 Data mart，進行多維度分析 (OLAP)。

    - 資料湖 (Data lake)：由於物聯網 (IOT)、影像、語音、文字等多媒體資料快速增加，非結構化資料的儲存、分析，也更形重要，同時資料是以串流方式 (Streaming) 傳播，必須有快速接收及儲存機制，因此有資料湖及大數據平台的產生。

    - Data Fabric：現在雲端盛行，資料可能分散各地，要整合並不容易，因此透過連結，將彼此關聯在一起，維持虛擬化的集中管理。

3. **資料授權管理**：資料只讓有權限的人取用，相反的，也要讓使用者能很容易的存取 (Data democratization)，通常資料管理者過度保護資料，常掣肘企業的發展。

4. **資料的監視 (Data Monitoring)**：模型經過長時間的使用，準確率有可能會逐漸的失準，這是因為消費者行為模式已改變，例如，之前民意調查的模型是採用市內電話的資料，但目前年輕人已普遍使用手機取代市話，故民意調查若仍採用市話，就問不到年輕人的意見了，另外，手機的使用已從語音轉為資料，Line、IG 已取代 email，成為新的溝通管道，這種現象就稱為資料漂移 (Data drift)，企業應該定期監視資料品質，偵

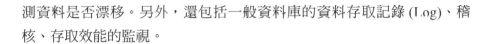

測資料是否漂移。另外，還包括一般資料庫的資料存取記錄 (Log)、稽核、存取效能的監視。

綜合上述，企業應規劃好下列工作：

1. 資料版本控管 (Data version control, DVC)。

2. 元資料 (Metadata) 管理：註記每一資料集的用途、蒐集日期、格式、存取方式，甚至每個欄位的說明，因此，許多業者提出資料目錄 (Data catalog) 的 管 理 工 具， 詳 細 可 參 閱 『Data Catalogs Will Change Data Culture Within Your Company』[13] 及該作者的其他文章 [14]。

3. 資料品質 (Data quality) 管理：只有好的資料品質才能訓練出準確的模型，如何做好資料維護，是一個很重要的課題，要確保存入的乾淨資料都經過『資料清理』步驟所描述的各項處理與檢查。

11-3-2　模型管理 (Model management)

模型管理 (Model management) 包括：

1. 模型訓練的記錄：包括搭配的資料版本、模型的調校過程、效能衡量指標及其數值。

2. 模型佈署的記錄：模型佈署至哪些平台、佈署的模型版本、佈署的日期等等。

3. 模型監視：模型推論 (Inference) 或預測的效能，包括速度與準確率。

4. 模型重新訓練：資料是否漂移 (Data drift)，應重新訓練及更新模型。

11-3-3　MLOps

為了使開發與維運能一貫化 (Streamline) 與自動化，學者提出 DevOps 概念，它是 Software Development 與 IT Operation 的合成字，同樣的，針對機器學習，也有學者倡導 MLOps，統合機器學習開發／維運流程，並作好資料及模型的管理，目前有許多管線 (Pipeline) 工具可以選用，例如 MLflow、Kubeflow…等，可參閱『Top 10 Python Packages for MLOps』[15]，以下就以 MLflow 為例，說明相關作法。

安裝指令：pip install mlflow，如果安裝有問題，可先安裝 llvmlite 預先構建的檔案 (conda install --channel=numba llvmlite)，再安裝 MLflow。

» **範例 7.** MLflow 測試。

程式：11_07_mlflow_test.ipynb，程式修改自『MLflow 官網文件』[16]。

1. 　載入相關套件。

```
1  from sklearn import datasets
2  import os
3  import warnings
4  import sys
5  import pandas as pd
6  import numpy as np
7  from sklearn.metrics import mean_squared_error, mean_absolute_error, r2_score
8  from sklearn.model_selection import train_test_split
9  from sklearn.linear_model import ElasticNet
10 import mlflow
11 import mlflow.sklearn
```

2. 　載入糖尿病診斷資料集。

```
1  X, y = datasets.load_diabetes(return_X_y=True)
```

3. 　資料分割。

```
1  X_train, X_test, y_train, y_test = train_test_split(X, y, test_size=.2)
```

4. 　模型訓練與評估。

```
1  # 定義模型參數
2  alpha = 1
3  l1_ratio = 1
4
5  with mlflow.start_run():
6      # 模型訓練
7      model = ElasticNet(alpha = alpha,
8                         l1_ratio = l1_ratio)
9      model.fit(X_train,y_train)
10
11     # 模型評估
12     pred = model.predict(X_test)
13     rmse = mean_squared_error(pred, y_test)
14     abs_error = mean_absolute_error(pred, y_test)
15     r2 = r2_score(pred, y_test)
```

```
16
17      # MLflow 記錄
18      mlflow.log_param('alpha', alpha)
19      mlflow.log_param('l1_ratio', l1_ratio)
20      mlflow.log_metric('rmse', rmse)
21      mlflow.log_metric('abs_error', abs_error)
22      mlflow.log_metric('r2', r2)
23
24      # MLflow 記錄模型
25      mlflow.sklearn.log_model(model, "model")
```

- 第 7~8 行：ElasticNet 是同時考慮 L1、L2 的正則化迴歸演算法，第 2~3 行設定參數，只使用 L1。

- 第 5 行：啟動 MLflow，記錄執行過程。

- 第 18~22 行：記錄模型參數及效能衡量指標。

- 第 25 行：啟動 MLflow，記錄模型檔，包括所需的安裝檔 (requirements. txt)。

5.　可修改模型參數，反覆執行多次，所有記錄都會存在 mlruns 目錄內。在程式所在目錄開啟終端機，並執行 mlflow ui，會啟動一個網站。注意，筆者在執行時出現錯誤訊息『Importerror: cannot import name 'escape' from jinja2』，經查是新版 jinja2 已刪除相關函數，故需安裝舊版 jinja2，指令如下：

pip install Jinja2==3.0.3

6.　在瀏覽器輸入 http://localhost:5000/，就可以看到歷次執行的記錄。

	Run Name	Created		Duration	Source	Models
☐	secretive-wolf-428	⊘ 6 seconds ago		0.8s	🖥 C:\anaco...	-
☐	stylish-whale-812	⊘ 16 minutes ago		0.6s	🖥 C:\anaco...	-
☐	amusing-sponge-544	⊗ 16 minutes ago		341ms	🖥 C:\anaco...	-
☐	learned-ram-745	⊘ 19 minutes ago		414ms	🖥 C:\anaco...	-

7.　點選第一項，就可以看到模型參數及效能衡量指標，也可以編輯『說明』(Description)、添加標籤 (Tags)，例如版本代碼、搭配的資料日期等。

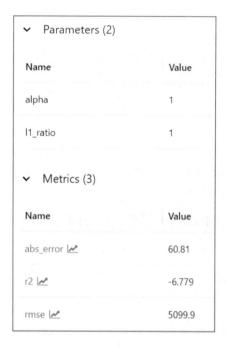

8. 點選 Artifacts 頁籤，就可以看到模型相關訊息，包括模型本身及安裝檔 (requirements.txt)，可按右上方按鈕下載。

9. 如果在 Linux 環境下，可以利用以下指令將模型製作成 Docker image，再佈署到 Kubernetes 環境。

mlflow models build-docker -m <model path> -n my-docker-image --enable-mlserver

10. 建立 Pod，將 Pod 佈署到硬體設備上：

kubectl apply -f my-manifest.yaml

MLflow 還有許多的功能，包括 Tracking server、模型註冊 (Model Registry)、管線 (MLflow Recipes)…等功能，就算不使用 MLflow，也值得一看，瞭解要建立一個機器學習的管理平台應該具備哪些功能。

11-4　結語

本書遵照機器學習開發流程，依序介紹資料清理 (Data Cleaning)、EDA、特徵工程 (Feature Engineering)、演算法、模型訓練／評估、佈署等步驟，同時，我們也依模型分類說明各式的演算法，包括監督式、非監督式、半監督式學習，內含迴歸、分類、集群、降維等，雖然，族繁不及備載，許多演算法成為遺珠之憾，但是，Scikit-learn 已涵蓋大部份的機器學習演算 (不含深度學習)，後續讀者可隨著 Scikit-learn 版本的更新，逐步接觸到更多、更新的演算法，更重要的是瞭解這些主流演算法背後的數學與思維，在企業中應用時，能適時改良 (Fine tune) 演算法，讓模型更符合企業需求。

機器學習、深度學習已廣泛被應用在百工百業，尤其是金融、製造、醫療、軍事、農業與藝術創作，就算是一般企業也可普遍應用，本書介紹了許多應用範例，包括：

1　分類

　1.1　鳶尾花 (Iris) 品種分類

　1.2　葡萄酒分類

　1.3　乳癌診斷

　1.4　人臉資料集 (LFW) 辨識

　1.5　新聞資料集 (News groups) 分類

　1.6　鐵達尼號生存預測

6.2 垃圾信分類

6.3 問答 (Q&A)

筆者另外再分享一些案例，供大家參閱：

1 營收及需求預測：

1.1 營收預測：可使用第五章的時間序列分析預測長期的營收或需求，但如果企業面臨的環境是高度變動的環境，就可能需要即時掌握需求，或者有新產品上市，沒有過往資料可參考，如何預測需求，如果產品生命週期很短，例如唱片、技術性書籍，又該如何預測呢？現實世界必須面對各種狀況，要能靈活應變，相關概念可參閱『Demand Forecasting Methods: Using Machine Learning and Predictive Analytics to See the Future of Sales』[17]。

1.2 需求預測：例如第五章談到的航空載客量預測，或者是 You Bike 租借量分析、電力隨季節或天氣變化的需求預測，或更短的每小時的需求量預測，可參閱『Hourly energy demand generation and weather』[18] 或『Hourly Energy Consumption』[19]，都有很多 Notebook 可以參考。

2 行銷分析：

2.1 客戶流失率分析 (Churn rate)、客戶終身價值 (Customer lifetime value, CLV) 計算、客戶區隔 (Customer segmentation)、商品推薦系統 (Recommendation system) 等議題，都值得去研究，相關作法可參閱『Online Retail II UCI』[20]。

2.2 購物籃分析 (Basket analysis)：商品關聯分析，可參閱『Online Retail II UCI』[21]。

2.3 同類群組分析 (Cohort analysis)：這是 Google Analytics 上很夯的功能，可參閱『客戶留存率與流失率 -- 同類群組分析 (Cohort Analysis)』[22]。

2.4　行銷活動分析與預測：可參閱『Marketing Campaign』[23]，有很多 Notebook 可以參考。

2.5　與後端 ERP、CRM 系統的整合：例如行銷分析、庫存量分析等，可參閱『Marketing Database Analytics – A Gold Mine』[24]。

2.6　價格與銷售量的分析：例如中油的油品價格或是 NetFlix 月租費都是波動的，當決定要調價時，要研究調幅究竟要訂多少，營收的影響如何，就是很重要的課題，可參閱『Price Elasticity of Demand, Statistical Modeling with Python』[25]。

3　異常偵測

3.1　詐欺偵測 (Fraud detection)：如以前談到的信用卡、手機申辦的詐欺偵測。

3.2　預防保養 (Predictive maintenance)：通常設備故障造成的損失是很高的，因此，有異常徵兆時，就先淘換零件，避免發生故障，這就是預防保養的精神，相關作法可參閱『Building Predictive Maintenance Model Using ML.NET』[26]，程式碼是採用 ML.NET/C#，參考其作法即可。

3.3　產品瑕疵偵測：利用影像分析偵測產品外觀異常，也可以使用在道路坑洞偵測，可參閱『Pothole Detection using YOLOv4 and Darknet』[27]。

3.4　價格偏離分析 (Price anomaly detection)：例如股價、旅館價格，可參閱『Time Series of Price Anomaly Detection』[28]。

3.5　信貸違約分析、信用風險分析等。

4　還有 MarTech、FinTech、InsureTech 等垂直產業的解決方案，都有待我們探討與挖掘。

以上僅是機器學習在一般企業的應用，若擴及深度學習，結合影像、文字、語音，應用範疇就更廣了，例如聊天機器人 (ChatBot)、機器人 (Robot)、自動駕駛，乃至 2022 年最夯的以文生圖 (Text to image)、ChatGPT，都可以在企業內大展身手。**人工智慧只是提供演算法與模型，如何應用還是要靠人的智慧，掌握企業流程或生活痛點，才能靈活應用各式的演算法，解決實際的問題。**

本書是機器學習的入門磚，若讀者已能掌握，可再往深度學習邁進，歡迎參考拙著的『深度學習 -- 最佳入門邁向 AI 專題實戰』[29] 或『開發者傳授 PyTorch 秘笈』[30]，前者以 TensorFlow 套件為主，後者以 PyTorch 套件為主，與本書一樣，著重各式演算法觀念的理解與應用。

參考資料 (References)

[1] Scikit-learn, Semi-Supervised Learning (https://scikit-learn.org/stable/modules/semi_supervised.html)

[2] Dengyong Zhou et al., Learning with Local and Global Consistency (https://proceedings.neurips.cc/paper/2003/file/87682805257e619d49b8e0dfdc14affa-Paper.pdf)

[3] Jason Brownlee, Semi-Supervised Learning With Label Propagation (https://machinelearningmastery.com/semi-supervised-learning-with-label-propagation/)

[4] Scikit-learn, Label Propagation digits active learning (https://scikit-learn.org/stable/auto_examples/semi_supervised/plot_label_propagation_digits_active_learning.html)

[5] 知乎，主動學習 (Active learning) 演算法的原理是什麼 (https://www.zhihu.com/question/265479171)

[6] 弘毅老師, Semi-Supervised Learning 教學影片 (https://www.youtube.com/watch?v=fX_guE7JNnY&list=PLJV_el3uVTsPy9oCRY30oBPNLCo89yu49&index=22)

[7] 夏普利值 - MBA 智庫百科 (https://wiki.mbalib.com/zh-tw/ 夏普利值)

[8] 維基百科 Shapley value (https://en.wikipedia.org/wiki/Shapley_value)

[9]   Tobias Sterbak, How to calculate shapley values from scratch (https://www.depends-on-the-definition.com/shapley-values-from-scratch/)

[10]   Computing SHAP values from scratch (https://afiodorov.github.io/2019/05/20/shap-values-explained/)

[11]   An introduction to explainable AI with Shapley values (https://shap.readthedocs.io/en/latest/example_notebooks/overviews/An%20introduction%20to%20explainable%20AI%20with%20Shapley%20values.html)

[12]   Kaggle, Explain your model predictions with Shapley Values (https://www.kaggle.com/code/prashant111/explain-your-model-predictions-with-shapley-values/data)

[13]   Madison Schott, Data Catalogs Will Change Data Culture Within Your Company (https://blog.devgenius.io/data-catalogs-will-change-data-culture-within-your-company-49253d72a72)

[14]   Madison Schott, Medium (https://madison-schott.medium.com/)

[15]   NimbleBox.ai, Top 10 Python Packages for MLOps (https://nimblebox.ai/blog/mlops-top-python-packages)

[16]   MLflow 官網文件 (https://mlflow.org/docs/latest/tutorials-and-examples/tutorial.html)

[17]   AltexSoft Inc, Demand Forecasting Methods: Using Machine Learning and Predictive Analytics to See the Future of Sales (https://medium.com/datadriveninvestor/demand-forecasting-methods-using-machine-learning-and-predictive-analytics-to-see-the-future-of-137b2342f6c4)

[18]   Kaggle, Hourly energy demand generation and weather (https://www.kaggle.com/datasets/nicholasjhana/energy-consumption-generation-prices-and-weather/code)

[19]   Kaggle, Hourly Energy Consumption (https://www.kaggle.com/datasets/robikscube/hourly-energy-consumption/code)

[20]   Kaggle, Online Retail II UCI (https://www.kaggle.com/datasets/mashlyn/online-retail-ii-uci)

[21]   Kaggle, Online Retail II UCI (https://www.kaggle.com/datasets/mashlyn/online-retail-ii-uci)

[22]   陳昭明, 客戶留存率與流失率 -- 同類群組分析 (Cohort Analysis) (https://ithelp.ithome.com.tw/articles/10217395)

[23] Kaggle, Marketing Campaign (https://www.kaggle.com/datasets/rodsaldanha/arketing-campaign)

[24] Margeu, Marketing Database Analytics – A Gold Mine (https://marqeu.com/marketing-database-analytics/)

[25] Susan Li, Price Elasticity of Demand, Statistical Modeling with Python (https://towardsdatascience.com/calculating-price-elasticity-of-demand-statistical-modeling-with-python-6adb2fa7824d)

[26] Bahrudin Hrnjica, Building Predictive Maintenance Model Using ML.NET (https://www.codeproject.com/Articles/5260939/Building-Predictive-Maintenance-Model-Using-ML-NET)

[27] LearnOpenCV, Pothole Detection using YOLOv4 and Darknet (https://learnopencv.com/pothole-detection-using-yolov4-and-darknet/)

[28] Susan Li, Time Series of Price Anomaly Detection (https://towardsdatascience.com/time-series-of-price-anomaly-detection-13586cd5ff46)

[29] 陳昭明, 深度學習 -- 最佳入門邁向 AI 專題實戰 (https://www.tenlong.com.tw/products/9789860776263?list_name=b-r7-zh_tw)

[30] 陳昭明, 開發者傳授 PyTorch 秘笈 (https://www.tenlong.com.tw/products/9786267146156?list_name=i-r-zh_tw)

Note

Note

Note

Note